学校心理测量与评估

School Psychological Measurement and Evaluation

杨彦平　著

华东师范大学出版社
上海

图书在版编目(CIP)数据

学校心理测量与评估/杨彦平著. —上海:华东师范大学出版社,2020
 ISBN 978-7-5760-0699-5

Ⅰ.①学… Ⅱ.①杨… Ⅲ.①青少年-心理测验 Ⅳ.①B841.7

中国版本图书馆 CIP 数据核字(2020)第 179002 号

学校心理测量与评估

著　　者　杨彦平
责任编辑　彭呈军
特约审读　韩　蓉
责任校对　陈　易　时东明
装帧设计　刘怡霖

出版发行　华东师范大学出版社
社　　址　上海市中山北路 3663 号　邮编 200062
网　　址　www.ecnupress.com.cn
电　　话　021-60821666　行政传真 021-62572105
客服电话　021-62865537　门市(邮购)电话 021-62869887
地　　址　上海市中山北路 3663 号华东师范大学校内先锋路口
网　　店　http://hdsdcbs.tmall.com

印　刷　者　上海展强印刷有限公司
开　　本　787 毫米×1092 毫米　1/16
印　　张　20.75
字　　数　358 千字
版　　次　2021 年 1 月第 1 版
印　　次　2025 年 1 月第 5 次
书　　号　ISBN 978-7-5760-0699-5
定　　价　68.00 元

出版人　王　焰

(如发现本版图书有印订质量问题,请寄回本社客服中心调换或电话 021-62865537 联系)

目　录

序言	1
前言	5

第一章　心理测量发展概论 ... 1
 第一节　心理测量的发展简史 ... 1
 第二节　树立辩证的心理测验观 ... 12

第二章　学校心理测评的基本原理 ... 22
 第一节　测量与心理测量 ... 22
 第二节　学校心理测评的统计原理 ... 26
 第三节　学校心理测量的基本过程 ... 53

第三章　学校心理档案与心理测评 ... 60
 第一节　大数据背景下的学校心理测评与心理档案建立 ... 60
 第二节　学校心理档案管理系统的建立 ... 68
 第三节　心理测试与档案建立的实施要点 ... 80
 第四节　学校心理档案的拓展与应用 ... 82

第四章　大数据与心理测评 ... 86
 第一节　大数据与数据库 ... 86
 第二节　大数据与学校心理测评系统 ... 100

第五章　学校常用的心理测验量表与技术　128
　　第一节　如何选用和识别量表　128
　　第二节　学生认知发展测验　131
　　第三节　学生人格测验　146
　　第四节　学生生涯发展测验　155
　　第五节　家庭与亲子关系测试　172
　　第六节　心理投射测试　179

第六章　教师心理测试　197
　　第一节　教师职业发展测试　197
　　第二节　教师心理健康与人格测试　207

第七章　问卷与量表编制技术　226
　　第一节　问卷编制技术　226
　　第二节　量表编制技术　237

第八章　学校心理辅导和咨询中的心理评估　262
　　第一节　学校心理咨询与评估流程　262
　　第二节　学校特殊学生的心理评估　270
　　第三节　心理危机预防与评估　294
　　第四节　常见的神经心理测评工具　310

后记　317

序 言

在2020年5月16日下午,杨彦平微信给我:"金老师,我在疫情期间完成了一本学校心理测量方面的书,想请您写个序。"我早就知道,他从2011年就开始构思新书,当得知他完成了这本书的写作,我感到非常高兴。这本书他花了近10年的心血。作为他的博士生导师,我当即答应为他的新书作序。我在给他的微信回复中这样写道:"很高兴知道你写了一本《学校心理测量与评估》,并将在华东师大出版社出版。写书不是一件容易的事,更何况是一本专业书。首先我要对你表示热烈祝贺!另外,你想请我为这本书写序,谢谢你的邀请,我感到有责任并欣然答应。"

时光荏苒,记忆让我回到了2003年。在我开设的硕士研究生"高级心理测量"课程上,我第一次见到前来听课的杨彦平,他那时候是心理系硕士研究生。他在选修我开设的这门课程后,对心理测量专业产生了极大的兴趣,积极参与课堂教学和课外活动。他当时是上海市第四中学的心理老师,结合学校心理工作积极探索心理测量在学校的应用,给我和其他研究生留下了很好的印象。当他对我表示要报考心理测量专业博士生时,我表示了鼓励和支持。就这样,他在2004年7月硕士生毕业之后,成为了由我担当博士生导师的心理测量方向的博士研究生。在博士研究生学习期间,我对他又有了进一步的了解。他是在职博士研究生,既要回学校给学生上心理课和负责学校心理教育等方面的工作,又要到华东师大上博士生课程,但他总能很好地安排工作和学习,做到两不误。而且他把中学的工作和博士研究生的学习结合起来,尤其是他在确定博士论文选题时的表现让我至今都难以忘怀。有一天,我们全体博士研究生去参观上海市心理咨询中心,了解心理量表使用的现状。在和中心专家座谈时,有位专家提出缺少一个适合青少年的社会适应量表。我觉得这是学校教育很需要的研究课题,当即就问杨彦平是否可以考虑以编制适合青少年的社会适应量表为博士论文选题。

心理学研究领域有很多方向,心理测量方向的研究应该是最具有挑战性的方向之一,修订或编制一个量表是一项大工程,量表测题的精选和常模的制订是其中最重要而且最困难的工作。有些研究生宁愿在实验室找少量被试做实验收集数据做论文,也不愿耗时耗力去修订或编制一个量表。但他联系自己在学校做心理辅导和咨询工作时遇到的情况,觉得这个题目很有社会和教育意义。他很快就对我表示,确定以编制青少年的社会适应量表作为自己的博士论文题目。我对他的表现很满意。之后,就是他超出常人的大量付出,他只花了2年时间,就完成了博士论文《青少年社会适应性评量》。这篇论文还获得了上海市2006年社会哲学青年课题的经费资助。在这之后,他没有停步,2008年4月进入(重庆)西南大学心理学院从事博士后研究,2011年6月完成研究课题"工作记忆的测量及Baddeley 4成分模型验证"。

当我阅读他写的新书时,我切实感受到他不断前行的脚步,看出他对心理测量事业的热爱与付出。在疫情期间他也没有放松,利用难得的时间,一鼓作气将书稿完成。我在高兴的同时,更感到很欣慰。他没有让我失望。我为能有他这样的学生感到骄傲和自豪。

先来看看《学校心理测量与评估》一书的适用对象。这本专著写的是学校里的心理测量与评估,这是本书和其他的心理测量专著的不同之处。杨彦平博士学习过心理测量和测验的基本理论,并且有使用心理量表的经历,还自行编制了青少年社会适应量表;同时他曾经在一线学校当过心理老师,在上海闵行区担任心理健康教育与测量研究中心主任,在区域层面做过心理测量方面的实践探索,现在就职于上海市教育科学研究院、上海学生心理健康教育发展中心,专门从事学校心理健康教育的研究、培训与实践工作。他在学校心理健康和心理测量领域里辛勤耕耘了近30年,他一直在实践、探索与思考,他的研究能力与实践经验都是比较强的,这样才能把在学校心理健康教育与心理测量领域思考与实践的心得写成书。这本书就是他的工作总结,这是一般人不可能写就的。杨彦平博士说,这本书是他写给中小学心理健康教育老师看的,主要解决他们在学校心理健康教育中碰到的与心理测量和测验有关的问题,例如怎么开展心理测试,心理测试与心理档案的关系,学校常用的心理测试量表,和教师家长相关的测试,还有量表与问卷怎么编制,心理测试怎么和网络技术与统计软件相结合等。他是从应用角度写的这本书,他希望学校心理老师能在心理测量专业方面有所提高,学校心理测试能走专业化道路,同时跟上物联网、大数据和5G时代的步伐。因此学校心理健康教育老师是这本书最适合的读者,这本书对于他们有关心理测量和评估的学习与实际工作一定会有参考价值的。

强调问题解决与心理测量和评估的应用,是这本新书的特点。本书从体例上突破了传统教科书的模式,结合学校心理健康教育工作的需求和当前大数据等对心理测量的影响来安排章节。例如,基于学校心理健康教育的实际需求的有第三章(学校心理档案与心理测评)和第五章(学校常用的心理测验量表与技术),还有基于心理学与大数据评估技术的发展背景的第四章(大数据与心理测评)。本书把学校心理健康教育中与心理测量有关的内容基本上都涵盖了,如从对象上既有学生测评,也有教师与家长的测评;从技术上既有传统的纸笔测验的方式,也有大数据与心理测量的结合;从评估内容上,既有认知方面的,也有情绪、行为等方面的;在具体应用方面,有心理评估与心理档案、心理咨询与心理评估,以及学校特殊学生评估中的具体技术与工具等。由此可见,读者可以根据自己的实际需要选择章节进行学习。

从本书的可读性来看,它是专业书,但并不是很难读懂的一本书。杨彦平博士对比较生涩的心理测量原理尽量通俗化地进行了解释,小到一个知识点,大到一个问卷与量表的编制过程都做到具体化,让阅读者能够有兴趣读下去,并读得懂。

本书在写作中也力图将一些心理统计学的知识与测评软件相结合,这对于有统计学基础的老师是有启发和参照的,但对于这方面基础不足的学习者有一定的难度,所以各位读者在阅读过程中要注意参考相应的统计学书籍。

另外,在本书各个章节,尽管杨彦平博士对很多概念作了界定与说明,如"测量""心理测量"和"心理测验"等,但在本书中很多概念有混同使用的情况,如"心理测量""心理测评""心理评估""心理测试"以及"心理测验"等,由于中国语言文字的内涵丰富性和每个人的理解不同,可能在读本书的过程中会有所混淆,所以各位读者在使用本书的过程中要根据语境具体加以区别。尽管本书存在以上一些瑕疵,以及本书有些章节的内容还有不少可以继续丰富和完善的地方,但它仍不失为一本近年来难得的优秀书籍。

总的来说,杨彦平博士的这本书是我目前看到的,在我国基础教育领域,有关学校心理健康教育以及心理测量和评估应用方面,写得比较全面和很有新意的一本书,我觉得它的出版很及时也很有必要,是一件非常有意义的事情。我愿意把这本书特别推荐给各位读者,尤其是对学校心理测量和评估感兴趣的从事心理健康教育工作的教师们。

希望本书能对当前学校心理健康教育的发展,学校心理教师的专业发展,以及广大中小学生的健康成长,起到积极的推动作用。我也希望有更多的心理学爱好者、专业工作者和学校心理健康教育者,关心并参与学校心理健康与心理测量领域的工作,促进我国心理测量和测验事业的健康发展。

是为序。

金　瑜(博士,博士生导师,华东师范大学心理学教授)

2020 年 10 月 1 日

(国庆中秋双节)

前　言

心理学是我的专业,也是我喜欢的事业,从1989年读大学开始学习心理学,我在这个领域也算是摸爬滚打了30多个春秋,一路走来,从没有放弃。学习心理学助人助己,分享快乐,在反思与经验中成长,遇见更好的自己,超越每一个阶段的自我,这是我在这条道路上走下去的最大动力。

心理学有用吗？学心理学的会算命吗？心理测量和八卦一样吗？这是我经常碰到的提问。如何回答也是一个问题。一般大众对心理学的了解往往停留在经验或个人的感知层面,误解也好,曲解也罢,这恰恰需要心理学工作者与专业人士的努力与普及宣传。

从本科开始学习应用心理学,到硕士学习团体心理辅导,再到博士和博士后开始涉猎心理测量领域,越学越觉得自己知道的少。我早在10年前就踌躇满志想写一本与学校心理测量有关的书籍,服务于当前的学校心理健康教育工作,但开始筹划落笔时,才发现自己心理学知识与经验积淀的缺乏,理想与现实之间的差距。但希望从来就是源于努力、信念和不放弃。

2002年教育部颁布的《中小学心理健康教育指导纲要》是推动心理健康教育进入中小学的第一个国家层面的纲领性文件。2012年该文件再次修订(《教育部关于印发〈中小学心理健康教育指导纲要(2012年修订)〉的通知》,教基一〔2012〕15号),对学校心理健康教育的内容、途径与方法等作了宏观与中观层面的规定,为推动各省区市的心理健康教育工作起到了积极的、基础性的作用。在学校心理测量部分,要求"谨慎使用心理测试量表或其他测试手段,不能强迫学生接受心理测试",表明学校可以使用心理测试,但要谨慎,需要学生自愿接受。2017年上海市教委颁布了《市教委关于开展新一轮上海市中小学心理健康教育达标校和示范校评估工作的通知》(沪教委德

〔2017〕37号），同时颁布了《上海市中小学心理健康教育达标校和示范校评估指标（2017年修订版）》，其中一项指标就是"学生心理档案"的建立。但是在具体的学校心理健康教育工作中，如何建立心理健康档案和规范使用心理测试缺乏有效的参考和指导。

本人也多次参与上海各区心理健康教育达标校与示范校的评审，发现一些学校在使用心理测试与建立心理档案这一块很薄弱，甚至在使用一些过时的没有版权的测评工具。一些心理健康教育教师把问卷和量表混为一谈，一些学校用筛查的量表给学生做诊断分析，更有甚者，一些学校使用没有版权和常模的量表或者来路不明的测试工具，导致误测与滥测现象时常发生。作为一名心理学专业工作者，看到这种情况心里是五味杂陈。所以我从2011年参加上海市第三批"名师后备"学习时萌发的要写一本学校心理测评书籍的愿望，在参加上海中小学心理健康教育达标校与示范校的评审后就变得更加强烈，甚至感觉是义不容辞。

心理测量是我的专业和研究方向，我的导师金瑜教授毕生在心理测量领域耕耘，给我树立了标杆与榜样，同时国内心理测量领域的大师张厚粲教授权威的《心理测量学》和顾海根教授的国内第一本《学校心理测量学》，也给了我启迪与引领，但学习和接触得越多，越觉得自己浅薄和写书不易。

习以为常的工作模式并不是说我们可以放弃梦想与追求。写书不是为了标新立异而是为了解决问题与同行分享经验，给他们以启发与参考。没有一本书是完美的，但是只要尽力去写，为学校心理健康教育工作贡献一点智慧，让同行少走一些弯路也是好的。写书不仅仅需要勇气，而且需要信念与坚持。

临时抱佛脚是写不出好文章的，更别说写书了。有了10年前的念想，加上在学校心理健康领域的不断实践与思考，《学校心理测量与评估》一书的框架与雏形在慢慢地形成。鲁迅先生所说的"拿来主义"成为本书积累素材的重要原则，网络上的、研讨会上的、学校评估过程中的、讲座与培训过程中的心得等都成为本书写作的素材参考。

非常时期会让人产生新的思考。当真正要开始写书时，我发现除了材料的储备外，时间成了永恒的变量。2020年1月突发的疫情，似乎让一切停止，让每一个人对自己的工作、生活方式与生命价值有了更多的思考。忙碌之后突然被动地停歇，如何让有意义的事情填满"大把的时间"？写书似乎成为必选项。尤其是疫情时期国家和民间对心理学和心理辅导的重视，让我对这本书的架构与写作意义进行了再思考："专业、实用与参考"是写作的3个重要原则。当有了相对充裕的时间、有了10年的素材积累和思考准备,动笔写作就是唯一的选择,也是对自己专业的最大敬畏。

在写作过程中,我发现互联网、大数据、云计算以及5G等已经成为这个时代的关键词。如果心理测量和学校心理健康教育还停留在"纸笔"时代,那注定了解不了学生,也产生不了什么价值。所以如何将互联网、大数据等与心理测评结合也成为本书思考的一个重点,尤其是对于如何将动态常模、心理发展指数等融入学校心理测评和心理健康教育工作中,本书也作了探讨。

写作定位也是很重要的。写给谁看,他们看了之后期待怎样的收获是必须要考虑好的。本书的定位是写给学校心理健康教育工作者与研究者看。对学生有一定的了解,熟悉学校心理健康教育工作的基本流程,对心理测评与心理档案的建立有初步的思考和需求,那么在使用本书的过程中才会产生共鸣。当然,任何对心理学和心理测试感兴趣的人,如果也能够从本书中找到点滴的启示,对我来说也是一种欣慰。

所以本书在写作过程中坚持理论与实践、应用相结合的原则,除了对与学校心理测评有关的统计原理做简单的介绍外,其他知识、工具、技术等也与学校心理健康教育紧密联系,并结合调查、案例等,力争做到图文并茂,增强可读性与应用性。

从本书的架构设计来看,主要是这样一条逻辑线索:首先是对心理测评的正本清源,让大家从历史的视角了解什么是真正的心理测评;其次是明确专业的心理测试需要掌握的相关统计原理与技术;最后是应用,如大数据与心理测评、量表与问卷的编制技术、心理档案与心理测评、心理辅导与心理评估、学校常用的心理测评工具与技术(如针对学生、家长与教师等),基本上涉及学校心理健康教育工作中与心理测试有关的方方面面。

本书在写作过程中,除了个人的思考与积淀外,也参考了个人参与的相关研究项目,同时查阅和浏览了国内外有关学校心理测评的专业文献、书籍、工具等,虽然尽可能地对出处做了注解,但也存在挂一漏万的情况,还请读者与作者谅解。另外,由于个人学识与专业所限,书中可能存在局限或错误的地方,恳请大家批评指正。

无论如何,在本书的写作过程中,我尽了自己最大的努力,本着分享、交流与探索的目的,为了学校心理健康教育事业的发展,为了广大中小学生的健康发展贡献了自己的努力和专业所得。

2020年8月于上海

第一章 心理测量发展概论

第一节 心理测量的发展简史

德国心理学家艾宾浩斯说过:"心理学有一个长久的过去,但只有一个短暂的历史。"当前心理学史家认为,科学心理学的建立是以1879年德国心理学家冯特在莱比锡大学创立第一个心理学实验室为标志的,但之前心理学的思想或方法在东西方发展史中就已经存在。

科学心理学的发展历史,是一部认识个体的人格与认知发展的思想和技术的历史。通过实验和数据摆脱哲学思辨与个人体验,去寻找心理发展的客观性、规律性,这就要通过实验设计、数据收集比较与分析等来完成,也离不开心理测评。两千多年前,古希腊哲学家苏格拉底说:"人类,请认识你自己。"心理学认识人自己的方法之一就是心理测验。无论是古代西方还是中国,都有关于这方面的探索。

一、心理测量在我国的发展历史

(一) 我国古代朴素的心理测量观

1. 刘勰"分心测试"的思想

公元6世纪初,南朝人刘勰的著作《新论·专学》中提到了类似现代"分心测试"的思想。他提到,如果一个人同时左手画方右手画圆,是完成不了的,其原因是一心不能二用,这算是世界上最早的分心测验,与认知心理学的"双耳分听"实验以及"stroop"效应(利用刺激材料使得字在颜色和意义上发生矛盾,要求被试说出字的颜色,而不是念字的读音,实验结果表明被试在说字的颜色时会受到字义的干扰,如"红"字用绿色来写,既可以要求被试读出字的读音,也可以让被试说出字的颜色,被试很容易出错)相类似。

2. 益智游戏"七巧板"

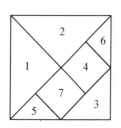

图 1.1 七巧板示意图

"七巧板"游戏源自我国古代,从古至今都是一种很流行的益智玩具,也可以作为创造力测量的工具。七巧板的出现至少可以追溯到公元前 1 世纪,到明代基本定型。明清两代,七巧板在民间广泛流传,清代陆以湉《冷庐杂识》卷一中写道:"近又有《七巧图》,其式五,其数七,其变化之式多至千余。体物肖形,随手变幻,盖游戏之具,足以排闷破寂,故世俗皆喜为之。"[①]说的就是七巧板的变化多端、有趣、益智以及对创造力的激发。

18 世纪,七巧板流传到了西方,西方人称它为"唐图",意思是"来自中国的拼图",国外无论是儿童还是成年人也都特别喜欢,甚至玩得有点废寝忘食。英国科学史学家李约瑟博士称它是"东方最古老的消遣品之一",至今英国剑桥大学的图书馆里还珍藏着一部《七巧新谱》。美国作家埃德加·爱伦·坡还特别用象牙精制了一副七巧板。可见其影响之大。至今在很多儿童益智玩具中依然可见七巧板的身影。当前世界著名的儿童智力测验韦克斯勒(WISC)测验中的拼图分测验也有与七巧板类似的部分,它主要测试儿童的空间推理与完型(形)能力。

3. 八卦与占卜不是心理测试

在中国古代也有用《易经》八卦及龟甲占卜等方法来了解人的,是古人探索自我的一种方式,但它们具有很大的不确定性、主观性和神秘性,甚至是迷信的。在中国古代心理测量的思想中包含着典型的东方文化特点,即定性描述居多,而且带有一定的道德判断色彩,如通过"面相"来区别好人或坏人,这不是科学的心理测量,甚至还具有一定的迷信色彩,因此要客观、辩证地分析古代心理测量思想。

(二)我国近现代心理测量的发展

1. 探索阶段

1916 年,我国心理学家、翻译家樊炳清先生首先介绍了比奈-西蒙智力量表,1922 年该表被正式引入中国。中国心理学家陆志韦曾两次主持修订比奈-西蒙智力量表:1924 年公布的《订正比奈-西蒙智力测验说明书》仅适用于江浙一带儿童;1936 年又进

[①] (清)陆以湉,冬青校点:《历代笔记小说大观·冷庐杂识》,上海古籍出版社 2012 年版,第 43 页。

行了第二次修订,使之也可适用于北方儿童。

蔡元培(1868—1940年)是现代心理学积极的倡导者和扶持者。1914年蔡元培留学德国莱比锡大学,师从心理学之父冯特。1917年回国后在北大创建了心理学系,建立了中国第一个心理研究所和心理学实验室,重视心理学人才的培养。关于心理学的性质,他继承了其师冯特的观点,认为心理学应采用实验科学方法和测评工具,具有自然科学的性质。蔡元培为中国的心理学发展作出了杰出贡献。他重视心理学在教育上的应用,提出了"五育"及"完全人格"的教育心理思想,按照儿童发展规律进行教育。这些特质与类型论的心理思想对当前的教育与心理评估依然具有很强的指导意义。①

图1.2　蔡元培像

1920年,北京高等师范学校和南京高等师范学校建立了我国最早的两个心理学实验室,廖世承和陈鹤琴先生在南京高等师范学校开设心理测验课。② 1921年,他们正式出版《心理测验法》一书。1922年夏天,中华教育改进社聘请美国教育心理测验专家麦考尔来华讲学,开始了中国心理学界的国际学术交流。

1931年由艾伟、陆志韦、陈鹤琴、萧孝嵘等倡议、组织并成立了中国测验学会。1932年我国第一部心理测验杂志《测验》创刊,这在当时具有里程碑意义。至抗战前夕,由我国心理学工作者制定或编制出的合乎标准的智力测验和人格测验约20种,教育测验50多种。

2. 停滞与受挫阶段

1936年,苏联在批判"儿童学"时扩大化,受此影响,我国的心理测验也被一概禁止,发展几乎停滞。

在"文化大革命"期间(1966—1976年),心理学和心理测验被当作伪科学受到批判,一批心理学家被打倒,心理学工作者被迫改行,这对我国心理学的发展造成极大冲击和影响,心理测验研究完全停滞。

3. 恢复阶段

从1978年北京大学首先恢复建立心理系开始,心理测验才重新得到恢复。1979年,林传鼎、张厚粲等以国外资料为参考,编制了少年儿童学习能力测验。1980年初,

---

① 杨媛:《蔡元培的心理学思想及其贡献》,《中国地质大学学报(社会科学版)》,2006年第6期,第77页。
② 高觉敷主编:《中国心理学史》,人民教育出版社1985年版,第27页。

北师大心理系开设了心理测量课。1984年,在北京召开的第五届全国心理学年会上,成立了心理测验工作委员会,加强心理测验工作的指导和监督。

1985年由张厚粲和桂诗春合作出版了《标准化考试简介》一书,予以推广。之后张厚粲教授的《教育考试改革和标准参照测验》《从标准参照测验理论探讨中学会考及格线的确定》等一系列文章陆续发表,中国的心理测验工作逐步走向规范化的轨道。

从20世纪80年代初期开始,在高考改革研究的整个过程中,在1987年之后发展的高教自学考试研究中,以及后期开始至今广泛推行的汉语水平考试(HSK)等领域,心理测量的理论和方法技术都发挥了重要作用,产生了深远影响。教育行政与学术领域都开始逐步重视心理测评与测验的应用。

上世纪80年代末,张厚粲教授提出了中学毕业应会考的建议,明确指出高考选拔人才是常模参照性测验,而中学毕业会考的目的在于检查学生是否达到了中学教学计划规定的培养目标,其性质是标准参照性测验,二者不能混同,对我国中高考的改革起到了积极的推动作用。

1989年国家开始实行公务员考试,随后又有各种专业资格考试出现。从命题到考试实施和结果分析等诸多环节,心理学家们都作为主力被邀请以提供支持与协助。在长期的人力资源工作实践中,心理测量学本身也得到了很好的发展与提高。心理测量在企业中的作用逐步深入,早已远远超出人员招聘工作领域,在培训、提升、领导者特质研究等有关组织发展的项目中发挥作用。

20世纪末期,教育领域进一步深化改革,要求在全国积极开展素质教育,大力提倡创新。学校努力克服应试教育的影响,不再片面追求升学率,而是更多地关注学生的个性发展。这对心理测验的发展产生了积极影响,测验内容不再局限于关注智力能力的发展与培养,有关人格特质、兴趣爱好等的鉴定与评估也大量涌现。社会各界对于个体差异和心理意识对人的行为的影响有了一定的理解,对心理测量在这方面的价值的认识逐渐加深,我国心理测验的应用领域也得到了广泛扩展。

4. 发展阶段

1992年,中国心理学会下属的心理测量分会(又称心理测量专业委员会)立足于心理测验工作的健康发展,制定了《心理测验管理条例》和《心理测验工作者的道德准则》两个条例,发表于《心理学报》,标志着中国心理测量走向了规范化和制度化的轨道。

2008年,中国心理学会心理测量分会参照美国的《教育与心理测试标准》,对1992

年颁布的两个心理测验管理条例进行了较大的修改与完善,制定了《新版心理测验管理条例》和与之配套的《心理测验工作者职业道德规范》,在提交中国心理学会理事会后均获得了批准通过。此后根据新版管理条例又专门召开会议讨论了《心理测验登记暨鉴定管理实施细则》,现已初步制定出一个试行本,不过尚有待最终的完善与发表。

2002年国家开始心理咨询师培训,心理测量作为心理咨询师必修的课程与技术被纳入培训内容。2006年,上海等地开始开展针对教育系统的学校心理咨询师培训,心理测量以及量表使用等被纳入必修课程。在2008年的汶川大地震以及2020年的新型冠状肺炎疫情期间,心理援助成为应对心理危机的重要方式,心理测验与评估是心理咨询师在危机评估中普遍采用的方式。2013年上海市教委在推进学校心理健康教育达标校与示范校的建设中,把学校心理档案建立与测评作为重要的评估标准。这一系列的事件都标志着中国的心理测验随着心理学以及心理咨询的普及,逐步从学术探索走向了应用发展的道路。

二、西方心理测量的发展历史

(一)启蒙阶段

1837年,法国医生艾斯克罗建立了世界上第一所专门教育智力落后儿童的学校,提出了许多感觉和肌肉训练的方法。1838年,他在其著作中第一次对智力落后与精神病作出了明确区分,他认为精神病以情绪障碍为标志,不一定伴随智力落后;而智力落后则是以出生时或婴儿期表现出来的智力缺陷为主要标志,个体使用语言的能力是衡量人的智力水平的最可靠的标准。这些观点对后来的心理测量的分类评估有着积极意义。

1879年,威廉·冯特(Wilhelm Wundt,1832—1920年,德国生理学家、心理学家、哲学家,被公认为是实验心理学之父)在莱比锡大学创建了世界第一个心理学实验室,标志着基于实验和证据的心理学从哲学的附庸中解放出来。为了研究人的感觉、知觉、智力和情感等方面的发展与差异,就需要制定与之相应的评估指标和评价工具。

冯特和实验心理学对心理测量的影响深刻。实验心理学的主要目标是要寻求人类行为和心理的共同规律,并不关心个体差异。他把实验中不同被试对同一刺激的反应差异看作是一种误差。另外,冯特强调,实验

图1.3 冯特像

心理学中使用的测量感觉和简单反应时的方法,是测量个体心理差异的工具。实验心理学中严格控制实验条件的要求,被称为心理测验标准化的基本要求。

实验心理学的诞生是心理测验产生的另一个重要原因。实验心理学的诞生和发展,还给心理测量带来了一个副产品:严格的标准化程序。标准化是现代心理测验的重要评价指标。

图1.4　高尔顿像

最先在标准化心理测验方面展开探索的是英国科学家和遗传学家弗朗西斯·高尔顿(Francis Galton,1822—1911年),他同时还是一个探险家,著有《遗传的天才:它的规律与后果》(1869)、《英国的科学家们:他们的禀赋与教养》(1874)、《人类才能及其发展的研究》(1883)、《自然的遗传》(1889)。他重视个体差异研究,重视运用测量和测验来收集证据。他设计了很多测量工具,并在1884年设立了人体测量实验室,在此后6年内测量了9 337人。他重视和倡导运用数学方法处理和分析心理学研究资料。他提出人类的许多心理特性的表现呈正态分布,提出相关概念及图示法,其学生皮尔逊发明了积差相关法。

之后美国心理学家詹姆斯·麦基恩·卡特尔(James McKeen Cattell,1860—1944年)受冯特与高尔顿两人的影响,于1890年在《心理》杂志上发表了《心理测验与测量》一文,首次提出"心理测验"(mental test)这个术语,并报告了他编制的一套能力测验的应用结果。① 他还指出:"心理学不立足于实验与测量,决不能有自然科学的准确性。""如果我们规定一个一律的程序和步骤使在异时、异地得出的结果可以比较、综合,则测验的科学和实用的价值都可以增加。"其测验主要是测定感觉敏锐性、短时记忆、动作灵敏性,还不是真正意义上的认知和能力测验。

图1.5　卡特尔像

(二)探索阶段

心理学历史上第一个真正的认知测验是法国心理学家阿尔弗雷德·比奈(Alfred Binet,1857—1911年)发明的。他主要从事智力心理学研究,著有《推理心理学》、《语

---

① (美)安妮·安娜斯塔西、苏珊娜·厄比纳著,缪小春、竺培梁译:《心理测验》,浙江教育出版社2001年版,第46—48页。

句的记忆》《智力的实验研究》等。在1904年,法国教育部委派专家组成一个委员会,研究公立学校中低能学生的管理问题,比奈成为其中一员,他主张用测验法去辨别有心理缺陷的学生。1905年,他与助手西蒙(T. Simon)发表了《诊断异常学生智力的新方法》,介绍了世界上第一个智力测验(30个难度不同的试题,每个项目的难度是根据测试样组的结果确定的。样组由50名被试组成,包括3—11岁的正常学生、一些智力落后的学生以及成人)。1908年,他对量表进行了修订,用智力年龄表示测验成绩,建立了常模(根据大约300个3—13岁正常学生的测验结果对题目进行筛选和编排,确定了智力年龄的转换标准,试题难度随年龄的增加而上升,适用于3—13岁学生)。1911年,他又发表了新的修订版本,从此心理测验逐步被社会接受,开始在教育、医学和法律等领域得到推广与应用。

图1.6 比奈像

(三) 发展阶段

美国心理学家瑟斯顿(L. L. Thurstone)于1935年,以芝加哥大学为中心,成立了心理测量学会(Psychometrics Society),并创办了专业性期刊《心理测量》,这些都标志着心理测量学已从发展开始走向成熟,从青年期转入了成年期。[①]

1938年英国心理学家瑞文(J. C. Raven)根据智力的G因素理论,编制了瑞文非言语智力测验(简称SPM),主要用于评价6岁以上学生及成人的问题解决、清晰知觉、思维等能力,它的优点是适用的年龄范围宽,测验对象不受文化、种族和语言的限制,因此具有文化公平性,且既可个别施测也可团体施测。

图1.7 韦克斯勒像

随着测验技术、理念和方法的不断丰富与完善,大卫·韦克斯勒(David Wechsler,1896—1981年)从1934年开始制定成人量表,1939年编制出《韦氏成人智力量表》,1942年又编制出《韦氏军队量表》。他又创造性地把比奈依据心理年龄计算智商的方法(比率智商)改换成运用统计方法计算,提出了"离差智商"的概念。最有名的是他于1949年编制的《韦氏儿童智力量表》(WISC),该测验是继比奈-西蒙智力量表之后,

---

① 张厚粲,龚耀先:《心理测量学》,浙江教育出版社2012年版,第47页。

世界上应用最广泛的个人智力与认知发展的测试量表之一,其适用对象为6—16岁的儿童。截至2003年,该量表已经修订了3次,我国大陆地区于2006年引入了WISC第四版,并作了常模修订,已在各科研机构、心理咨询中心和学校推广应用。

(四)完善阶段

20世纪80年代,随着美国心理学家斯腾伯格《成功智力》和加德纳《多元智能理论》的出版,个体的智力测评发展到了一个新的高度。另,加拿大心理学家戴斯根据自己的"PASS"模型编制了一种全新的智力测验,即"DN认知评价系统",分为"计划、注意、同时加工、即时加工"4个维度共13个分测验(发表于20世纪90年代后期,适用于5—17岁的儿童)。

从当前心理测验的发展趋势看,许多心理测验一般都是有结构(2个以上)和指向的(具体内容),并且测验是有目的(发展)和对象的(年龄与性别)。当前学校心理测验量表的优点是有标准化的程序,快速简便,效果比较准确;其缺点是只有量的分析,而且只能检测到当时的学生心理发展水平,同时学生受各种因素的干扰,导致测验误差比较大。

目前随着互联网、大数据和人工智能(AI)技术的发展,越来越多的心理测试通过网络来完成。很多大学的心理学实验室将脑核磁共振(fMIR)、生理反馈技术以及量表测评技术相结合,通过比较全面系统的测试为个体进行"心理画像",对个体的评估更加全面,这也是当前心理测评重要的发展方向。

三、心理学发展历史对心理测验工具的启示

从心理测验一百多年的发展历程可以看出,无论是哪种测验工具都涉及以下几个方面的考虑:

(一)测验是基于一定理论的依据

如比奈-西蒙测验是基于学生认知发展的阶段性理论,韦克斯勒测验是根据认知结构理论而编制的,K-ABC测验是借鉴教育神经心理学和认知心理学等领域中的研究和理论而编制的,而戴斯的DN认知评价系统是基于神经心理学而编制的。

(二)测验的内容是有指定对象的

从测验的内容看,可以分为一般认知能力测验和特殊认知能力测验。一般认知能力测验的测试对象年龄跨度可以较大,如瑞文图形推理测验的对象是5.5岁—70岁;而特殊认知能力测验的测试对象是分年龄段的,如韦克斯勒测验分为学龄前(3—6

岁)、学龄学生(6—16岁)和成人(16岁以上),丹佛智力筛查测验针对的对象是0—6岁,其主要分段依据是学生的认知发展阶段。

(三) 测验是有结构和维度的,并且需要验证

韦克斯勒学生测验第四版(2003年)由第一版的2个维度发展到4个维度(历时54年),戴斯的DN认知评价系统有4个维度,瑞文图形推理测验只有1个维度……测验的维度不是人为设计和确定的,而是需要经过一定的心理测评技术加以检验(探索性因素分析—EFA和验证性因素分析—CFA)的。任何假设的测验维度如果没有经过检验就仅仅只是假设,或者被认为是不存在的。

(四) 测验是有目的的

从认知测验的发展历史看,几乎所有的认知测验都是具有评价或诊断功能的。如丹佛测验首要作用是对0—6岁婴幼儿的智力作筛选;WISC则是测量6—16岁学生的一般智力水平及特点,被广泛使用于超常和智力低下学生的诊断、人才选拔、疗效评价及司法鉴定。

(五) 每个测验都有其局限性

由于心理学本身发展的历史比较短,加上人的认知发展的复杂性,以及认知结构研究的多元性,几乎所有的认知测验都有测量误差与测量局限,信度、效度无法达到理想的状态,只是相对稳定。因此不存在适合多个对象、包括了所有测试维度的理想测验。

(六) 测验的导向:筛查、诊断还是发展

由于很多认知测验只是针对个体某一个年龄段的心理发展水平,只能对同龄个体间心理发展特点作分析和诊断,因此很难从发展性的角度对学生的未来发展趋向进行评估。如果要通过测验来分析、预测学生的未来发展趋向,当前的许多测验都很难做到,这是由测验本身的诊断导向所决定的。基于学生心理发展性的研究,除了基础性的诊断外,学生心理的发展性预测对于任何一个测验都是挑战和难点。

(七) 测评工具:标准还是非标准的妥协

一个测验工具在确立了基本的维度假设后,最重要的就是制定常模(可比较样本群体的某个心理发展特征的平均水平),以此来比较和确定个体心理发展水平的高低是由什么因素决定的;而非标准化的评价工具只能对群体差异和影响因素进行分析。

(八)工具借鉴——远水解近渴

当前国内有关学校心理测评的工具还不成系统。在面临一些实际需求和心理筛查或调研时,很多学校只能借鉴国外成熟的评价工具,但由于文化与版权的限制,以及常模的不同,很难将国外的量表直接翻译应用到当前的学校心理测评的研究与实践中。"远水解近渴"的方法使得有些研究和实践存在潜在风险。

四、心理测评在技术上经历的6个重要阶段

(一)传统纸质或人工测试(1905—1946年):心理测试的高成本、低效益

自从比奈-西蒙测试在1905年被编制出来后,心理测试都是通过主试与被试的面对面交谈,通过纸笔测试的方式完成的,最后根据常模来评分,基本上是手工完成的,测试的效率会比较低。虽然有时也会由一个主试对多个被试进行测试(如瑞文测验),但计分统计也是通过手工计算完成的。之后的很多测试,限于当时的技术,基本上都是通过纸笔等人工手段完成整个心理测试过程的。直到1946年电子计算机被发明出来,才改变了这一状况。

图1.8 儿童做WISC积木测试

图1.9 世界上第一台电子计算机

(二)计算机单机版的应用(1946—1986年):测试与数据处理的效率提升,成本高

世界上第一台电子计算机被命名为"埃尼阿克"(ENIAC),是1946年美国宾夕法尼亚大学埃克特等人研制成功的。它装有18 000多只电子管和大量的电阻、电容,重30余吨,占地约170平方米。它的诞生第一次使电子线路运算得以实现。"埃尼阿克"每秒能做5 000次加法,或者400次乘法。虽然"埃尼阿克"看似笨重,但它有逻辑运算能力强、存储容量大以及自动化程度高的优点,为后来计算机在数学、物理学、心

理学等领域,尤其是在心理实验、人机对话的心理测试等领域的广泛运用奠定了基础,具有里程碑式的意义。

(三)局域网方式的心理测试(1986—1995年):多个单机的联接,实现数据共享

美国人比尔·盖茨和保罗·艾伦于1975年创立的微软公司,让PC(个人电脑)逐步进入到家庭。1981年6月,微软公司为美国国际商用机器公司(IBM)设计出第一个操作系统产品MS-DOS1.0,迈出推动家用电脑发展的关键一步。1986年3月,微软公司股票在美国纽约证券交易所上市,标志着家用电脑开始走向普及。1990年,微软公司推出第一个图形界面操作系统WINDOWS 3.0。此后,公司相继推出新版操作系统以及办公和网络软件,让普通人使用和操作电脑成为现实。这也使心理测试的电子化、高效化成为可能,尤其是通过局域网,可以同时让很多被试完成测试,而且数据收集和处理也变得程序化。

(四)互联网(1995—2012年):随时随地测试,心理测试数据收集更加便捷高效

互联网(Internet)是从20世纪50年代到90年代逐步发展和成熟起来的。1991年,在中美高能物理年会上,美方提出把中国纳入互联网络的合作计划;1994年4月,NCFC率先与美国NSFNET直接互联,实现了中国与Internet全功能网络连接,标志着我国最早的国际互联网络诞生。1995年,张树新创立了首家互联网服务供应商——瀛海威,让中国的普通老百姓进入互联网,中国科技网成为中国最早的国际互联网络。互联网让很多心理测试不再受局域网的影响,实现了"随时随地"地测试,使心理测试的效率大大提升,但同时,网络心理测试的滥测与误测的出现,使得网上心理测试亟待规范,心理测试伦理须进一步修改。

(五)大数据(2012—2019年):随时随地"随性"测试,使各种数据链接成为可能

如果说互联网技术让心理测试做到了随时随地,那么2012年开始的大数据(Big Data)时代,则让心理测试更加精准与便捷。大数据倡导"互联、互通、精准、个性",利用大数据和云计算不但可以测试海量的数据,而且可以迅速得到个人与群体的测试结果,同时其能对数据结果进行精准分析,并提供相应的心理健康教育的建议与对策。每个人不但可以看到自己的测试结果,同时还可以看到自己某一个阶段的某种心理特质和行为方式的发展轨迹,这对跟踪与跨文化研究有着积极的意义,为学校心理健康教育的有效实施提供了方法与技术。

(六)物联网与5G时代(2019年):心理测试数据与物理数据的高效链接

2019年是"5G"(5th generation mobile networks)元年。5G是最新一代蜂窝移动

通信技术，也是继 4G(LTE-A、WiMax)、3G(UMTS、LTE)和 2G(GSM)系统之后的延伸。5G 的性能目标是高数据速率、减少延迟、节省能源、降低成本、提高系统容量和大规模设备连接。2019 年 10 月 31 日，中国移动、中国电信和中国联通三大运营商公布了 5G 商用套餐，标志着 5G 开始进入商业、教育等领域。5G 除了信息传递快、低成本外，更重要的是可以实现物联(理论上世界上任何两个物体都可以通过 5G 技术进行联接)，这对人们的生活、学习与工作会产生翻天覆地的影响。5G 也让心理测试、心理画像、心理分析以及心理服务得到有效整合，实现物理数据、心理数据和生理数据的联接，使相关人员对人的个性与心理发展的认识更加全面与高效。

第二节 树立辩证的心理测验观

心理测量在一百多年的发展与应用中，有曲折也有突破，有瓶颈也有发展，总的趋势是积极的，且被社会逐步接纳。当前，心理测量在人才选拔、教育培训、教育研究、心理咨询、企业管理等领域得到了广泛应用。如何正确、规范、有效地使用心理测验是学习心理测量必须要明确的，既要树立正确的心理测验观，也要防止出现错误的心理测验观，避免心理测验的误测、滥测。尤其是随着网络、微信等沟通方式的普及，各类测试变得更加便捷，甚至是真假难辨，这就更需要专业工作者树立科学的心理测验观。

一、树立正确的心理测验观

(一)辩证地看待心理测验

1. 用系统观来看心理测验

虽然心理测试的量表成百上千，但测验并不是从局部推向整体，而是要在整体的视角下审视每一个心理测验：每个测评工具都是对人心理特征的部分描绘，而不是心理的全部，切忌以偏概全。由于人心理活动与人格形成的发展性、复杂性与长期性，通过一次或者某一种心理测试结果来推断个体的心理特征是不可取的，也是十分危险的。另外，除了通过心理测评工具或量表来了解个体的心理发展动态和人格特质外，学校心理健康教育工作者的观察和经验、学生的案例分析等也可以从不同的角度来帮助佐证和判断。心理测试量表不是了解学生心理发展状况的唯一方式，应该和其他评估方式结合、补充使用，才能全面、系统、辩证和发展地评估个体的行为方式与人格特点，为学校心理健康教育工作和学生心理辅导提供有力的支持。

2. 心理测试是研究方法

在学习心理测验时不能独立地看待问题,首先要认识到心理测试是在心理学基础研究、心理学实验等过程中采取的一种手段,既是一种研究方法,也是心理决策的辅助工具。从经验和研究来看,很少有心理测试是单独存在的,即心理测试都是基于一定的研究与应用目的而编制或使用的。如果不了解测验目的与测验对象,随便或盲目地使用测验,会导致误测与滥测。

3. 心理测试有其局限性

心理测试作为研究方法和测量工具尚不完善。心理测试的最大问题是理论基础不够坚实,更何况心理测试是一种间接测量,在概念和实施过程中都会有误差,加上测试对象的发展性,得到的结果是相对的,不是绝对的。所以无论是对心理测试工具本身,还是对测试结果,都要客观地分析和对待,不能将其夸大化和绝对化。任何一个心理测验都有其可以测试到的部分(效度)和测试不到的部分(误差)。如果一个测验鼓吹结果绝对可靠与准确,一定是假的。任何心理测验都是一定时空的产物,专业的心理测试,只要是同一个人在一定时间内的测试,无论几次,结果都是相对稳定的(信度),如果一个测验的结果是"朝令夕改"的,一定是假的。

4. 专业的心理测试的基本要求

专业的心理测试是根据一定的心理学原理和理论,通过编制严谨、规范的测试量表去了解人的某种心理特质(如智力、性格等)。即便是专业与科学的心理测试也有其局限性。专业的心理测试的基本要求包括以下方面:

有明确编制者。如世界上第一个专业的心理测试是1905年法国心理学家比奈和他的学生西蒙编制的"比奈-西蒙智力测试"。任何一个心理测试都是由人编制的,不是凭空产生的。不介绍作者的测试,要么是盗版,要么就是假的。

有明确测试对象。如世界上著名的MMPI(明尼苏达测试)、EPQ(艾森克人格测试)以及16PF(卡特尔16种人格测试)等测试,均明确规定测试对象是16岁以上的成人。如果一个心理测试没有对测试对象的年龄、性别、区域等作规定,说明其不是专业的测试。

有明确解释标准。一个测试最重要的是解释标准(常模)。如世界上著名的智力测试WISC测试以及汉密尔顿抑郁测试等,都有测试解释标准,如智商100为正常,75以下为弱智等。一般常模是针对可比较的群体,如要得到一个8岁孩子的智力测试结果,只能和8岁群体的常模进行比较,不能是10岁的;同时,只能和相同文化或区域的人进行比较，不能随便跨文化进行比较，这就是哪怕在国外很专业、科学的心理测试工具在引入国内时也要修订的原因。如 WISC-4 于 2003 年在美国出版，2006 年由著名心理学家张厚粲教授领衔的团队修订并在我国大陆地区推行。

（二）防止错误的测验观

1. 测试万能论

对于很多首次接触心理测验的人来说，会觉得它"神秘"、"新奇"和"好玩"，会在工作、生活与学习中积极推荐或使用心理测试，无论是学生入学、分班、岗位安排还是人员招聘等，几乎都是用心理测试的结果来作评判和选择，认为只有心理测试结果"合格"或符合"标准"的人，才能被录取或选用，把心理测试的结果放大和绝对化，甚至认为其是万能的。这种观念是错误与不可取的，因为其忽视了心理测试的局限性和针对性。

2. 测试无用论

与前面一种观点完全相反，"测试无用论"否认测验的价值和功能，认为心理测试完全是骗人的，没有任何作用和意义，无论是在学生心理健康教育还是人员选拔中，都拒绝使用心理测试。这一方面与当事人之前对心理测试的不正确经验和偏见有关（如使用的不是专业的心理测试），另一方面也与其心理测验知识的缺乏有关。所以对于这样一种观念，也要去除偏见与误解，防止其出现。

3. 测试狭隘论

介于前面两种观点之间的是"测试狭隘论"，它承认心理测验的价值与功能，但认为心理测验就是智商测试或性格测试，或者用一次测试或某一个测试的结果来推断个体的总体心理特征，这种测验内容上的窄化和测试结果推论上的泛化，在心理测验的应用中是比较危险的，它可能用正确的心理测验得出错误的测试结果，也可能用一般的调查测试替代筛查和诊断测试。因此在使用测试时一定要避免用一个测验作过度的分析与解读，要严格按照每个测验的标准进行解释，同时要注意测验对象的限制与区域的文化差异性。

4. 测验算命论

有的观点认为，心理测试就是算命，与测试"生辰八字"差不多，使得心理测试被污名化和被曲解。尤其是随着网络测试与微信的普及，更容易混淆视听，使得心理测试甚至有了"科学算命"的味道，常见的网络心理测试有血型与性格、星座与性格、左右脑与性格、"内在人格"等（如图 1.10 所示），测试结果也比较玄乎。这类测试以网络和手

图1.10 "算命"式心理测试

机 APP 测试居多,有三个共同的特点:

其一,图文并茂,标题夺人眼球,例如"你的左右脑像谁"、"你几分人几分神"等;其二,测试需要输入个人的基本信息(如姓名、性别、年龄、微信号等);其三,测试结果必须转发到朋友圈才能看到。

这类测试的结果言之凿凿称测试对象内在为多少比例的"人"、"妖"等,有明显的误导和胡诌的嫌疑。另外测试结果要输入个人信息以及转发朋友圈才能看到(如图1.10下面有二维码,扫码才能看到结果),明显在盗用个人信息并想引发更多人的关注,这种做广告和赚取流量的测试,完全背离了心理测试的初衷。这类测试基本上都是胡编乱造,没有任何的测评依据,完全是在误导关注者,甚至是在宣传一些迷信和伪科学的内容,需要警惕。尤其是在学校心理健康教育和专业的心理咨询工作中,这样的"心理测试"是不能使用的。

二、正确认识心理测试的优缺点

(一) 心理测试的优点

1. 迅速便捷

心理测试可以帮助相关工作者在较短的时间内迅速了解一个人的心理素质、潜在能力和其他的相应指标。尤其是在大数据时代,通过在线测试可以在短时间内测试很多人,同时测试结果通过程序化后能快速得出。从问卷设计、量表选择、组织测试、数据收集与处理到得出相应的结论,可以是在半年,也可以是在一个月、一周、一天甚至是若干小时内完成。

2. 规范科学

世界上目前还没有一种完全科学的方法,可以用来在短期内全面了解一个人的心理素质和潜在能力,而目前的心理测试能够帮助相关工作者比较科学地了解一个人的基本心理特质。尤其是通过规范化的取样、测量、标准比较之后,能够发现群体的心理特质与个体的心理特点,得到信效度比较高的研究结果。

3. 比较公平

由于专业的心理测验都有严格的测试程序与要求,包括测试的对象、场地、手段、主试以及计分解释等,所以测试结果和个体差异化表现对受测试者(被试)来说都是相对公平的,尤其是在一些选拔性的测试与员工招聘中,测验的公平性显得尤为重要,而心理测试在一定程度上可以避免这种选拔中的不公平性。比如在岗位竞聘中,只要标准透明,操作规范,最终根据心理测试结果确定受聘者,所有被试的认可度是比较高的,彰显了测验的公平性。

4. 可以比较

在时间序列和跨文化研究中,需要用相对固定以及信效度比较高的心理测验(量表)以取得研究数据,用于研究和比较不同时间个体和不同文化群体的心理发展水平与差异,找到心理发展的影响因素,探索个体心理发展的规律,寻找教育与治疗的对策。比如在心理学实验研究中,通过某种教育与培训策略的实施,观察其对学生的影响,这就需要收集策略实施前后被试心理特征的变化,或者对实施策略与否而导致的群体间的心理测试数据差异进行比较,最终通过一定的统计分析,得出相应的研究结果。而其他方法,如个案研究、追踪研究等,也能在不同场合、不同时间,获得研究数据,并得出相应的结果,但数据之间没有可比性,得出的结论就比较片面。

(二)心理测试的不足

1. 测验是一定时空的产物

任何一个心理测试,尤其是标准化的心理测试(如智商测试),其解释标准或常模,都是根据编制时的研究对象和时间点来制定的。随着时间的推移和时代的发展、测试对象的变化性、测试标准的静止性以及抽样的差异化,最终的测试结果会有误差,得出的结论也会有偏差。尤其是从国外引进的量表或测试工具,如果不在国内修订就直接使用,受文化和不同群体理解的影响,测试结果也会有很大的误差。另外,一个本土的心理测试工具被研制出来之后,如果不修订常模就固定了,社会文化的发展性与对象的变化性会使测试题目充满滞后性,让常模显得过时。所以一个标准化的测试在经过一段时间后一定要修订,否则就会影响测试的结果,导致误差增大。

2. 如果缺乏规范就可能被滥用

专业心理测试虽然是一种科学的测量手段,但是也可能被人滥用,尤其是在测验缺乏有效的管理和监督时,一些过时的常模和没有经过本土修订的量表会被那些没有测验资质的人滥用。比如,有些人将智商测验用在学生的入学考试中,在员工招聘中滥用不合格的量表,反复使用某种不科学的量表,或者解释的标准被泛化与夸大,这些都是被滥用的情况,需要严格加以杜绝。

3. 解释的结果可能被曲解

在一些关键和敏感的测试中,如智力测验和心理健康测验,如果没有具备一定的专业性和测量的基础知识,可能会误解或曲解测试的结果。有人认为智商90以下就是弱智,有一定的情绪困扰就是精神病,还有一些心理测试的结果也会被污名化,如在SCL-90测试中,有人用"精神病性"的指标是否稍高,来判断一个人是否精神分裂等,这些都是测验被曲解和污名化的表现。又如有些人认为智商高就一定能成功,看到智商低的人,就认为他一定会失败,这是简单地将智商高低和学业能力水平、生涯发展成就等同起来,是不可取和应该抵制的。

4. 任何心理测试都存在误差

心理测验相对于一般的物理测验,其特点是间接性,即通过测试的原始数据的标准转化与常模作比较后来判断个体或群体的心理特征。在经历了"原始数据——标准转化比较——心理特质判断"的过程后,这种数据与信息传递和转化的过程本身就有误差(类似物理学的"能耗")。另外,在心理测试的过程中,受主试风格、被试心态、测试环境、标准解释、抽样差异、信效度的限制等综合因素的影响,也会导致测量结果出现误差,这也是心理测试存在的客观局限性,使用心理测验工具时必须要认识到这一点并加以注意。

三、学校心理测评的注意事项

(一) 以学生发展性心理评估为导向

从小学、中学到大学,学生的心智在不断地成熟与发展,所以对学生进行心理评估时应该用发展的视角来看,哪怕是信度和效度很高的心理测试所得到的结果,也不要将其绝对化,它只代表当下学生的心理发展状态,尤其对一些有症状性的结果,更要谨慎,不能片面与放大地分析。心理学家皮亚杰、埃里克森、科尔伯格分别从个体认知、人格与道德发展的角度阐述了人心理发展的阶段性与层次性,对学生心理评估也要秉持发展性、阶段性与辩证性的原则,要始终牢记测评的工具是为人的发展服务的,而不是主导人的发展的,更不要使用某种测评工具随便地给学生贴标签。

(二) 遵循测评基本的伦理规范

在学校日常的心理健康教育工作中,通过心理评估可以了解学生的发展状态以及可能存在的某种问题或困扰。无论是个别咨询还是团体辅导或者是现状调查,在使用心理测评工具时,都要给学生营造一个安全的测试环境,并告知学生测试的结果没有经过当事人的同意一般不会告诉任何无关的人(哪怕是监护人),所得到的数据与测试经过仅用于相关研究与辅导等。当来访者或学生对测试存在某种疑虑与困扰时也不能强迫对方接受,在测试过程中学生有任何不适都可以提出来,不能对其加以指责和批评等。对于获得的测试结果,学校心理工作者要用客观、专业与中立的视角去分析,避免个人偏见与主观价值判断。

四、正确认识心理测验的应用范围和发展前景

从心理测验的使用对象来说,既要研究群体心理发展的特点与规律,也要了解个体之间的心理差异与水平;同时也可以通过心理测试了解个体的心理特质,筛查其存在的心理问题,评估其可能出现的心理疾病。一般的发展性评估和心理问题的筛查是学校心理测评的主要内容,但心理疾病要到专门的心理咨询或精神卫生中心进行诊断。

(一) 了解学生的心理发展状况

在学校心理健康教育工作中,需要对学生心理发展状况和诉求做调研,这就要使用心理测试手段或心理测验工具,尤其是在学生的发展性心理评估中更是如此,如在了解学生的心理健康水平、认知发展特点、学习风格以及社会适应等过程中,需要使用相关的心理测验工具,这也是当前学校心理测验最重要的使用内容之一。除了使用现有的心理测验工具了解学生的心理特点,开展有针对性的心理健康教育工作之外,还可以设计相关的心理调查问卷作为"应急"和补充,量表与自编问卷是当前学校开展学生心理发展状况调查的重要工具。

(二) 个别咨询分析诊断与学生的自我了解

学校心理健康教育工作者,在对学生的个别咨询中需要对其作相应的心理评估,即通过心理测验工具作出判断,如在进行学生的学习压力与考试焦虑,学生的情绪状态和亲子关系等方面的咨询时作出评估。借助心理测验可以让学校心理辅导老师比较迅速地了解学生的心理状态与诉求,提高心理辅导的效率和针对性。另外,在日常的心理辅导或心理健康教育课程中,可以通过一些普适性的心理自测,让学生了解自己的人格与生涯发展特点,明确发展目标,激发学习动力,促进学生的健康成长。

(三) 了解教师与家长的心理诉求与特点

在学校心理健康教育工作中,尤其在中小学,需要对家长的教育风格、家庭的亲子关系等有所了解,以便在家庭教育指导和家庭咨询中提高效率,有的放矢。另外教师的心理健康水平对学生的心理健康也有一定的影响,[①]要提升学校教师的心理健康水平,就要了解他们的心理健康发展现状和影响因素,这也离不开相应的心理测试。如了解教师的教育风格、职业压力和职业倦怠等就需要借助相应的心理测验量表来完成。

(四) 建立学生心理档案和发布心理发展指数

传统的心理测试档案是为每位参加纸笔测验的学生建立数据资料库。当前随着信息技术、网络时代的发展,很多心理测试都是借助网络和相关程序来完成的,实现了学生心理测试结果的即刻在线与电子化管理。同时各区域和各学校可以通过对不同年段、不同对象的测试数据的整理,进行相关分析,对学生的心理健康状况作发展性评估与比较,定期形成心理发展指数,以及学生心理健康发展状况白皮书等。

(五) 大数据背景下的心理画像

这也是未来心理测量技术发展的一大趋势。可以借助生物反馈、面孔识别、脑电等技术,将心理测试数据和生理测试数据以及行为数据进行结合,对个体的个性特点(如兴趣爱好、学习风格、生涯意识等)进行全方位、立体化的评估,对学生进行"三维立体心理画像"(生理+心理+行为),制订个性化的咨询与教育方式,寻求最佳的解决学业困惑、人际交往、情绪调节、生涯发展等方面问题的方案,做到"私人定制","一人一档案","一人一方案"。同时还可以将学生的心理测试数据与学业发展、日常行为习惯

---

① 程生霞:《教师心理健康对学生心理健康的影响研究》,《中学课程辅导·教师教育(上、下)》,2019年第4期,第29页。

等数据进行联接,进行比较和相关分析,找到影响学生心理发展的主要因素,为学生的健康发展设计最优的教育路径(相关的内容将在后面章节作专门介绍)。

五、心理测验存在的问题与展望

(一)当前国内专业的心理测验工具比较少

我国大陆地区现有可用的心理测验数量不够多,类别不全,使用效果尚不能尽如人意。虽然20世纪80年代以来,心理测量学得到了社会的认同,在恢复和发展中取得了很大进步和提高,但总的来说,现有的测验数量仍然有限,不能满足实际需要,同时还存在着一些只重当前效益,违反心理测验的原则和方法,使用不当或滥用的现象。相对来说,我国台湾地区心理测验的工具比较多,有专门介绍心理测试的杂志,台湾心理出版社每年出版很多量表,并应用于教育、人力资源管理等领域。限于版权和地区差异,台湾地区心理测试量表在大陆得到应用的比较少。

(二)心理测量理论与技术需要与时俱进

心理测量学理论的深入研究和结果的统计分析技术有待于进一步加强,测量理论的发展有利于提高测验的精度,更好地实现测量目标。[①] 目前,在测验编制中依然是经典测验理论应用得较多,现代测量理论应用得较少,相关的深入研究也不多。统计学中一些新发展也尚未在测验中得到很好的结合与体现。如何加强这方面的发展,赶上国际发展水平,是摆在心理测量学家们面前一项亟待解决的重要任务。

(三)心理测试工作队伍的素质与法律保障需要提升

当前我国心理测量工作者的素质有待提高,心理测验的法律保障亟须完备。由于社会需要发展迅猛,目前,心理测验工作者人数大量增加,但其中受过系统的专业训练者的比例下降,很多人只是通过了各种心理测验培训班的学习,专业训练不够。尽管1992年中国心理学会就颁布了《心理测验管理条例》和《心理测验工作者的道德准则》,但缺乏法律保障,执行力度不强。一方面,不具备使用资格的人使用测验,会造成误用,得出不正确的解释,给受测者带来不利的影响;另一方面,测验的版权得不到保护,抑制了编制者的创造热情,不利于测验的发展。要大力加强心理测验工作者的资格认证和培训工作,对于心理测验的知识产权保护要早日立法,确保我国心理测验事业的健康持续发展。

[①] 张厚粲:《中国心理测量的发展》,中国心理学会编:《当代中国心理学》,人民教育出版社2001年版,第209—214页。

(四)心理测验的国际往来要加强

在中国心理学的恢复发展过程中,国际交往,尤其是参加国际心联起了很重要的作用,这同样反映在心理测量领域。① 从1987年开始,张厚粲多次在国际大会上介绍我国心理测验的发展,包括对国外测验的修订、中国心理测验发展中出现的问题、管理条例的制定,以及汉语测试等。1990年,我国正式加入国际测验委员会(ITC),并进入了理事会。不过后来国内忙于结合中国特点进行实践应用,疏忽了与ITC的组织关系,直到2009年才又重新交纳会费恢复了关系。张建新进入理事会,并参与了在香港举行的第7届ITC大会的组织工作。这次会议,我国大陆学者有30余人参加,还开展了一场中国心理学发展的专题研讨。大力加强交流与合作,不断吸收国外先进理论及经验,同时立足国内实际,结合中国人的特点去开发测验,在这样的方针的指引下,大家共同努力,互相切磋,中国的心理测量在21世纪必将再创辉煌。②

(五)与大数据云计算等信息科技的密切结合

当前的心理测试量表基本都是独立编制和使用的。通过传统的心理测试方法,编制一个量表或问卷,从设计、编题、试测、抽样到建立常模等,时间成本与人力成本比较高。但是借助互联网与信息技术实施心理测试,效率会大大提高。尤其是随着信息技术和"5G"时代的发展,网络心理测试与服务也开始迅速发展。作为心理测量的研究者与学习者,用"跨界"思维,突破专业"壁垒",将大数据、云计算、物联网等技术应用到心理测试中,无论是学生的"心理数字画像"、"心理健康发展指数",还是学生心理健康的发展白皮书,都可以通过这些技术来完成,这会大大拓展和提高心理测试的应用范围和使用价值,这也是未来心理测量的重要发展趋势。

---

① 程家福,王仁富,武恒:《简论我国心理测量的历史、现状与趋势》,《合肥工业大学学报(社会科学版)》,2001年第15期,第102—105页。
② 张厚粲,余嘉元:《中国的心理测试发展史》,《心理科学》,2012年第3期,第514—521页。

第二章 学校心理测评的基本原理

第一节 测量与心理测量

一、心理测量的相关概念

(一) 测量(assessment)

测量就是依据一定的法则使用量具对事物的特征进行定量描述的过程,即依照一定的规则(或法则)给事物(或测量对象)指派数字(赋值)。因此测量有三个要素:对象、规则与赋值(图2.1)。

图 2.1　测量的三要素

(二) 心理测量(psychological assessment 或 psychometrics)

一般来说,心理测量是用来检测人们的能力、行为和个性特质的特殊的测验程序或过程。心理测量通常也指对个体差异的测量,因为多数测量都是在某一定的维度上,测量某人与其他人是如何不同或相似的。

狭义的心理测量是指依据一定的心理学理论,使用一定的操作程序,对人的能力、人格及心理健康等心理特性和行为确定出一种数量化的价值。

广义的心理测量不仅包括以心理测验为工具的测量,也包括用观察法、访谈法、问卷法、实验法、心理物理法等方法进行的测量。

在教育和人力资源领域的心理测量是指通过科学、客观、标准的测量手段对人的特定素质进行测量、分析、评价。这里所谓的素质,是指那些完成特定工作或活动所需要或与之相关的感知、技能、能力、气质、性格、兴趣、动机等个人特征,它们是以一定的质量和速度完成工作或活动的必要基础。

(三) 心理测试(Psychological test 或 mental test)

心理测试,也叫心理测评或心理测验,是一种比较间接的测试方法,它是指通过使用一系列手段将人的某些心理特征数量化,来衡量个体心理发展水平和个体心理差异的一种科学测量方法。

心理测验是用来测量个体的行为或作业的工具。它通常由许多经过适当安排的项目(问题、任务等)构成,被试对这些项目的反应可以记分,分数被用于评估个体的情况。测验通常分为智力测验、能力测验、人格测验、成就测验、态度测验、价值测验等。各种不同的测验有着各自不同的特性、不同的适用范围、不同的测验规则与程序。测验的实施方式有个别测验和集体测验两种。

心理测验有时也指心理测量的工具。心理测量在心理咨询中能帮助当事人了解自己的情绪、行为模式和人格特点。即心理测验是根据心理学原理设计程序,对人的心理因素进行测量。心理测验一般测量比较有代表性的问题。心理测验有时类似问卷,不同之处是心理测验要求被试以最好的状态完成测验,而问卷则只要求被试平常发挥就行。一个实用的心理测验必须要具备较高的信度和效度。

二、心理测验的分类

(一) 按性质分

能力测验。包括智力测验和特殊能力测验。前者主要测量人的智力水平,后者多用于升学、职业生涯指导服务(如绘画、音乐、手工技巧、文书才能、空间知觉能力等)。

人格测验。主要测量一个人的性格、气质、兴趣、态度、需要、品德、情绪、动机、自我、价值等个性心理特征。

记忆测验。包括短时间记忆测验和长时间记忆测验,主要用于测验个体的记忆能力或外伤引起的记忆损害和老年人记忆减退等。

适应行为评定。评估人们的社会适应技能,包括智慧、情感、动机、社交、运动等因素。

职业咨询测验。是近年来发展迅速的心理测验,由于许多年轻人希望在未来就业时既能发挥自己的潜能、气质,又能适应自己的兴趣、爱好,因此在择业前往往会求助于心理学家。

(二) 按对象分

个别测验。即测验者和被测者一对一的测验,如韦克斯勒测试、斯坦福-比奈测试等。其优点是对被试的反应能有较多观察和控制的机会,结果比较可靠;其缺点是时间不经济。

团体测验。即一个测验者同时测量多个被试。优点是时间经济,对主试要求不高;缺点是被试在测验中的行为不宜控制,结果不一定可靠。

(三) 按形式分

可以分为电脑测试与纸笔测试。电脑测试可以通过单机版、局域网、互联网以及手机APP等形式完成;纸笔测试就是传统的心理测试,将测试的内容印刷在纸上,通过一般的笔书写作答完成。

如16PF、EPQ、SCL-90、MBTI等测试既可以通过电脑程序以及网络让被试完成,也可以通过传统的纸质版完成。从发展趋势来看,电脑测试会逐步取代纸笔测试。

如图2.2就是研究者在2020年"新型冠状病毒肺炎疫情"时期针对学生、家长等的心理健康状况开展的测试。电脑测试的优势在于可以在短时间内收集海量的数据,可以同时在线测试很多人,即时得出结果。其缺点是数据安全和个人隐私难以保障,另外还存在替代性作答的风险。

(四) 按测验的材料分

可以分为图片、文字、积木测验等,如瑞文测验就是图片测试。在韦克斯勒测验和斯坦福-比奈测验中,有一部分分测验就会用到图片排列、积木等,如图2.3所示。无论是何种材料的测验,都是根据测验的目的与需要来选择的。一般图片、积木和非文字测验受文化影响比较小,而文字测验则受文化程度和区域文化的影响比较大。

图2.2 心理测试手机APP版

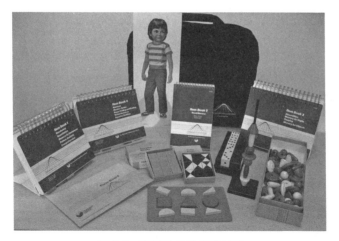

图 2.3 斯坦福-比奈测验材料

(五) 按测验的过程分

可分为推理测试与自陈测验。推理测试需要被试要有一定的知识、经验的储备，通过相应的"大脑运算"而做出选择或得出结果，在测试中有一定的时间限制。而在自陈测试(通过一定的文字陈述，让受测试者根据自己的实际感受做出相应的选择，如 SCL-90、SDS 等测试)中，一般没有严格的时间限制，只要在一定的时段内一次性做完即可。

(六) 按功能分

可以分为能力测验和非能力测验。能力测验是测量一个人所具有的能力和潜在能力(如智力测验、创造力测验等)，而非能力测验是测验一个人的兴趣、动机、态度等个性特征。能力测验受年龄、文化程度的影响比较大；而非能力测验受家庭、学校环境的影响比较大。但是，几乎所有的能力测验与非能力测验都存在性别与年龄的差异。

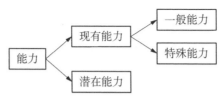

图 2.4 能力的分类

(七) 按测验的目的分

可以分为筛查测验和诊断测验。

筛查测验：通过测试了解个体的大致心理特征，或者将认为具有某种心理特征的人筛选出来，像前面所列举的 SCL-90 和 SDS 就属于筛查测验。其优点是快速简便，缺点是结果比较粗糙，不够准确。

诊断测验：通过测验能够相对精准地评估个体是否具备某种能力或某种心理特征的测试。优点是结果比较精准，如关于个体是否具有智力缺陷或心理障碍的评估，像明尼苏达测试(MMPI)和韦克斯勒儿童测验(WISC)就属于这一类。其缺点就是评分比较严格与复杂，对主试的要求比较高，要具备一定的资质才能操作。

三、心理测评的性质

（一）间接性

心理测验不能直接推出测试的结果，一般要将原始分数转换成标准分数之后与常模比较才能得出测试的结论。所以一个心理测验只有题目和原始分数而没有常模参考是没有意义的，即便得出结论也是不可靠的。因此在心理测试过程中要使用有常模参照的测验。

（二）相对性

心理测验的结果不是绝对的，一方面是测验本身的效度和信度有限，另一方面在测验过程中也存在误差，受测试环境的影响比较大。所以不能通过一个测验的测试结果就下绝对的结论(健康与不健康，智力正常或落后)。为了避免这种情况还要结合类似的测试或者访谈等加以验证。

（三）客观性

客观性就是指无论采取什么样的测试方式，受测试者的某种心理品质是客观存在的，并不是做了测试这种品质才存在，不测试就不存在，可以说"学生的智商测不测试都在那里"。因此在使用心理测验的过程中，要本着客观、理性和中立的态度去分析，不能迷信或夸大测试，也不能超出测试的使用范围。

第二节　学校心理测评的统计原理

在学校心理健康教育工作中，有时需要做调研，了解学生的心理发展状况，发现问题、学生需求以及学生成长的规律。

一、样本与抽样

(一) 样本(sample)

研究中实际观测或调查的一部分个体称为样本,而研究对象的全部则称为总体。为了使样本能够正确地反映总体情况,对总体要有明确的规定;总体内所有观察单位必须是同质的;在抽取样本的过程中,必须遵守随机化原则;样本的观察单位还要有足够的数量。样本又称"子样",是按照一定的抽样规则从总体中取出的一部分个体。样本中个体的数目称为"样本容量"。

1. 科学性

严格按照影响学生心理发展的种群特征、人口统计学特点以及抽样学的基本要求进行分层、随机抽样,保证样本的可靠性。

2. 代表性

抽样过程中要做到分层(区域、学校、年级、班级等)和随机(按照指定学号或随机数),使每个样本在所在的层或群体中具有充分和广泛的代表性。

3. 典型性

考虑到各区域学生分布的广泛性与区域之间的差异性,选择的抽样区域在社会、经济发展等方面要有典型性。

4. 经济性

抽样的理想数据与实际数据之间存在差异性,在保证抽样科学性、代表性的同时,一定数量的样本可以做到抽样实施的省时、经济、有效,也能节约抽样成本。

5. 可操作性

抽样是一定时空的产物,在一定的时期内按时、准确地完成抽样可以保证抽样调查的有序进行。在保证科学性的同时,抽样的简单、可操作是需要的。

(二) 抽样的方法

1. 简单随机抽样

简单随机抽样,是指按照等概率原则,以简单方便的形式随机抽取确定样本。

如以 A 学校为例,从 120 名学生中抽取 95 人做调查,可根据调查时的情况,直接除去不在班、病假、外出的学生,或直接除去学号为 10 的倍数的学生,以随机确定足够的样本数。

2. 等距抽样

适用于学生人数比较少且相对集中的学校。

等距抽样,要求学校将抽样框(全体学生名册)随机排序并编号,随意确定起抽号,再按等距方法直接抽样。取样的间隔由学生总数与样本数之比决定,即取样间隔＝学生总数/样本数。

以B学校为例,学生总数778人,样本264人,取样间隔＝778/264＝2.9,可取整数,即每3个人抽取一个样本。要求学校将抽样框按照姓氏笔画随机排序并编号,在前3个号中可随意选择起抽号,如选择1为起抽号,则选入样本的编号应依次为1,4,7,10……,如数到778,只选取了260人的样本,则再随意选择2为起抽号,依次选取2,5,8,11,直到抽满264人为止。

**备注：按照等距抽样法,如抽取到不在班(外出、病假等)的学生,可往后顺延直到抽取足够的样本数。

3. 整群抽样

适用于学校的年级比较多且每个年级学生人数比较少的学校。

整群抽样要求学校提供学校学生的全部名单,以及平均每个年级的学生人数,然后按照等距抽样法抽取需要调查的年级,凡是被抽取的年级的全体学生都是被调查对象。

以C学校为例,该学校有多个年级,学生总数4 000人,样本数365人,学校有9个年级,有150个班级,平均班级人数30人,按照等距抽样法在159个群(年级和班级)中抽取12个,这12个群的所有学生都是被调查对象。

4. 多段抽样

适用于学生人数比较多(本次调查界定为1 000人以上),且班级比较多的学校。

多段抽样,首先按PPS(概率比例抽样)方法抽取学校下属年级,被抽取的年级不得少于总年级数的1/3;然后在抽取的年级中将学生随机排序并编号,按照等距抽样法抽取被调查学生。

以D学校为例,学生总数2 133人,样本数337人,学校下属年级共12个。

表2.1 PPS抽样方法举例

A年级	B人数	C累计人数	D第一次抽样	E第二次抽样	样本数
年级1	100	0100			
年级2	215	0315			
年级3	400	0715	0691	0399/0378/0451/0546	4×30＝120
年级4	65	0780	0763		

续 表

A 年级	B 人数	C 累计人数	D 第一次抽样	E 第二次抽样	样本数
年级 5	78	0858	0842		
年级 6	90	0948			
年级 7	198	1 146	1 009/989/1 085/1 045	1 122/1 108	2×30＝60
年级 8	56	1 202	1 180		
年级 9	45	1 247			
年级 10	80	1 327	1 280/1 255/1 288		
年级 11	78	1 405			
年级 12	560	1 965		1 754/1 932/1 563/1 438	4×30＝120
					共 300 人

① 首先把样本数分成 11 份,每份 30 人。

② 计算 C 累计学生人数,并按照四位数填写。

③ 选用一个四位数的随机数表作为抽样工具;在随机数表上抽取任意列、任意行的 4 个数字作为第一个样本,在随机数表上,按照确定的规则从上到下(或从左到右、或隔行隔列)选取号码,将小于累计数的随机数号码填写在相应范围的栏目中,超出累计数总数的号码视为淘汰,按照这样的方法,选出样本份数。此例中,从随机数表第一个 7807 开始,从上向下选取号码,见 D 第一次抽样,选取的号码共涉及 6 个年级,每个年级落入几个号码,即为几份,再按照每份 30 人计算,则为从该年级应该抽取的学生数,见 E 样本数。

④ 如第一次抽样所抽取的年级数少于年级总数的 1/3,或抽取的年级较为集中,则缺少代表性,可根据实际情况,进行第二次或第三次抽样。

＊＊备注:PPS 抽样,年级人数越多,被抽取的可能性越大,被抽取的样本数可能也越多。

二、正态分布

(一) 正态分布的概念

正态分布是一种概率分布,也称"常态分布"。正态分布是具有两个参数 μ 和 σ^2 的连续型随机变量的分布,第一个参数 μ 是服从正态分布的随机变量的均值,第二个

参数 σ^2 是此随机变量的方差,所以正态分布记作 $N(\mu,\sigma^2)$。服从正态分布的随机变量的概率规律为取与 μ 邻近的值的概率大,而取离 μ 越远的值的概率越小;σ 越小,分布越集中在 μ 附近,σ 越大,分布越分散。

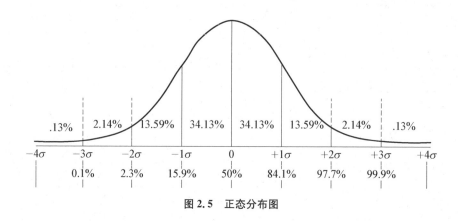

图 2.5　正态分布图

理查德·赫恩斯坦(Richard J. Herrnstein,1930—1994 年),美国比较心理学家,因和默瑞(Charles Murray)合著《正态曲线》一书而闻名,在该书中他们指出人们的智力呈正态分布。英国遗传学家弗朗西斯·高尔顿依据其成立的人体工程学实验室积累的数据,也提出人类的很多身体和心理属性是呈正态分布的。

(二) 正态分布下的标准分数

1. 常模的换算与制订

常模的换算过程是将被试的量表原始分数转换成为标准分 Z,并将 Z 分数再转换成为 T 分数。①

具体的关系如下:

$$Z=(X-M)/S;\quad T=50+10Z$$

其中,X 是某个体在某量表的原始分数,M 为该个体所在样本群体在某量表中的平均数,S 则为样本群体在该量表中的标准差。它们与百分位和百分比的换算见表 2.2。

根据公式 $Z=(X-M)/S$ 和 $T=50+10Z$ 以及表 2.3 就完成了由原始分数到常模分数的换算。这样,在具体的测试中,就可以依据常模分数对每个被试作比较了(如表 2.3 所示)。

---

① 杨彦平:《中学生社会适应量表的编制》,华东师范大学博士论文,2007 年,第 83 页。

表 2.2 百分位、Z 分数、T 分数、等级、百分比的转化表

百分位(%)	Z 分数	T 分数	等级	百分比(%)
... 99	... 2.5	... 75	5^+	1
... 93	... 1.5	... 65	5	7
... 69	... 0.5	... 55	4	24
... 50 ... 31	... 0.0 ... −0.5	... 50 ... 45	3	38
... 7	... −1.5	... 35	2	24
... 1	... −2.5	... 25	1	7
...	...	...	1^-	1

表 2.3 百分位范围、标准分、等级、百分比对应表

百分位范围(%)	标准 T 分	等级		百分比(%)	百分位范围(%)	标准 T 分	等级		百分比(%)
99—100	75 以上	5^+	极优	1	8—30	35—44	2	较差	24
93—98	65—74	5	优等	7	1—7	25—34	1	差等	7
69—92	55—64	4	中上	24	0—1	24 以下	1^-	极差	1
31—68	45—54	3	中等	38					

2. 常模相关分数的计算

(1) 平均数与标准差(M±S)

平均数与标准差是常模的一种普通形式。将某一受试者所测成绩(粗分,或称原始分)与标准化样本的平均数相比较时,才能确定其成绩的高低。

在心理统计与测量学中,很多统计数据都用英文表示,记录时简取该术语英文单词的大写首字母或希腊字母,如平均数"Mean",简写作"M",有时也在"X"上面加一条横线表示,如下:

$$\overline{X} = \frac{\sum_{i=1}^{n} x_i}{n} \qquad \text{(公式 2.1)}$$

标准差：

$$SD = \sqrt{\frac{\sum (X_i - \overline{M})^2}{n}} \qquad \text{(公式 2.2)}$$

在公式 2.1 和 2.2 中：$\overline{M}$ 为样本平均数，SD 为样本标准差，x_i 为被试在某测验上的原始总分(每个年级的男、女同学分别为一个样本)，n 为样本人数，$\sum$ 为连加符号。

(2) 标准分(Z)

均数所说明的问题还是有限的。只看均数，不注意分散情况，所得受试者的信息非常有限。如用标准分作常模，便可得到更多的信息。标准分能说明受试者的测验成绩在标准化样本的成绩分布图上居何位置。标准分(Z)等于受试者成绩(x)与样本均数(X)之差(即 x－X)除以样本成绩标准差(SD)。简化成 Z＝(x－X)/SD。这样一来，不仅能说明受试者的成绩与样本比较是在其上还是其下，而且还能说明两者相差几个标准差。

许多量表采用这种常模或由此衍生出来的常模。例如：在韦氏智力量表中，离差智商＝100＋15 * (x－X)/SD 便是如此。韦氏智力量表中各分测验的量表分：T＝10＋3Z；另外如：

美国大学生入学考试报告离差分数：CEEB＝500＋100Z

我国大学生英语四、六级考试离差分数：T＝500＋70Z

离差智商与标准分常模的不同之处在于：一是标准分常模均数为 0，而离差智商均数为 100，即 Z＝X 在标准分常模中为 0，在离差智商中为 100；二是标准分的 SD 值随样本而定，如韦克斯勒测试中离差智商标准差为 15，比奈测试则为 16。

(3) T 分

T 分常模是从标准分衍化出来的另一种常用常模，例如 MMPI 便采用此种常模。它与离差智商的不同之处是所设的均数值及标准差不同。T 分计算的公式为：

$$T = 50 + 10(X - M)/SD$$

由标准分衍化而来的其他形式的常模，如标准 20 和标准 10 即是属于这一类，都是改变均数及标准差值。其计算公式如下：

标准 $20 = 10 + 3(X - M)/SD$

标准 $10 = 5 + 1.5(X - M)/SD$

在韦氏量表中,有粗分、量表分以及离差智商诸量数。其中量表分的计算方法即属于标准20计算法。

(4) 百分位(percentile rank,简称 PR)

这是另一类常用的常模,比标准分应用得早,且更通用。它的优点是不需要掌握统计学的要领便可理解。百分位习惯上将成绩差的排列在下,将成绩好的排列在上,计算出样本分数的各百分位范围。将受试者的成绩与常模相比较,如百分位为50(P50),说明此受试者的成绩居于标准化样本的第50位,也即,样本中有50%的人成绩在他之下(其中最好的至多和他一样),另有50%的人成绩比他好。如在P25,说明样本中有25%人的成绩在他之下(其中最好的至多和他一样),另有75%的人成绩比他好。以此类推。

(5) 划界分(cut off score)

在筛选测验中常用此常模。如采用100分制时,常以60分作为及格分,此即划界分。而入学考试时的划界分会因考生成绩和录取人数而异。在临床神经心理测验中,会将正常人与脑病患者的测验成绩进行比较,设立划界分,再用这个分数帮助判断测验对象有无脑损害。如果某测验对检查某种脑损害很敏感,就说明设立的划界分很有效,病人被划入假阴性的人数就很少甚至没有,正常人被划为假阳性的也很少或没有;如果不敏感,则假阳性或假阴性的机会均会增加。

(6) 比率(或商数)

这一类常模也较常使用。其计算方法为:$IQ = (MA/CA) \times 100$,将MA(心理年龄)与CA(实际年龄)相等的设作100,以使IQ成整数。H.R.B.中的损伤指数也是比率常模,损伤指数=划入有损的测验数/受测的测验数。

三、心理测量学的主要指标

(一) 信度

1. 信度的概念

信度(reliability)是指测验结果的一致性、稳定性及可靠性,一般多以内部一致性来表示该测验信度的高低。信度系数愈高表示该测验的结果愈一致、稳定与可靠。系统误差对信度没什么影响,因为系统误差总是以相同的方式影响测量值,因此不会造成不一致性。反之,随机误差可能导致不一致性,从而降低信度。

心理测验的信度是指同一受试者在不同时间用同一测验(或用另一套相等的测验)重复测验,所得结果的一致性程度。信度用系数(coefficient)来表示。一般来说,系数越大,说明一致性高,测得的分数可靠,反之则相反。信度的高低与测验性质有关。通常,能力测验的信度(要求在 0.80 以上)高,人格测验的信度(要求在 0.70 以上)低。凡是标准化的测验手册,都需要说明本测验用各种方法所测得的信度。

2. 信度的分类与计算

在心理测验中考验信度通常有如下方法:

(1) 重测信度(test-retest reliability)

重测信度也称为再测信度,指同一组受试者(被试)在两个不同时间做同一套测验所得结果的相关性检验。认知测试一般两次测试的时间间隔在两周到一个月之内;对于人格测验,重测的时间间隔在两周到六个月之间比较合适。重测信度所考察的误差来源是时间的变化所带来的随机影响,因此在评估重测信度时,必须注意重测的间隔时间。

在进行重测信度的评估时,还应注意以下两个重要问题:第一,重测信度一般只反映由随机因素导致的变化,而不反映被试行为的长久变化;第二,不同的行为受随机误差的影响不同。

重测信度存在矛盾:缩短两次测试的时间间隔,被测试者较容易回忆出测试的题目;而延长两次测试的时间间隔,则被测试者较容易受外部影响而变化,[①]这是重测信度难以避免的缺点。

重测信度一般通过同一组被试两次测试成绩(x, y)的积差相关系数来计算,如公式 2.3 所示。

$$r = \frac{\sum_{i=1}^{n}(x_i - \bar{x})(y_i - \bar{y})}{\sqrt{\sum_{i=1}^{n}(x_i - \bar{x})^2 \cdot \sum_{i=1}^{n}(y_i - \bar{y})^2}}$$

$$= \frac{n\sum_{i=1}^{n}x_i y_i - \sum_{i=1}^{n}x_i \cdot \sum_{i=1}^{n}y_i}{\sqrt{n\sum_{i=1}^{n}x_i^2 - (\sum_{i=1}^{n}x_i)^2} \cdot \sqrt{n\sum_{i=1}^{n}y_i^2 - (\sum_{i=1}^{n}y_i)^2}}$$

(公式 2.3)

[①] 风笑天主编:《社会研究方法》,中国人民大学出版社 2018 年版,第 135 页。

(2) 复本信度(parallel-forms reliability)

复本信度又称为等值性系数,是等值性信度(equivalence reliability)的一种,指问卷调查结果相对另一个非常相同的问卷调查结果的变异程度,是对同一组被调查人员运用两份内容等价但题目不同的问卷进行调查,然后比较两组数据的相关程度。

它比重测信度工作量大,因为同一个测量工具(调查问卷、心理量表等)要构建两个等值的复本,两个复本要包含相同数量、类型、内容、难度的题目。评估复本信度要用两个复本对同一群受试者进行测试,再估算两种复本测量分数的相关系数,相关系数越大,说明两个复本构成带来的变异越小,这与再测稳定性信度中考虑时间产生的变异不同,也就是说,相关系数反映的是测量分数的等值性程度,故复本信度又称作等值性系数。

复本信度的主要优点在于:其一,能够避免重测信度的一些问题,如记忆效果、练习效应等;其二,适用于进行长期追踪研究或调查某些干涉变量对测验成绩的影响;其三,减少了辅导或作弊的可能性。

复本信度的局限性在于:第一,如果测量行为易受练习的影响,则复本信度只能减少而不能消除这种影响;第二,有些测验的性质会由于重复而发生改变;第三,有些测验很难找到合适的复本;第四,不是所有的测试都适合于做复本测试。

(3) 内部一致性信度(internal consistency)

内部一致性信度主要反映的是测验内部题目之间的关系,考察测验的各个题目是否测量了相同的内容或特质。内部一致性信度又分为同质性信度和分半信度。

① 同质性信度(reliability of homogeneity)

同质性信度是指测验内部的各题目在多大程度上考察了同一内容。同质性信度低时,即使各个测试题看起来似乎是测量同一特质,但测验实际上是异质的,即测验测量了不止一种特质。同质性分析与项目分析中的内部一致性分析相类似。

计算同质性信度的公式主要有:库德-理查逊公式和克伦巴赫(Cronbacha)α信度系数(见公式2.4)。对于一些复杂的、异质的心理学变量,采用单一的同质性测验是不行的,因而常常采用若干个相对异质的分测验。

克伦巴赫α信度系数是一套常用的衡量心理或教育测验可靠性的方法,依据一定公式估量测验的内部一致性。作为信度的指标,它克服了部分折半法的缺点,是目前社会研究最常使用的信度指标,它是测量一组同义或平行测验总和的信度。其公式为：

$$\alpha = [K/(K-1)][1-(\sum S_i^2)/(S_x^2)] \qquad (公式2.4)$$

在公式 2.4 中，K 为量表中题项的总数，S_i^2 为第 i 题得分的题内方差，S_x^2 为全部题项总得分的方差。从公式中可以看出，α 系数评价的是量表中各题选项得分间的一致性，属于内在一致性系数。这种方法适用于态度、意见式问卷（量表）的信度分析。在 SPSS 中可以直接计算克伦巴赫 α 信度系数，如图 2.6 所示：打开某个问卷或量表测试的 SPSS 数据库，在"分析"主菜单下，点开"度量"子菜单中的"可靠性分析"，就会弹出"可靠性分析"对话框。

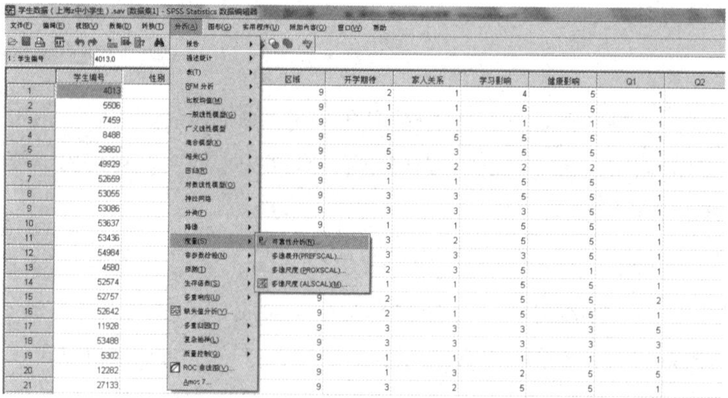

图 2.6　SPSS 中的信度分析菜单

点击图 2.6 中的"可靠性分析"菜单就会弹出图 2.7 中的"可靠性分析"对话框：

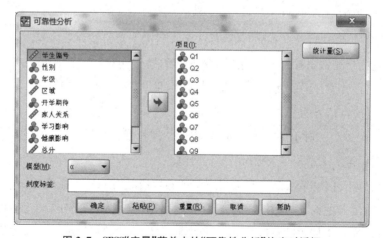

图 2.7　SPSS"度量"菜单中的"可靠性分析"信度对话框

在图2.7呈现的"可靠性分析"信度对话框中,将测试问卷要做信度分析的所有题目(如有10道题,编号是Q1—Q10)从左边的变量对话框中"转移"到右边的"项目"框中,点击"确定"按钮就可以得出克伦巴赫α信度系数了。

② 分半信度(split-half reliability)

分半信度指一项调查中,调查问卷的两半题目的调查结果的变异程度。是通过将测验分成两半,计算这两半测验之间的相关性而获得的信度系数。测验愈长,信度系数愈高。修正公式是斯皮尔曼-布朗公式。斯皮尔曼-布朗公式为校正分半信度的经验公式(见公式2.5):

$$r_{tt} = 2r_{hh}/(1+r_{hh}) \quad \text{(公式2.5)}$$

在公式2.5中,r_{tt}为测验的信度值,r_{hh}为一个测验分成两半部分测验的相关系数。一般来说,如果将测试分为均匀两半的话,则分半系数r_{tt}为0.5。它的假设是两半测验分数的变异数相等。当假设不成立时,可以采用弗朗那根(Flanagan)公式(见公式2.6)或卢伦(Rulon)公式之一(见公式2.7),直接求得测验的信度系数。①

弗朗那根(Flanagan)公式:

$$r_{tt} = 2\left(1 - \frac{S_a^2 + S_b^2}{S_t^2}\right) \quad \text{(公式2.6)}$$

S_a^2、S_b^2分别是两半测验分数的方差,S_t^2是整个测验分数的方差。

卢伦(Rulon)公式:

$$r_{tt} = 1 - \frac{S_d^2}{S_t^2} \quad \text{(公式2.7)}$$

S_d^2=两半测验分数之差的方差,S_t^2=测验总分的方差。

(4) 评分者信度(score reliability)

评分者信度是指不同评分者对同样对象进行评定时的一致性。最简单的估计方法就是随机抽取若干份答卷,由两个独立的评分者打分,再求每份答卷两个评判分数的相关系数。这种相关系数的计算可以用积差相关方法(公式2.8),也可以采用斯皮尔曼等级相关方法。

$$K = r_{(kk)} \times [1 - r_{(xx)}]/r_{(xx)} \times [1 - r_{(kk)}] \quad \text{(公式2.8)}$$

---

① 戴海琦,张锋:《心理与教育测量》,暨南大学出版社2018年版,第121页。

在公式 2.8 中，K 为改变后的长度与原长度之比，r_{xx} 为原测验的信度，r_{kk} 为测验长度是原来 K 倍时的信度估计。

例：一个包括 50 个题目的测验信度为 0.75，欲将信度提高到 0.90，问至少需要增加多少题目？

$$K = 0.9 \times (1 - 0.75) / 0.75 \times (1 - 0.9) = 3$$

要取得 0.90 的信度，测验长度应为原来的 3 倍，则需要增加 100 道题目。

评分者信度还有一种计算方法，就是利用肯德尔(Kandall)和谐系数，适用于数据资料是多列相关的等级资料，即可以是 k 个评分者评 N 个对象（如表 2.4 所示），也可以是同一个人先后 k 次评 N 个对象。通过求得肯德尔和谐系数，可以较为客观地选择好的作品或好的评分者。

表 2.4　k 个评分者对 N 个评价对象的评分表

评价对象 (N个)	评分者(k个)			行求和 (R_i)	行和的平方 (R_i^2)
	1	2	…… k		
1					
2					
……					
N					
求和				$\sum R_i$	$\sum R_i^2$

① 同一评价者无相同等级评定时，W(肯德尔和谐系数)的计算公式为：

$$W = \frac{12S}{K^2(N^3 - N)} \quad （公式2.9）$$

在公式 2.9 中，N 为被评的对象的人数，K 是评分者人数或评分所依据的标准数，S 为方差，$S = \sum R_i^2 - (\sum R_i)^2 / N$。

当评分者意见完全一致时，S 取得最大值，可见肯德尔和谐系数是实际求得的 S 与其最大可能取值的比值，故 $0 \leqslant W \leqslant 1$。

② 当同一评价者有相同等级评定时，W 的计算公式为：

$$W = \frac{S}{\frac{1}{12}K^2(N^3 - N) - K \sum_{i=1}^{K} T_i} \quad （公式2.10）$$

在公式 2.10 中，$T_i = \sum (M^3 - M)/12$，M 为相同等级的数量。

在 SPSS 软件中也可以直接计算 W(肯德尔和谐系数)。具体的操作方式是：将表 2.4 数据输入到 SPSS 中，在"分析"主菜单下点开"非参数检验"子菜单中的"K 个相关样本"菜单(见图 2.8)，点击之后就会弹出图 2.9 中的对话框，然后将评分者数据(如有 7 个人，编号是 K1—K7)拖到右边的"检验变量"对话框，勾选"检验类型"中的"Kandall 的 W"选项，再按"确定"按钮就可以计算出 W 的结果。

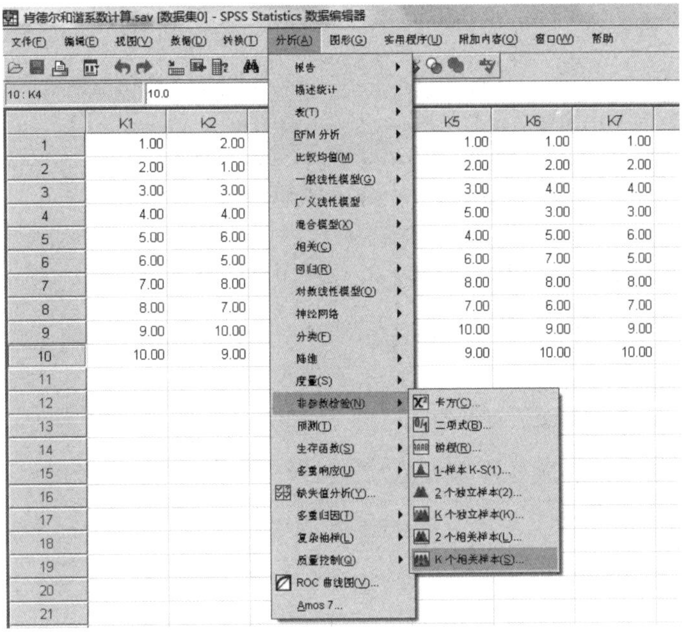

图 2.8 SPSS 中的 W 系数运算菜单

(二) 效度

1. 效度的概念与表达公式

效度(validity)就是测验的准确性，指一个测验在多大程度上检测到了它要测的东西，或者说一个测验检测到所要检测的没有，检测到了何种程度。

如某人格测验，若测验结果所表明的确实是被试的某种人格特质(如气质类型)，而且测准了该人格特质，那么这一人格测验的效度好，反之则不好。效度检查，也同信度检查一样，有多种方法，并有各种名称，如内容效度、预测效度、因素效度、内部效度等。美国心理协会在《心理测验和诊断技术介绍》(简称《APA》，1954)及《教育和心理

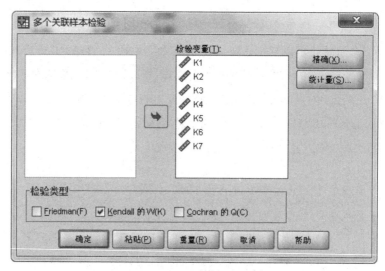

图 2.9　W 系数运算操作子窗口

测验的标准与手册》(1966)中将效度分为三类,即效标效度(criterion validity)、内容效度(content validity)和结构效度(construct validity),之后被广泛运用到教育与心理测量领域。

效度的公式表达有如下三种形式:

一组测验分数的真实方差可分为两部分,即有关方差和无关而稳定方差(系统误差方差),公式可表示为:

$$S_T^2 = S_V^2 + S_I^2 \qquad (公式2.11)$$

由此,实得分数方差可表示为:

$$S_X^2 = S_V^2 + S_I^2 + S_E^2 \qquad (公式2.12)$$

在测量理论中,效度被定义为一组测验分数中与测验目标有关的真实方差与实得分数方差的比率。公式表达为:

$$r_{XY}^2 = \frac{S_V^2}{S_X^2} \qquad (公式2.13)$$

由此可见,效度除受随机误差影响外,还受系统误差影响。

2. 效度的分类与计算

(1) 效标关联效度(criterion-related validity)

效标,即衡量测验有效性的参照标准,效标效度又称实证效度,反映的是测验预测个体在某种情境下行为表现的有效性程度,也是指某一心理测验结果与某一标准测验之间的相关程度。相关性越高,该测验的效度越好。如智力测验与学习成绩的相关,人格诊断测验与临床实践经验相关性的高低,都属于效标效度。

在心理测验中常用的效标包括:

学业成就:如在校成绩、学历、有关的奖励和荣誉、教师对学生智力的评定等,常作为智力测验的效标,也可作为某些多重能力倾向测验和人格测验的效标;

实际学习与行为表现:是最满意的效标测量,可作为一般智力测验、人格测验和一些能力倾向测验的效标;

特殊训练成绩:如多元智能测试中,运动智能测试分数与被试某种运动水平的相关性;

精神病诊断:与人格特征的相关性;

等级评定:是观察者根据测验欲测量的心理特质在被试身上的表现而作出的一种个人判断;

效标团体的比较:即找出两个在效标表现上有差别的团体,比较他们在测验分数上的差别;

先前有效的测验:一个新测验与先前有效测验的相关也经常作为效度检验的证据。

一个好的效标必须具备以下条件:

① 效标必须能最有效地反映测验的目标,即效标测量本身必须有效;
② 效标必须具有较高的信度,稳定可靠,不随时间等因素而变化;
③ 效标可以客观地加以测量,可用数据或等级来表示;
④ 效标测量的方法简单,省时省力,经济实用。

效标效度的常用的评估方法主要有以下几种:

相关法:效度系数是最常用的效度指标,尤其是效标效度。它是以皮尔逊积差相关系数来表示的,主要反映测验分数与效标测量的相关。当测验成绩是连续变量,而效标资料是二分变量时,计算效度系数可用点二列相关公式或二列相关公式;当测验分数为连续变量,效标资料为等级评定时,可用贾斯朋多系列相关公式计算。

区分法:是检验测验分数能否有效地区分由效标所定义的团体的一种方法。

算出 t 值后,便可知道分数的差异是否显著。若差异显著,说明该测验能够有效地区分由效标定义的团体,否则则说明测验是无效的。重叠百分比可以通过计算每一组内得分超过(或低于)另一组平均数的人数百分比得出。另外,还可以计算两组分布的共同区的百分比,重叠量越大,说明两组分数差异越小,测验的效度越差。

命中率法:是当测验用来作取舍的依据时,用其正确决定的比例作为效度指标的一种方法。命中率的计算有两种方法:一是计算总命中率,二是计算正命中率。

预期表法:是一种双向表格(也可以理解为矩阵法,见表 2.5),预测分数排在表的左边,效标排在表的顶端。从左下至右上对角线上各百分数字越大,而其他的百分数字越小,表示测验的效标效度越高;反之,数字越分散,则效度越低。

表 2.5 效度计算的矩阵表

预测分数 \ 效标结果	有	无
有	命中(P1)	误测(P2)
无	漏测(P3)	排除(P4)

在表 2.5 中,P1—P4 分别代表相应的百分比,P1+P4(命中和排除)的比例越高,说明该测试的效度越好,反则越差。

(2) 内容效度(content validity)

内容效度指的是测验题目对有关内容或行为取样的适用性,从而确定测验是否达成所想测量的行为领域的代表性取样,也是指一个测验应所测量到它想测量的内容的程度(如温度计只能测量温度,不能测量风速)。如算术成就测验只能反映受试者运算能力的程度,语文测试只能测验学生的语言表达能力。而与之相关的标准,是老师的评定,如评价学生在日常生活或行为中所表现出的能力等。

内容效度经常与表面效度(face validity)混淆。表面效度是由外行对测验作表面上的检查确定的,它不反映测验实际测量的东西,只是指测验表面上看来好像是测量所要测的东西;内容效度是由具备资格的判断者(专家)详尽地、系统地对测验作评价而建立的。表面效度是在心理测验中要特别注意的,以免看到的测试到的东西并不是真正要测试的东西(如通过打字速度来测试手指的灵活性,但并不是打字速度越快手指越灵活,这里存在练习效应)。

内容效度的评估方法主要有三种：

第一种：专家判断法。类似编制量表题目中的德尔菲法。当一个测验要测试某种心理特质时，可以将测试的题目、结构以及结果给这一领域的专家看，让这一领域的多个专家对测试的内容、概念与反映心理特征的准确性进行评分，评分越高，说明内容效度越好。

第二种：统计分析法。类似信度分析中的评分者信度（又称为复本信度和折半信度）的计算方式一样，把一个测验的评价内容设置成若干个制表（如 N 个），然后让 K 个专家进行一定等级的评分，算出肯德尔和谐系数 W，W 的分数越高，则内容效度越好。

第三种：经验推测法（实验检验法）。当一个测验在编制过程中没有现成的参考工具或标准，只能通过实践经验不断去检验时就可以采取这种方法。比如网络成瘾问卷，网络成瘾是因为互联网出现才存在的，研究者如果提出网络成瘾是在使用网络时出现"信息过载"、"持续迷恋"、"社交功能萎缩"等状况，而且持续了三个月以上，那么就通过一线的心理工作者或学校心理教师去检验和推测这种评估内容的有效性与代表性，实践与经验检验下来认可度与有效性越高，说明该测试的内容效度就越好，反之则越差。

(3) 结构效度（construct validity）

结构效度是指一个测验能够反映出编制此测验所依据理论的程度，或者说一个测验能够测量到理论上的构想或特质的程度，即测验的结果是否能证实或解释某一理论的假设、术语或构想，以及解释的程度如何等。如编制一个智力测验，必定要依据有关智力的理论。该测验反映此智力的程度，可以用结构效度来检验。

如美国耶鲁大学的心理学家斯腾伯格（Robert Sternberg）提出了智力的三元理论（triarchic theory of intelligence），试图说明更为广泛的智力行为。斯腾伯格认为，最大多数的智力理论是不完备的，它们只从某个特定的角度解释智力。一个完备的智力理论必须说明智力的三个方面，即智力的内在成分，这些智力成分与经验的关系，以及智力成分的外部作用。这三个方面构成了智力成分亚理论、智力经验亚理论、智力情境亚理论。[1]

---

[1] 杨彦平：《基于测评视角的儿童学习基础素养的理解》，《上海教育科研》，2017 年第 1 期，第 22 页。

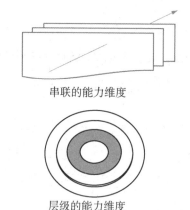

图 2.10 能力的各种假想的维度结构

结构效度的估计方法一般有如下几种[①]：

① 对测验本身的分析：测验的内容效度可以作为结构效度的证据；测验的同质性指标可以推断测验是测量单一特质的还是测量多种特质的，从而为评估测验的结构效度提供证据；分析被试对题目的反应特点也可以作为结构效度的证据。

② 测验间的相互比较：相容效度是结构效度的一个证据，区分效度是结构效度的另一个证据。一个有效的测验不仅应与其他测量同一构思的测验有关，而且还必须与测量不同构思的测验无相关。因素分析法也是建立结构效度的常用方法，通过对一组测验进行因素分析，可以找到影响测验分数的共同因素，这种因素可能就是我们要测量的心理特质（构思）。

③ 效标效度的研究证明：一个测验若效标效度理想，那么该测验所预测的效标的性质和种类就可以作为分析测验结构效度的指标，另一种证实结构效度的方法是心理特质的发展变化。实验法和观察法证实：观察实验前和实验后分数的差异是验证结构效度的方法。

在一个量表的编制过程中，可以以某一理论为依据，分成若干个维度，在实施了具体的测评和收集了一定样本量的数据之后，来计算该量表各个维度之间的相关性（相关系数在 0.3—0.6 之间比较理想）。或者通过探索性因素分析，将编制了一定题目量的量表进行数据模型旋转，观察是否能够得出理论假设的某种结构或维度。这两种方

---

① 郭秀艳：《实验心理学》，人民教育出版社 2004 年版，第 68 页。

式都可以在 SPSS 软件中完成,前者是做"相关分析"(如图 2.11),后者是做"因子分析"(如图 2.12 所示)。

图 2.11　SPSS 中做"相关分析"　　　　图 2.12　SPSS 中做"因子分析"

3. 难度(公式与计算)

(1) 难度的概念

项目的难度(difficulty)即指一个项目的难易程度。对于能力测验来讲,可以形容一个项目的难度或者容易程度;但对于兴趣、动机和人格等这些不存在正误的测验来说,这类测验使用的指标为通俗性,表示在答案的方向上即回答人数的多少,其计算方法与难度相同。

在心理与教育测量中,每个题目都有自身的难度值,通常以每一个题目的通过率作为难度指标,表示为:P=R/N(P 指项目难度,N 为全体被测者人数,R 为答对或通过该项目的人数)。

由公式可知,难度值的变化范围为 0.00—1.00,P 值越大代表题目越简单,P 值越小说明题目越难。难度为 0.00 意味着这个题目太难,没有人能答对;难度为 1.00 说明题目太简单,所有人都能答对。

(2) 难度的计算

在心理测验中最常用的难度指标为通过率,即以受测者答对或者通过每个项目的人数百分比来表示：

$$P = R/N \times 100\% \quad \text{(公式 2.14)}$$

P 指项目难度，N 为全体被测者人数，R 为答对或通过该项目的人数。

P 值越大，表示通过的人数越多，项目越容易，则难度越低；P 值越小，表示通过的人数越少，项目越难，则难度越高。因为 P 值大小与难度高低成反比，所以也将其称作易度，而将受测者未通过每个项目的人数百分比作为难度的指标。

心理和教育测验的项目多为二分法项目的选择题，即"通过"记 1 分，"错误"记 0 分。对这类项目，P 值可以直接用 $P=R/N\times100\%$ 的公式计算。

当被试人数较多时，计算难度的一个简便方法是根据测验总成绩将被试分成三组：先将受试者依据测验总分的高低次序排列，然后划出人数相等的高分组和低分组，即分数最高的 27% 被试作为高分组（H），分数最低的 27% 作为低分组（L），中间 46% 的被试作为中间组；再分别求出高分组和低分组在每一道题目上的通过率，以这两组通过率的平均值作为每一道题目的难度。其公式为：

$$P = \frac{P_H + P_L}{2} \quad \text{(公式 2.15)}$$

在公式 2.15 中，P 代表难度，P_H 和 P_L 分别代表高分组和低分组的通过率。此公式还可以转化成：

$$P = \frac{R_H + R_L}{2n} \times 100\% \quad \text{(公式 2.16)}$$

在公式 2.16 中，R_H 和 R_L 分别代表高分组和低分组通过该题的人数，n 代表每个组的人数。[①]

4. 区分度（鉴别性）

(1) 区分度的概念

区分度（discrimination）是指测验项目对于所研究的受测者的心理特性的区分程度或鉴别能力。区分度高的项目，能将不同水平的受测者区分开来，能力强、水平高的受测者得分高，能力弱、水平低的受测者得分低；区分度低的项目，就没有很好的鉴别

[①] 洪炜，刘仁刚，马立骥：《心理评估》，南开大学出版社 2006 年版，第 114—115 页。

能力,水平高和水平低的受测者得分差不多。①

区分度也是用来看一个测验题目能够在多大程度上区分所要测量的心理品质,反映了测验题目对心理品质区分的有效性。一个具有良好区分度的题目,在区分被测者时应当是有效的,能通过该项目或是在该项目上得分高的被测者,其对应的品质也较突出;反之,区分度较差的项目就不能有效地鉴别水平高或低的被测者。因此,区分度也叫作项目的效度,并作为评价项目质量和筛选项目的主要依据。

区分度同样是测验题目对所要测量的心理特性的灵敏度或鉴别能力。凡是区分度较好的题目,都能将不同水平的被试区别开来。题目的区分度从实质上讲就是题目本身的效度。题目的区分度是评价项目质量好坏的一个重要指标,也是筛选题目的主要依据。②

项目区分度(item discrimination)是指项目对不同水平的被试的区分程度。项目区分度分析可以分为两种类型:一种是"项目效度"分析,即根据外部效标选取项目。这种方法较为适用于人格测验。另一种是"内部一致性"分析,即根据测验总分选取项目。这种方法较为适用于教育成就测验和能力倾向测验。③

(2) 区分度的特点

① 采用不同的计算方法,区分度的值也有所不同。因此,在分析一份测验题目的区分度时,对同一类型的题目须采用同一种计算题目区分度的方法,结果才能较好地进行相互比较,进而筛选题目。

② 一个题目区分度的大小受被试团体异质程度的影响。被试团体越同质,同一题目的区分度越小;被试团体越异质,同一题目的区分度则越大。因此,在说明题目区分度时总是针对某个具体的被试团体而言的,离开具体的被试团体一般地、抽象地谈题目的区分度是没有任何意义的。

③ 用相关法计算题目区分度的可靠性受样本大小的影响。一般而言,样本越大,区分度越可靠。但样本太大,反而增加了计算量,也毫无实际意义,因此应适度而为。

④ 区分度指数(index of discrimination,简称 D 值)受分组标准的影响。在编制标准化测验时,通常用370个被试作为预测样本的容量,以27%作为分组标准,这样高分

---

① 洪炜,刘仁刚,马立骥:《心理评估》,南开大学出版社2006年版,第121—122页。
② 丁秀峰:《心理测量学》,河南大学出版社2001年版,第105—117页。
③ 竺培梁:《心理测量》,中国科学技术大学出版社2008年版,第74页。

组和低分组恰好各有100名被试,会给后面的计算带来方便。

由于区分度具有相对性,很难确定一个绝对水平作为取舍题目的标准。在根据题目区分度来筛选题目时,总要考虑到测验的目的和功能。对于学科测验而言,一般要求相关系数达到显著性水准,或区分度指数D值在0.20以上(国际上优秀题目的区分度指数要求达到0.40以上)。若是一个选拔人才的测验,题目的区分度指数要尽量高一些。美国教育与心理测量学家伊贝尔(L. Ebel)根据区分度指数提出一个评价题目优劣的标准,如表2.6所示。

表2.6 题目区分度指数与优劣评价

区分度指数(D)	试题评价	区分度指数(D)	试题评价
0.40分以上	优秀	0.20—0.29	尚可,必须修改
0.30—0.39	良好,修改更好	0.19以下	劣等,必须淘汰

(3) 区分度的指标及计算

区分度的常用指标为D,取值在-1至1之间,值越大区分度越好。心理测量学家伊贝尔认为:试题的区分度在0.4以上表明此题的区分度很好,0.3—0.39表明此题的区分度较好,0.2—0.29表明此题的区分度不太好,必须修改,0.19以下表明此题的区分度不好,应该淘汰。

区分度的计算方法有两种:区分度指数和相关系数。

区分度指数,其具体公式如下:

$$D = P_H - P_L \quad (公式2.17)$$

在公式2.17中,D为区分度指数,P_H为高分组的项目难度,P_L为低分组的项目难度。

显而易见,高低分两组越是极端,区分度指数就越明显。但个案过少则会降低结果的信度。凯利(T. L. Kelley)指出,在正态分布中,兼顾两者的最佳百分数是27%。对于小样本,如一个常规教学班,可取25%至33%之间的任何数字,只要使用方便即可。[①]

[①] 竺培梁:《心理测量》,中国科学技术大学出版社2008年版,第75页。

四、基本的统计分析

（一）相关分析（正相关、负相关）

相关分析可以用于两个或多个因素之间因果关系和相互影响的分析，即通过相关分析来判断学生发展中的影响因素，发现关键的影响点，寻找到有针对性的教育对策。

比如要做学生品德发展的项目研究，可以作基本假设：大中小德育课程一体化的设计实施最终促进了学生品德的发展。德育课程的一体化，只是促进学生品德发展的载体与途径，即德育课程一体化的目标与学生品德发展是完全一致的，学生品德发展的评估是对德育课程一体化成效的最终检验。

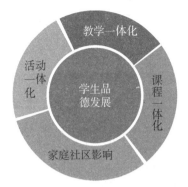

图 2.13　学生品德发展与"课程一体化建设"等因素关系图

可以将"学生品德发展"指标与"家庭社区影响"、"活动一体化"等 4 个外围指标作相关分析，具体的分析如图 2.13 所示。

（二）回归分析（regression analysis）

回归分析是指确定两种或两种以上变量间相互依赖的定量关系的一种统计分析方法。回归分析按照涉及变量的多少，可分为一元回归分析和多元回归分析；按照因变量的多少，可分为简单回归分析和多重回归分析；按照自变量和因变量之间的关系类型，可分为线性回归分析和非线性回归分析。

在大数据分析中，回归分析是一种预测性的建模技术，它研究的是因变量（目标）和自变量（预测器）之间的关系。这种技术通常用于预测分析时间序列模型以及发现变量之间的因果关系。例如，研究学生的学业成绩与学习动机、智力水平之间的关系，最好的研究方法就是回归分析。

在回归分析中，把变量分为两类：一类是因变量，它们一般是实际问题中所关心的一类指标，通常用 Y 表示；而影响因变量取值的另一类变量称为自变量，通常用 X 表示。

回归分析研究的主要问题是：确定 Y 与 X 间的定量关系表达式，这种表达式称为回归方程。对求得的回归方程的可信度进行检验，判断自变量 X 对因变量 Y 有无影响，利用所求得的回归方程进行预测和控制。

在学校心理健康教育与测评中,常用的回归分析主要有以下几种:

1. 线性回归(linear regression)

它是最为人所熟知的建模技术之一。线性回归通常是人们在学习预测模型时首选的技术之一。在这种技术中,因变量是连续的,自变量可以是连续的也可以是离散的,回归线的性质是线性的。

线性回归使用最佳的拟合直线(也就是回归线)在因变量(Y)和一个或多个自变量(X)之间建立一种关系。

多元线性回归可表示为 $Y = a + b_1 \times X + b_2 \times X^2 + e$,其中 a 表示截距,b 表示直线的斜率,e 是误差项。多元线性回归可以根据给定的预测变量(s)来预测目标变量的值。

2. 多项式回归(polynomial regression)

对于一个回归方程,如果自变量的指数大于1,那么它就是多项式回归方程。方程为:$y = a + b \times x^2$。

在这种回归技术中,最佳拟合线不是直线,而是一个用于拟合数据点的曲线。

3. 逐步回归(stepwise regression)

在处理多个自变量时,可以使用逐步回归。在这种技术中,自变量的选择是在一个自动的过程中完成的,其中包括非人为操作。

这一方法是通过观察统计的值,如 R-square,T-stats 和 AIC 指标,来识别重要的变量。逐步回归通过同时添加/删除基于指定标准的协变量来拟合模型。下面为最常用的逐步回归方法:

标准逐步回归法做两件事情,即增加或删除每个步骤所需的预测。

向前选择法从模型中最显著的预测开始,然后为每一步添加变量。

向后剔除法与模型所有预测同时开始,然后在每一步消除最小显著性的变量。

这种建模技术的目的是使用最少的预测变量数使预测能力最大化,也是处理高维数据集的方法之一。

关于通过 SPSS 操作回归分析方法在第四章的第二节"大数据与学校心理测评系统"中有具体介绍。

(三) 方差分析

方差分析(analysis of variance,简称 ANOVA),又称"变异数分析"或"F 检验",是由罗纳德·费雪爵士(Sir Ronald A. Fisher)发明的,用于两个及两个以上样本均数差别的显著性检验。[①] 由于各种因素的影响，研究所得的数据呈现波动状。造成波动的原因可分成两类：一是不可控的随机因素，一是研究中施加的对结果造成影响的可控因素。如在表2.7中，对学生进行某个心理测试，既要考虑性别差异，同时还要考虑年级差异（如A、B、C三个年级），当仅做均数检验不够时，就需要做方差分析。

表2.7　方差分析的均数检验表示例

年级性别	A	B	C
男	M1±S1	M2±S2	M3±S3
女	M4±S4	M5±S5	M6±S6

方差分析的主要用途有：①均数差别的显著性检验；②分离各有关因素并估计其对总变异的作用；③分析因素间的交互作用；④方差齐性检验。

根据资料设计类型的不同，有以下两种方差分析方法：

（1）对成组设计的多个样本均值进行比较，应采用完全随机设计的方差分析，即单因素方差分析；

（2）对随机区组设计的多个样本均值进行比较，应采用配对组设计的方差分析，即双因素或多因素方差分析。

在学校心理健康教育工作中，经常要考虑年级、性别、家庭经济背景、班级风气等因素对学生心理发展状态的影响，同时考虑在哪个因素上存在差异，从而找到关键的切入点开展有效的教育或干预，因此方差分析就显得十分重要。

其实很多心理测量中的统计分析基本上都可以通过SPSS软件来完成。以"2020年疫情时期学生的心理状态调查"为例，打开SPSS数据库，在"分析"主菜单下面点击"一般线性模型"子菜单中的"单变量"操作栏（如图2.14所示），就会弹出图2.15的操作窗口：

在图2.15的左边变量栏目中，将要比较的"心理危机得分"拖入"因变量"栏目中，将要比较和做方差分析的"性别"和"年级"拖入"固定因子"栏目中，如果没有其他特别的计算要求，其余按钮都为默认值操作（一般分析），最后点击"确定按钮"，就会出现方差分析的结果，见表2.8（原始表）。

[①] 中国科学院数学研究所统计组：《方差分析》，科学出版社1977年版，第20页。

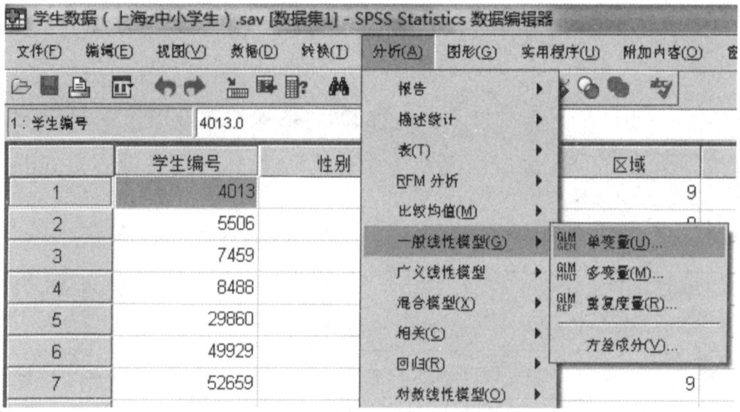

图 2.14　SPSS 中方差分析操作菜单

图 2.15　SPSS 中单变量方差分析窗口单

表 2.8　SPSS 计算的方差分析结果(原始表)
Dependent Variable: 心理危机得分

Source	Type Ⅲ Sum of Squares	df	Mean Square	F	Sig
Corrected Model	106 710.451[a]	11	9 700.950	26.196	.000
Intercept	5 208 605.642	1	5 208 605.642	14 064.895	.000

续 表

Source	Type Ⅲ Sum of Squares	df	Mean Square	F	Sig
性别	4 627.787	1	4 627.787	12.496	.000
年级	83 593.339	5	16 718.668	45.146	.000
性别×年级	9 701.081	5	1 940.216	5.239	.000
Error	3 273 687.693	8 840	370.327		
Total	1.246E7	8 852			
Corrected Total	3 380 398.144	8 851			

a. R Squared =.032(Adjusted R Squared =.030)
备注：表 2.8 中，F 就是方差，df 为自由度，Sig 为检验的显著性水平，Mean Square 为均数的平方。

第三节 学校心理测量的基本过程

一、学校心理测试的基本规范

（一）保护受测试者的隐私

要注意对被试的隐私（基本信息和测试结果）进行保护。比如在企业心理测评中，未征得应聘者同意之前，不能公布应聘者的心理测试结果。在学校开展心理测试，必须依据心理健康教育工作与研究需要，而且应该和其他数据库一样，要做到保密和隐私保护。因为心理测试涉及个人的智力、能力等方面的隐私，这些内容严格来说应该只能让被试以及他愿意让其知道的人了解，所以，有关的测试内容应该严加保密。

（二）测试要严格依据程序操作

从心理测试准备，到心理测试实施，再到最后的心理测试结果的解释，都要遵守严格的程序。在心理测试之前，要先做好准备工作。心理测试选择的内容、实施和计分，以及测试结果的解释都是有严格的程序的。一般来说，主试及被试要受过严格的心理测试方面的训练。主试要事先做好充分的准备，包括要统一地讲出测试指导语，要准备好测试材料，要能够熟练地掌握测试的具体实施手续，要尽可能使每一次测试的条件相同，这样测试结果才能比较准确。

（三）一次测试结果的谨慎解释

由于心理测验量表本身的信度和效度的局限性，加之测量误差的存在，因此某一次心理测试的结果不能作为唯一评定学生心理状态的依据。不同标准对心理测试结果的参考程度不同。另外,某个心理测验可以和其他相类似的测试组合使用,或者和面试、笔试等方式同时进行,结合多种方法,才可能对被试的心理特质作出相对客观的评价,因此也不能将心理测试作为唯一的评定学生心理发展状态的依据。

二、学校心理测评的基本原则

(一) 标准化

心理测验是一种数量化手段,因此这一原则必须贯彻始终。测量应采用公认的标准化的工具,施测方法要严格根据测验指导手册的规定执行,要有固定的施测条件、标准的指导语、统一的记分方法和常模。在学校对学生进行心理测试时,无论是团体还是个别,如果是用于研究和筛查相关问题,就一定要运用标准化的量表、标准化的指导语、标准化的环境、标准化的程序,这样才能得出一个比较准确的测试结果。如果是自编的问卷或没有修订过的量表,得出的结果与结论就要谨慎对待,尤其是不能作出诊断性的评价。

(二) 严格化

在进行心理测试时,应该在有经过专门训练的心理学专家的指导下进行。另外,测试量表应做到保密,不要让无关人员接触到量表,尤其是量表的标准答案。再有,在进行心理测试时,评价一定要谨慎,这样才能全面、合乎逻辑、科学地来评价一个人的心理素质和潜在能力。

(三) 保密性

关于测验的内容、答案及记分方法只有做此项工作的有关人员才能掌握,决不允许随意扩散,更不允许在出版物上公开发表,否则必然会影响测验结果的真实性。同时团体测试结果在发表时要谨慎,不能涉及个人的隐私或影响受测试者及团体的利益与声誉。

(四) 客观性

心理测验结果只是测出来的东西,所以对结果作出评价时要遵循客观性原则。对结果的解释要符合受试者的实际情况。此外,还要注意不要以一两次心理测验的结果来下定论,尤其是对年龄较小的儿童作智力发育障碍的评估时,更要注意这一点。总之,在下结论时,评价应结合受试者的生活经历、家庭情况、社会环境以及通过会谈、观察等获得的其他资料进行全面考虑。

（五）发展性

每次对学生或个体的心理测评都是一个时空交错点的结果，只能反映当时和之前的状态，不能通过当下一次测试或某个测验来确定学生长久的心理状态。所以，对心理测试要用发展的和动态的，而不是绝对的和静止的眼光来看，尤其是对心智快速发展的青少年。

（六）教育指导性

心理测试的目的就是了解学生发展的现状和影响因素，为开展有针对性的心理辅导与咨询提供对策，所以教育指导是学校心理测试很重要的出发点和原则。如果通过测试发现有学生存在一定的心理问题，即使学校心理教师无法通过有效的方法加以应对，也要寻求适合于这些特殊群体的专业转介服务。以学生发展为本，做好教育指导，是学校心理测试要一直秉持的原则。

（七）非（去）标签化

在学校开展个别咨询与学生心理健康状况调查时，都会用到心理测试的工具，以获得相应的数据与结果。对这些数据和结果的分析、应用是为了促进学生发展和学校心理健康教育工作的有效开展，而不是为了通过某个心理测试给个别学生贴上"不行"、"有问题"的标签，更不能将之作为"劝退"、"拒绝"和"选拔"学生的工具。

三、学校开展心理测验的流程

（一）测验的场所

在团体实施时，应以学生日常学习的教室或专用教室为宜。不习惯的地方，吵闹的地方，容易使学生分心的地方，不宜使用，如果是网络在线测试，也要在比较安静的环境中开展，同时相互不要影响。

（二）测验的时间

在测验时要考虑学生的疲劳情况和兴奋程度，尽可能不在节日前后和体育活动后实施测验。在测验实施时应让学生静下心来再开始。一般学生的心理测验约需一节课的时间，但是测验时间除认知测验外不必作严格限制。一般来说，年级越高，所需测验时间越短。早完成的学生应让他（她）离开测试场所或保持安静，以免打扰别人。

（三）测验的实施程序和方法

1. 作答前的注意事项

首先向被试讲清测验的目的，使被试正确了解测验，以正确的态度积极参加测验。

测验指导语：主要是告诉被试测验的目的和相关要求，让被试能够以一个放松安全的心态作答，在没有顾虑的状态下把自己的真实状态表现出来。以下就是某次调查的指导语（说明）示例：

关于开展"……状况调查"的说明

亲爱的同学：

  你好！

  非常感谢你参加本次调查。本次调查是"……状况调查"，也是……机构的……2019年重点调研项目，委托……和……单位完成。为了落实好本项工作，本次测试以抽样调查的方式进行，非常高兴你被抽样到参加本次调查。

  本次调查以网上作答的形式进行，即所有的测试都在网上进行，一般花20分钟左右即可完成。具体的登录网址、账户和密码等相关老师会发给你。

  本次测试内容主要涉及你平时学习、生活、娱乐、人际交往等多个方面，有一定的亲和性，做起来也比较有意思。所有调查的题目都是单选题，选项没有什么对错之分，调查采取不记名的形式，只要根据你的实际情况和理解作答即可。本次调查与你所在班级、学校的考核、评价无关，请放心、认真作答即可。非常感谢你的理解、配合与支持。

××机构

2019年11月

2. 开始作答时的注意事项

  主试在机房或者指定的教室让学生通过网络、电脑或者APP等方式登录（事先准备登录密码和账户，发放给学生）。让学生独立作答，不要相互议论或查看，以免相互影响。对于不清楚的问题让学生根据自己的理解和判断作答，主试不要有任何暗示。在作答过程中要保持网络与电脑运行流畅。

  在测验实施过程中，主测者应在教室内巡视，如果学生有不认识的字或意思不懂的单词（认知测验除外），应小声地告诉他（她），不要打扰别人，且不能暗示答案。

  如有学生问："我未遇到过此种情况怎么办？"可回答："按照假设的情况回答。"

  对于小学低年级，有不认识的字或题目，主测者可以朗读测题让学生回答。

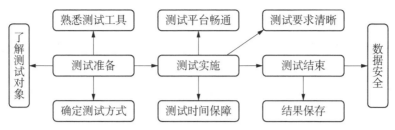

图 2.16 心理测试流程示意图(参考)

四、标准化心理测验的条件

(一) 减少误差

误差是指由与测验目的无关的因素引起的测验结果不稳定或不准确的效应,造成心理测量误差的因素主要有以下三方面:

1. 施测条件

测量环境的好坏及各种条件是否一致会给测量结果带来很大的影响。在一个嘈杂、有许多意外干扰、过冷(或过热)的环境中测量,会使受试者的注意力不能集中,会使其感到不适和厌烦。如果测量标准不一,有时限制时间,有时又不限制时间,或者随意调换测验程序等都会使结果出现较大偏差。

2. 主测者因素

主测者是测验的主持人,前面提到的施测条件和方法都要靠主测者来掌握。因此,测量的准确与否与主测者的素质有很大关系。主测者的主观因素也会影响测验误差。因此主测者需经标准化训练以避免其他因素的干扰。

3. 受试者因素

影响受试者的因素主要有三点:(1)应试动机。受试者应试动机的强弱会直接影响测验成绩。如果一个受试者对测验毫无兴趣,只是被动地作出反应甚至消极对抗,其结果如何是可想而知的。所以一般在做心理测验前,要使受试者明确测验意义,充分调动其应试动机,以保证测验顺利完成并得到真实结果。(2)测验焦虑。测验焦虑是受试者在测验前或测验中出现的一种紧张体验。这种紧张体验在一定强度下会有助于测验成绩的提高,但过分强烈则会使其注意力不能集中而影响成绩。(3)生理状态。受试者在施测过程中的机体状况,如疲劳与否,有无其他不适等也会影响测验成绩,从而带来误差。所以测量应选在受试者身体健康、体力充沛时进行,每次测量时间也不宜过长。

（二）对主试的要求

从事心理测试的教师或主试，一般要具备国家或学校心理咨询师的相关专业资质，了解心理测试的基本功能和流程，明确测试的目的，遵循测验的伦理，能够科学规范地处理测验的结果，促进学校心理健康教育工作的有效开展。

（三）对场所的要求

处于网络时代，心理测试一般通过网络或者电脑程序完成，无论是个别测试还是团体测试，都要有一个相对安静、安全的测试环境，无论是在学校机房、教室或者学校心理辅导室（中心），一方面要保障测试网络稳定，另一方面要让受测试者能够集中、有序、按照要求完成测试，保障测试的公平与一致性。

（四）对受测试者的要求

在学校心理测试中，测试的对象基本上都是学生，当然根据学校心理健康教育的需要，也可以对学生家长或科任老师展开测试。对于参加测试的对象，首先，选择的测试工具必须是适合他们的；其次，他们必须熟悉测试的目的，能够使用学校提供的测试平台或方式完成测试，在测试过程中是放松的、身体健康的，能够客观真实地作答，保证结果的可靠性。

（五）遵守测验的基本伦理

对学校和测试的组织者来说，整个测试过程中都要遵守测试的伦理与规范，如告知受测试者测验的目的，保障测试的安全性与保密性，保护受测试者的隐私，没有征得当事人的允许不能向无关人员泄露测试的结果。下面为中国心理学会（心理测量专业委员会）的伦理要求。

组织测试者的伦理道德

组织测试者的规范操作，遵守测验的道德对测试结果会产生很大的影响。下面就节选中国心理学会（心理测量专业委员会）对主试的伦理道德要求作为本次调查测试的伦理道德参照。

1. 心理测验工作者有义务向受测者解释使用测验的性质和目的，充分尊重受测者的知情权。

2. 应以正确的方式将测验结果告知受测者。应充分考虑测验结果可能造成的伤害和不良后果，保护受测者或相关人免受伤害。

3. 评分和解释要采取合理的步骤确保受测者得到真实准确的信息，避免作出无充分根据的断言。

4. 应诚实守信,保证依专业的标准使用测验,不得因为经济利益或其他任何原因编造和修改数据、篡改测验结果或降低专业标准。

5. 为维护心理测验的有效性,凡规定不宜公开的心理测验内容如评分标准、常模、临界分数等,均应保密。

6. 心理测验工作者应确保通过测验获得的个人信息和测验结果的保密性,仅在可能发生危害受测者本人或社会的情况时才能告知有关方面。

中国心理学会(心理测量专业委员会)1994年制订

第三章 学校心理档案与心理测评

第一节 大数据背景下的学校心理测评与心理档案建立

一、大数据给心理档案与测评带来的变化

（一）动态分析报告

学校传统意义的心理调研报告都要经过纸笔测试、数据录入、统计分析、最后形成报告这样一个流程，不仅耗时长，而且反映的信息也有限。在大数据背景下，只要有心理档案数据资源和心理测试平台与测试量表，就可以随时生成结构性的心理调研报告，数据的格式、维度以及调研的信息，可以随着研究的需求进行增加、补充和完善，还可以对数据信息进行跟踪，生成真正意义上的动态分析报告。

（二）预测分析学生的心理压力与危机

数据信息是一种客观存在，数据分析与深层次挖掘需要发挥人的主观能动性。作为学校的心理辅导老师，要结合所收集的档案信息和心理测试数据，分析学生当前的心理健康水平与压力状况，分析影响学生心理健康的社会、经济、时间、教育、个性等因素，预测学生存在心理危机的可能性与高危人群，使学校的心理健康教育有的放矢，提高成效。

（三）缓解压力与危机，提高学生的心理健康水平

通过心理档案以及网络平台的大数据，不但可以分析影响学生心理健康的主要因素，还可以预测心理危机发生的可能性，同时把学生、教师以及家长的心理健康水平进行比对，为学生营造良好的心理健康的学校与家庭氛围，提高团体动力水平，使得心理健康教育更加系统和深入；探索有效的教育方法和策略，促进学生健康、全面发展，同时提高教师的心理健康素质，通过师生互动，形成和谐的校园氛围与师生关系。

（四）心理测评、辅导与心理档案服务结合

学校的心理辅导工作是一个系统工程，心理辅导活动课、心理健康调查、心理档案的建立之间是相互衔接的过程。大数据将这些工作有效地联系在一起。心理测评为心理辅导教师和学校了解学生的发展提供了参照，学生心理档案是心理测评数据的基础，也是形成调查报告的信息来源，有针对性的心理咨询与课程设计也需要参照调研的数据和档案信息。通过数据和信息开展心理健康教育的大数据时代已经来临。

二、学校心理测评与档案服务方式的转变

（一）从个体报告的解读到团体报告的形成

一般意义的心理档案是指心理教师在心理咨询过程中记录的咨询（来访者）信息、测评等数据，包括个人基本信息（姓名、学号、性别、生日、届别、家庭类型、父母文化程度、家庭社会经济地位等）、学业信息（学业考试成绩、教师评价等）、咨询信息（问题倾诉、咨询流程和建议等）和心理测评信息（使用工具、测试时间、测评结果、对策建议等）。但个人档案的建立会耗费很多时间，多数限于个别咨询与辅导。对于大多数学生，如果要做网络心理测试，必须要将他们的数据进行归类、储存和分析，生成团体报告。只有看到学生心理发展的动态与规律，将个别心理档案与团体心理测评档案相结合，才是有意义和有价值的。

（二）评价从常模到指数

在一般的心理档案建立中，如果要使用某些量表得到测试的结果，必须使用有常模的测评工具。但是由于学生心理发展的多样性和阶段性，量表的发展很难跟上学生发展的需求。因此在心理档案建立与测评的过程中，要编制适合区域和学校发展实际的个性化问卷，通过调查不断收集和完善数据库，以心理发展指数的方式来看学生的发展变化（见第四章第二节相关内容），从而采取有针对性的教育策略。

（三）数据从指数到心理发展白皮书

建立心理档案与开展心理测评的目的不是将数据束之高阁或者给学生贴标签，而是要将收集的档案信息与数据进行联接，让"时空"资源数据活起来，从而看到其中的变化规律，尤其在不同年级、不同发展阶段学生某个心理指标的发展变化，进而作年度分析和统计，形成区域或学校学生心理发展状况的白皮书，供决策者、研究者与实践者思考和参照，并通过不断积累，逐步丰富和建立本区域、本学校的心理健康教育的数据库、统计报表、档案资料等。

(四) 从依赖量表到依赖数据

在网络测评没有普及,尤其是在大数据和云计算技术没有应用之前,学校的心理测试与档案建立主要依赖经典与传统的心理量表。但是在大数据时代,传统的心理测试量表只是档案和数据库建立的一部分,即使在没有量表的情况下,依然可以通过学生的背景信息、行为数据、学业数据、问卷调查数据等了解学生的发展状况与心理动态。只要阶段性地积累学生的各类数据,就可以定期分析学生的个性特点与团体风格。

三、学校心理档案信息发布系统

(一) 团体心理档案的建立

1. 基于时间序列的团体档案

有了定期的、阶段性的数据库的积累,通过定期的有组织的心理动态测试,就可以建立某个群体(年级、班级)的心理健康发展档案,在确保安全的情况下,供相关人员在必要时参考(如心理教师、学科教师等了解和研究学生的发展状况,以采取相应的辅导措施与改进教学策略时)。具体的建立方式可以参考第四章的图 4.12。

2. 不同对象和年级的团体档案

在学校心理健康教育工作中,需要对不同群体(如男女同学、睡眠是否充足等)和不同年级(如毕业年级和非毕业年级)的心理发展动态作比较分析,从而了解影响学生心理发展的相关因素,并采取进一步的措施,为学生的健康成长提供精准的咨询与服务。具体的建立方式可以参考第四章的图 4.13。

(二) 学生心理发展指数

关于学生心理发展指数的构建与计算方法可以参考第四章第二节,如图 4.19 所示。在构建学生心理发展指数的过程中,不一定需要权威的心理测试量表或工具,只要有稳定的调研题目和累计的数据,通过叠加或与基线数据(初次测试的平均数,如图 3.1 所示)进行比较,就可以进行建构。

在学校心理健康教育工作中,通过心理发展指数的方式,可以简单明了地知道不同时期、不同学段学生的心理发展状况。由于广大的中小学生处在身心发展的关键期与迅猛期,应该通过构建积极、正向的指数来进行判断和分析。具体的发展指数既可参照积极心理学、发展心理学的理论框架构建,也可以根据学校与学生的实际情况进行个性化的构建。以下就是了解学生心理发展中常用的参考指数。

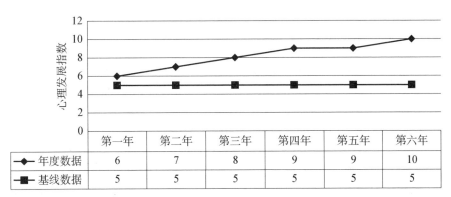

图 3.1 心理发展指数的年度变化

1. 学生的幸福感

幸福是一种主观体验,是指个体的诉求与愿望是否得到满足的一种自我评价和体验。就学生来说,学习的幸福感应该包括:**学习环境的安全感、学业的成就感以及团体的归属感**。可以就这几个方面,设计不同的问题,进行计分、转换指标,在学生中进行调查分析,获得动态幸福指数。

2. 学生的压力

关于学生压力指数的构建可以参考第四章图 4.19 的解释。具体包括:**客观压力**(如睡眠时间、学习时间、作业时间等,可以假设休息时间越少,学习时间越多,学生的压力也就越大)、**主观压力**(即学生对于学习负担和学习任务感受到的压力感,如"你感到平时课堂学习的压力大吗"等问题)。学生的压力指数越大,就越需要进行心理辅导与关怀。

3. 学生的心理健康

这是在学校心理健康教育工作中,学校、家庭和社会最关心的问题和指标。按照发展心理学的视角,可以从**自我意识、认识能力、行为方式、社会适应、情绪管理**等维度来进行设计和评估。可以单独设计发展指数,也可以设计一个综合的心理健康发展指数。

4. 学生的发展动力

发展动力是指学生在学习与成长过程中的自我觉察、主动成长、自我激励和不断完善的心理状态。依然可以通过等级问卷的设计来完成发展动力指数的构建,具体可以从"**目标认同**"(学习目标是否清晰、可否达成与认同等)、"**激励反馈**"(在学习、生活中能否有内在和外在的激励机制,取得的阶段性成功是否有反馈强化等)以及"**反思调**

节"(能够认识到自己的不足与优势,然后扬长避短地进行发展与规划)等方面进行设计并构建发展动力指标。

(三) 学生心理发展白皮书——以学生心理健康指数为例(模拟数据)

比如要对某区域或某学校的高中学生"心理健康发展"作调查分析,可从以下方面设计白皮书。

1. 背景指标

主要是社会与人口统计学背景,如性别、年级、年龄、父母文化程度等。

2. 测评指标

比如可以参考2006年华东师范大学缪小春、桑标教授编制的《中学生心理健康量表》,以此为调查工具,取其中的"认知发展"、"情绪情感"、"行为控制"、"社会适应"、"自我意识"5个指标作为参考。取《中学生社会适应量表》[①]中的"亲子关系"指标作为效标(求相关,相关越高,说明测试效果越好)。

3. 确定网络平台

在问卷内容、测试工具、调查对象确定好以后,就要选择测试的网络平台,设计测试程序,进行测试与数据收集并处理。在这个测试过程中要保障网络畅通和数据信息的安全。

4. 分析报告

简单的团体报表与指数可以在测试之前设计好程序直接得到。个性化的分析报告需要专业人员进行人工统计与分析。

5. 年度心理健康指数发布

如果积累了一定的数据,开展了相应的测试,就可以发布年度的学生心理健康指数。但是发布指数要满足以下条件:

(1) 必要条件

① 参加测试样本的总人数计算;

② 最近2次的测试时间间隔不能少于30天;

③ 最好测试2次以上发布。

(2) 其他条件

① 保证每次测试人数的相对稳定性和对象的随机性;

[①] 杨彦平,金瑜.《中学生社会适应量表的编制》,《心理发展与教育》2007年第23卷第4期,第108—114页。

表 3.1　不同年级在不同"季"的抽样测试人数

年级 （总人数）	时间序列（按年算）				年度参加测试总人数
	第一季	第二季	第三季	第四季	
一(A)	A1	A2	A3	A4	A1＋A2＋A3＋A4(A≥A1＋A2＋A3＋A4)
二(B)	B1	B2	B3	B4	B1＋B2＋B3＋B4(B≥B1＋B2＋B3＋B4)
三(C)	C1	C2	C3	C4	C1＋C2＋C3＋C4(C≥C1＋C2＋C3＋C4)
……					
N(X)	X1	X2	X3	X4	X1＋X2＋X3＋X4(X≥X1＋X2＋X3＋X4)

备注：1."季"可以看成是一个集中的时间单位（可能是一周，也可能是一个月、一个季度等）；2.参加测试样本的总人数不能少于30人（每个班级不少于5人）。

② 整个测试中的网络平台的一致性与稳定性。

备注：每个学生只要测试1次即可。

（3）能够进行其他动态生成指标进行比较

经常使用的比较是：年级之间、性别之间、家庭经济之间、班级之间、身体健康之间、家庭类型之间、学习水平之间等。

6. 心理健康白皮书的发布维度

（1）年级之间的比较（模拟数据）

如从图3.2可以看出，相比于常模，当前高中学生除了在认知发展、情绪情感两个维度稍低于常模外，其余3个指标均高于常模，说明当前高中学生的心理健康整体发展是积极的。

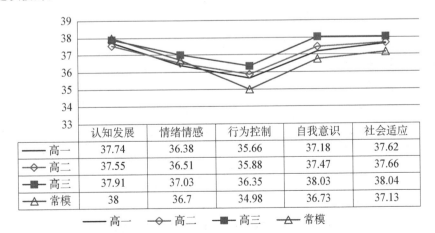

图 3.2　心理健康各维度年级之间的比较变化

（2）性别之间的比较（模拟数据）

心理健康总体发展是女生优于男生，且随着年级升高愈加明显。将整个高中阶段的学生得分和常模比较，有近16%的学生在这方面发展"不良"。通过以上几个方面的调查结果，可以看出在高中学生心理健康发展的5个指标中，总体上都是女同学优于男同学，体现出性别优势。从年级发展来看，到了高中阶段，各年级之间的心理发展状况差别不是很明显。

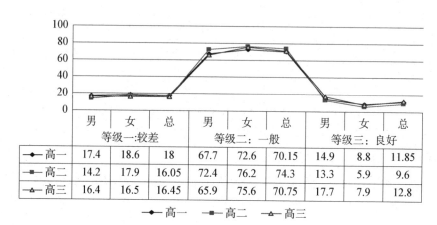

	男	女	总	男	女	总	男	女	总
	等级一：较差			等级二：一般			等级三：良好		
高一	17.4	18.6	18	67.7	72.6	70.15	14.9	8.8	11.85
高二	14.2	17.9	16.05	72.4	76.2	74.3	13.3	5.9	9.6
高三	16.4	16.5	16.45	65.9	75.6	70.75	17.7	7.9	12.8

图3.3 心理健康各维度性别之间的比较变化

（3）从时间序列看学生心理健康指数的变化（模拟数据）

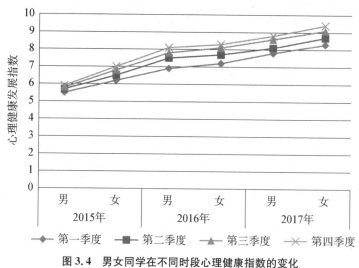

图3.4 男女同学在不同时段心理健康指数的变化

从图 3.4 可以看出,学生心理健康的发展水平,女生要优于男生。从时间序列来看,三年中学生的心理健康水平是逐年提升的。在同一年,每个季度学生的心理健康水平差别不大,但在缓慢提升。因此通过心理指数的建构可以清晰地看出学生心理的发展变化,在白皮书中进行显示,具有很强的说服力。

(4) 从内容维度看学生心理指数的变化(模拟数据)

通过时间序列心理测评数据的积累,可以将心理健康不同维度的指数作相应的比较与连列分析,如将"心理指数—年份—年级"组合起来进行分析,就可以清晰地看出学生心理指数的变化状况,如图 3.5 所示。

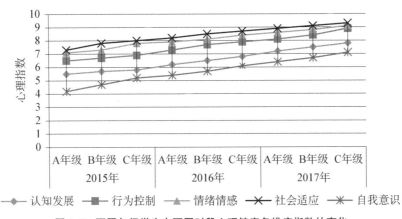

图 3.5　不同年级学生在不同时段心理健康各维度指数的变化

如果学校或区域要做心理发展的追踪或干预研究,图 3.5 就是很好的事例。假设从 2015 年开始,某校、某区就开始采取某种心理健康教育的具体措施(如开展心理辅导课、增加心理教师配备以及开展团体心理咨询等),经过 3 年的推进,效果如何呢?从图 3.5 可以看出这 3 年中,不同年级学生的心理发展指数在不断提升,那究竟是什么原因使得指数提升呢? 那就要作相关性与回归分析,具体操作可见第四章的图 4.18。

(5) 心理发展指数的相关性分析(模拟数据)

如果把影响学生心理健康的因素分为内部因素和外部因素,内部因素可以分为学生的学业素养、身体健康水平等,外部因素可以分为学校环境、网络环境以及社会环境等。根据本次调查的内容,对以上这些影响学生心理健康的因素进行线性回归分析,来了解和探索哪些因素对学生的心理健康水平影响比较大,并寻求促进学生心理健康教育发展的有效策略。

表 3.2 影响学生心理健康各因素的回归模型

回归模型		非标准化系数		标准系数	t	P值
		回归系数	标准误差	试用版		
1	(常量)	−2.700	.913		−2.956	.003
	学业素养等级	6.114	.159	.381	38.379	.000
	家庭环境等级	5.123	.173	.285	29.659	.000
	班级环境等级	2.304	.163	.147	14.093	.000
	教学环境等级	.429	.154	.033	2.791	.005
	心理教育环境等级	.529	.138	.042	3.837	.000
	社团文化等级	.141	.125	.012	1.133	.257
	人文关怀等级	.118	.165	.008	.714	.475
	网络环境等级	−1.151	.138	−.079	−8.333	.000
	身体健康	2.790	.102	.260	27.242	.000

备注：因变量为心理健康标准分数

由表 3.2 可以看出，在影响学生心理健康的各因素中，学业素养、家庭环境、身体健康和班级环境的影响最大（回归系数分别达到 6.1、5.1、2.8 和 2.3），网络环境是负向影响，学生社团文化与教师对学生的人文关怀在整个影响因素中作用不显著。

7. 结论与对策建议

心理健康教育白皮书要从数据中得出相应的结论，同时提出对策建议，主要的思路是：学生心理健康的影响因素（寻找可控的因素，如心理教师的配备、是否开设心理辅导课等，而不是寻找"家长文化程度"、"社会经济地位"等不可控制的因素）；可以采取的教育措施：要从调查结论与影响因素关联入手，从教育政策、人员支持、软环境建设、经费保障、机制建立等方面提出有针对性的建议。

第二节　学校心理档案管理系统的建立

一、学校心理档案的概念

（一）什么是学校心理档案

狭义上的学校心理档案是指学生心理档案，即学校心理专业工作人员把学生在学校心理健康教育、心理咨询与辅导以及参加所有心理测试过程中的信息进行登记、录入和分类管理,为心理健康教育服务的一种数据、信息积累的形式。广义的学校心理档案是指把学生在学校中发生的所有有关心理健康教育的事件、信息和资料进行整理、分类和归档。

(二)学校心理档案的类型

1. 按对象分

可以分为学生心理档案与教师心理档案。家长的心理档案可以作为学生的背景信息归入学生心理档案中。教师心理档案是学校心理档案的有机组成部分,因为学生的心理健康与教师的心理健康息息相关。广义的学校心理辅导还应该包括对教师的心理辅导。

2. 按形式分

可以分为文本档案与电子档案。传统意义上的学生心理档案是"一人一档"的纸质文本档案,有档案管理的"视觉效果",抽取、读阅与摆放等比较方便。但文本档案最大的缺点是每个学生档案之间的信息无法贯通和连接,无法进行有效的统计分析。所以随着信息技术与网络平台的发展,学生的心理档案开始电子化与信息化,即把学生的心理档案按照计算机程序进行管理,信息的查阅、连接、统计分析等会更加便捷。学生心理档案的电子化、信息化与网络化是当前心理健康教育的必然趋势。

3. 按内容分

可以分为日常的心理教育信息档案(如心理辅导活动课程、制度、视频与音频资料、大事记等)、个别或团体心理咨询(辅导)信息档案以及学生的心理测试档案等。主要是把学校心理健康教育中的主要信息、资料和过程性材料进行归类、管理,便于查阅、检查、研究与分析。

(三)学校心理档案的特点

1. 真实性

真实性是建立任何档案的必然要求,学校心理档案也不例外。无论是学习心理辅导过程的课程与视频资料,还是学生进行心理咨询的记录材料,以及心理测试的结果等都要进行客观、原始与真实的记录,以保障后续档案利用的可靠性。

2. 代表性

学校心理辅导工作千头万绪,专职心理教师的工作任务比较繁重。建立学校心理档案不是记流水账,而是要把最能反映学校和学生发展的课程、咨询、测试、活动、交流、研究、会议等信息资料有选择性地加以记录。在档案记录的过程中有"必须记录"

(如学生咨询、学生心理测试、研讨及出访活动等)和"选择记录"(如课程的活动方案)的区别,应做到详略有致,重点突出。

3. 过程性

在学校心理健康教育工作的日常检查中,学校心理档案是必须要查阅的。由于一些老师的档案意识不强,忽视日常心理档案的过程收集与管理,在检查档案时容易临时抱佛脚,通过"借鉴"、"补救"、"回想"、"张冠李戴"等方式来填补,这样就失去了档案管理的真实性和应用价值。所以在日常心理健康教育中,学校心理教师要加强对心理辅导活动资料、学生心理咨询、学生心理测评以及调查研究资料的随时整理与收集,使得整个心理档案的内容和信息饱满、真实与可靠。

二、建立学生心理档案的目的

(一)了解和记录学生的心理发展状况

因材施教,因地制宜,有针对性地开展心理健康教育,就是要了解学生的心理发展状况。开展学生心理测试与调查就是要了解学生在这方面的信息和成长情况,对于测试与调查数据、信息的收集就要通过学生心理档案与数据管理系统来完成。只有有了相对客观、有效的数据收集和档案管理,才能为后续的学生心理健康教育提供有效的服务。

(二)促进学校心理健康教育的有效性

学生的心理健康档案与数据管理系统在收集和整理好学生的基本信息之后,可以通过后台的数据分析系统,将横向(如心理健康、身体发展、学业表现、行为方式等)与纵向(不同年段、不同时间)数据有效连接起来,除了对学生的基本心理发展状况作统计分析外,还可以对学生心理发展的影响因素、应采取的举措作详细的分析,使学校心理健康教育更加有针对性和有效性。

(三)了解影响学生心理发展的主要因素,提供对策建议

在学生心理档案管理系统中,不但有学生心理测试的基本信息,而且有学生的学籍信息与相关的背景信息,这些数据与信息之间相互影响、相互关联。通过多层统计分析、回归分析、相关分析等方式,可以离析出影响学生发展的最基本因素。可以假设影响学生心理健康的因素除了其心理弹性等内部因素外,还有重要的环境变量,如学校风气,尤其是班级氛围,而班级氛围中最重要的是师生关系与同伴关系。可见要开展有效的心理健康教育,就要开展班级心理辅导,尤其是要建立和谐的师生关系与同伴关系。

（四）预防和预测学生心理危机

在一些敏感的发展阶段（如考试、中考、高考前后）和特殊人群（新生、毕业生、青春期的学生）中，很容易出现一些心理危机（如"自杀倾向"、抑郁情绪、考试焦虑、离家出走、网络成瘾等），一般通过观察和教师的经验很难完全把这些特殊、敏感的学生甄别出来加以辅导，而通过心理测试和档案记录，一方面可以发现有疑似心理问题的学生，另一方面可以对他们进行个别心理辅导与危机干预，使这部分学生顺利度过危机，必要时还可以提供转介，进行医教结合，防患于未然。

三、学校心理档案的建立原则

（一）认真参照国家有关心理健康教育的政策与制度

坚持教育服务学生的思想，根据国家和本地区学生发展的相关文件精神，落实《国家中长期教育改革和发展规划纲要（2010—2020年）》、教育部《中小学心理健康教育指导纲要（2012年）》的有关要求，建立学生心理档案，保证档案数据的安全、保密、真实和有效。

（二）坚持以学生发展为本

坚持以学生发展为本，促进学生的全面、健康与快乐发展，了解学生心理发展状况与心理需求，关注影响学生心理健康的社会、家庭与学校因素。以大德育观为背景，记录和了解学生的心理发展现状、个性特长、人际交往、学业倦怠、职业生涯规划等。

（三）坚持以专业服务学生与教育

学生的心理健康教育及发展是一项复杂的系统工程，依托学生心理健康档案开展这项工作，需要兼顾科学性与实效性。在面向全体学生的同时也要关注个体差异，工作不仅仅涉及对学生心理压力的疏导和心理问题的解决，更重要的是提高全体学生的心理素质，培养学生乐观向上的心理品质，发掘其潜能，完善其人格，促进学生身心全面健康地发展。学校心理档案的建立，要以学生发展为本，整合多方学生心理健康教育资源，设计完善而又灵活的学生心理评价系统以及学生心理发展中心解决方案，为学校提供全面的学生心理健康教育及发展的支持。

（四）做好档案的保密与数据、信息的安全工作

在学生心理档案中，除了学生日常的个人背景信息外，还有其咨询、参与心理测试等结果的信息。不管是何种档案，其建立的可信度、真实性是必须要得到保障的。这就需要在建立心理档案之时做好保密工作，保障档案数据与信息的安全，不让信息泄

露或随意传播给无关人员,给学生或学校带来不必要的损害或麻烦。因此,心理咨询的伦理与规范在心理档案的建立中依然是通用的。

四、学生心理档案管理系统的主要功能

(一) 在线心理测试服务

在线测试系统可以安装到服务器上,支持数万人同时在线测试(只要有网络就能测试),系统还支持学校局域网和单机测试,满足学校各种不同的环境需求。学生按照学号或者事先设置的用户名和密码登录系统进行测试,管理员可以及时地得到测试报告。心理测评包括心理健康、个性特征、智力能力、心理素质、学习心理等几大方面,可系统地反映现阶段学生的心理健康状况和心理素质水平。测试报告不仅有测试结果,还有指导意见,并可以根据学生的具体情况提出科学的学习方法和学习习惯指导策略,为学校进行心理健康教育和因材施教提供可靠的依据。

(二) 档案管理与信息查询

建立学生心理档案的目的是通过档案及时地发现并解决学生的心理问题,其关键点是可以连续地记录学生的心理健康状况,学生从入学到毕业,所有的记录一目了然,真正实现了"记录学生成长每一步"。对于庞大的学生信息数据,快捷、方便的查询功能是必须的。在档案管理系统中,有查询权限的老师只要输入学生的学号,或者姓名,或者所在班级,就能按范围找到想要的信息。

(三) 调查研究与纵向比较

系统既可对整个学校进行统计、分析,也可以对某一年级、班级或某一特殊群体(如留守儿童、寄宿学生、单亲家庭学生、困难家庭学生等)、某一年龄段、某一性别等作团体和个体分析,还可以对某个人的前后施测的差异性、显著性、共同性等进行分析。统计结果将使用文字和图形进行描述分析,直观生动。

另外学生心理档案系统不仅可以进行横向比较,即对某个特定的群体进行某项指标的分析,还可以对学生所有的测试结果进行纵向比对,密切关注每个学生的心理健康变化。对测试者的纵向比对尤为重要,通过对某个学生入学或辅导前后测试的比对,第一,可以清晰地看出该学生的心理变化情况,便于有效地指导、干预学生;第二,可以评估老师的指导和干预效果,以便更有效地进行辅导。

(四) 促进家校联动

在学校心理健康教育工作中建立家庭和学校的联动机制,使学生家长无论在世界

上的哪个地方,只要能上网,就能清楚地知道其孩子的心理发展状况以及学业成就、老师评价、自我鉴定等信息(设有基本权限和保密措施),有利于学校、家长形成合力,有效开展学校心理健康教育工作。

五、学校心理档案管理系统的基本架构

(一)学生心理健康测评与危机预警系统

用于了解学生心理健康发展状况,进行相关的心理测试,并针对测试结果对学生的心理发展提出建议,供学生参考。同时对某个团体的心理测试报告形成简易的统计报表,了解该团体学生的心理发展状况与特点。对测试中发现疑似存在"心理危机"的学生,系统自动地将该学生纳入危机预警系统,提醒老师重点关注该学生的心理发展问题,也可以让学生家长参与进来共同关注。

(二)学校心理档案管理系统

将每个学生的信息作为心理档案管理的基本单位,以班级、年级或学校为团体进行归类管理,用时间序列(如同一个学生在不同时间某个心理发展指标)进行分层档案管理。有时在学生人数比较多的情况下,测试完毕后对每个学生的心理档案进行人性化管理尤为重要。因此心理档案的建立与管理可以分为个体与团体两个方面。

(三)学生学籍档案管理系统

对于学生的心理健康教育,要综合考虑影响学生情绪变化的因素,如考试成绩、自我鉴定、老师评语、家庭因素等。同时要考虑与学生其他学籍管理信息的对接,如个人基本信息、身体健康状况、社会经济背景等,这样既解决了学生学籍电子信息化,极大地方便了学校管理,同时也可以将所有学生的学籍信息通过一个基本的ID(如学籍号或身份证号)对接起来,进行有价值的数据管理与分析。

六、学校心理档案管理系统的建立流程

(一)心理档案数据采集

1. 登录与识别系统

每所学校、每个学生都有独立和唯一的编号、编码和登录密码(用于使用仪器和参加心理测试),后台可以通过编码识别具体的学校和学生。学生无论是使用仪器还是参加测试都需要用编码登录和登记。

2. 网络管理系统

由主机(主控系统)统一管理,可以通过网络(蓝牙、学校局域网等)将学校用于测试的学生心理测试软件、心理仪器(放松椅、棒框仪等)、沙盘等使用情况进行登记。

(二)心理档案数据管理

学校配有可以联网的主机(系统管理软件),对任何仪器使用和心理测试的情况进行管理和记录,将每一位学生每一次使用的信息记录到个人的账户里。

1. 个人账户记录与管理的内容

(1)个人基本信息:姓名、性别、年龄、编号(学号)、年级、学校类型、区域等(首次输入后不用再重复输入)。其他个人基本信息,如:家庭结构、家庭经济状况、父母学历、上学距离(时间)、学习成绩、身体健康状况、个人发展规划。

(2)心理仪器使用情况(仪器名称、使用时间:时长与日期)。

(3)心理测试结果,通过测试量表的说明,收集原始选项、发展指标(原始选项、测试结果)。

(4)沙盘使用情况(录像、图像、完成时间)。

(5)个人咨询情况(根据保密情况灵活制订)。

(6)其他与心理健康有关的数据:如主课(语文、数学、英语)学习成绩、身体健康状况、体育锻炼时间等。

2. 学校和班级管理数据

(1)将每一个学生的信息归入班级和学校的数据库中,并可以导出。

(2)心理测试的团体报告可以通过测试软件导出。

(三)心理档案建立对网络运行环境的要求

1. 运行测试前台(客户端)

提供账户或密码,或者注册登录即可。

(1)在学校的局域网可以测试运行。

(2)在指定的互联网(输入网址)端口就可以测试。

(3)可以通过任何互联通信接口登录(如手机网络、移动网络、QQ、微信等)完成测试。

2. 后台控制要求(主控端)

(1)网络运行环境的安全(运行流畅、客户资料保密和防止黑客入侵及网络病毒)。

(2) 形成数据库,保留原始记录(选项与个人信息)。

(3) 网络数据可以随时生成以上动态的心理健康指数及曲线(也可以随时生成个人报告)。

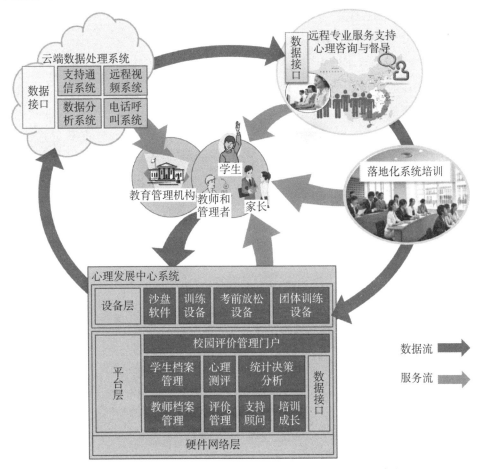

图3.6 网络心理测评环境下心理档案(数据流)与咨询(服务流)的关系

(四) 学生心理档案建立的基本内容[①]

如果学校要建立比较简单的学生心理档案,需要包括以下信息:

1. 一般信息

如学生的姓名、性别、生日、家庭类型、家庭住址、家庭经济状况、父母的学历和职业、班级、学习成绩等。

---

① 吴增强:《学校心理辅导与实用规划》,中国轻工业出版社2012年版,第158页。

2. 心理测评信息

当前学生的心理测试主要分为个别测试与团体测试。一般学生的心理档案中所记录的基本都是团体心理测试的信息，如 16PF、EPQ 等。在对个别学生的心理诊断中应用的测试信息有瑞文、WISC、SAS、SAS(焦虑、抑郁)等测试。但对于个别测验尤其是诊断性测试的心理档案信息的记录一定要慎重和保密。

3. 心理咨询与诊断信息

当前学校的心理健康教育基于以积极心理学为视角的发展性心理辅导，它面向全体学生的健康发展。但在学校中，受压力、个性与环境的诸多因素的影响，一部分学生会在某些关键的发展阶段(如升学、入学、考试、青春期)出现一些心理问题、心理障碍，甚至是心理疾病。作为学校的心理辅导老师，一方面要对这部分学生的档案信息进行客观、细致的记录，包括诊断工具、发现的问题、采取的措施、辅导的策略、咨询的过程与成效等，另一方面也要保证这部分学生心理档案信息的安全。

4. 其他信息

学生的心理档案不是孤立于学生的学籍档案，在作必要分析和研究时，可以将学生的学习态度、学习方法、人际交往、家庭教育方式、社会实践、志愿者服务等信息纳入心理档案中，使心理档案的信息更加多元化，为今后的数据与个案分析打好基础。

(五) 学生心理档案的建立流程

1. 确定对象

在建立学生心理档案之前，根据学校心理健康教育工作的特点和实际需要，确定是以某个班级、某个年级还是以全体学生为对象建立心理档案。建议在学校开展心理健康教育之时，以起始年级或者开展心理辅导活动课的年级为单位建立心理档案，或者建立个别学生的心理辅导档案。

2. 确定采集档案信息的方式与途径

学校心理档案的建立是一个系统工程，不是专业心理辅导老师一个人的工作任务。要根据心理档案建立的容量和形式，调动学校教导处与信息中心的力量，可以通过个别信息收集、集体填报个人信息、在线登录测试、集中心理测试等途径来收集心理档案信息。信息收集过程中要做好组织工作，避免虚假信息和漏报信息，保障档案信息安全。

3. 组织信息采集与完善

学校可以通过分班级或年级、按时间有步骤、分阶段、分内容、分工负责的方式来采集信息。在收集信息之前做好学生的动员与宣传工作,收集档案信息的目的是让学生了解自我,发展个性,取长补短,促进自我成长。对收集好的档案信息,如果是通过网络平台收集的,可以进行筛查,对错填、漏填的信息进行纠错与补充,保证档案信息的完整性与真实性。

4. 数据与信息的归档与处理

收集好的数据与档案信息,不是让其束之高阁,而是要定期对档案信息进行归类与分析。一般可以把档案信息按照年级、班级归档,也可以按照学期、学年归档,亦可以按人数多少(团体还是个别)归类。在这个档案系统设计之初,用个人的 ID 信息可以将学生所有的档案信息归到相应的测试、辅导与填报系统中。同时也可以把同样的心理测试或档案的内容按照不同的背景变量加以比较(如性别之间、各年级之间、不同学习水平之间等),具体如表3.3所示。

表3.3 学生心理档案归类信息处理一览表(时间)

学生编号(ID)	基本信息		背景信息		学业信息		咨询信息		心理测试信息	
	姓名	……	家庭类型	……	学习成绩	……	咨询类型	……	测试1	……
0001										
0002										
0003										
……										
……										
000X										

5. 结果的使用与反馈

建立学生心理档案的目的之一就是通过档案信息与数据的收集、整理,一方面对学生个体作测试结果的发展性反馈(个人报告,如图3.7所示)以及对班级或年级的心理健康状况作团体反馈(团体报告,如图3.8所示),另一方面就是要为学校心理健康教育的特色发展和采取有的放矢的措施提供数据支持与依据。因此要定时、定量地对收集的数据进行分析和反馈,既可以提高档案数据的使用效率,让数据"活"起来,又可以在数据收集的使用与反馈中,发现档案信息的不足,在后续进行补充与完善。

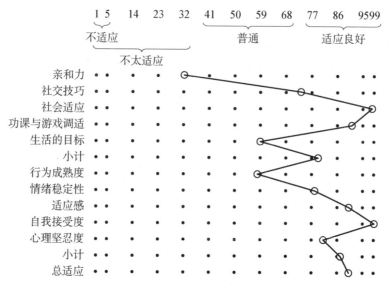

图 3.7 学生心理测试报告：生活适应量表测试结果剖面图(个人)①

《中学生心理健康量表》团体测试统计报告

测验概况：

总人数：153　无报告人数：0　有效数据：143　无效数据：10

注："总人数"为所有参加本次测验的人数；

"无报告人数"指参加测试但没有完成，无法出具报告的人数；

"有效数据"指效度指标百分等级低于 85 的人数；

"无效数据"指效度指标百分等级高于 85 的人数，被试作答时未反映真实情况。

以下在有效数据范围下进行统计。

表 3.4　团体测验结果人数分布表

对象	总人数	正常范围	轻度困扰	中度困扰	重度困扰
全体	143	114	18	7	4
男生	75	61	9	3	2
女生	68	53	9	4	2

① 上海金羽心理测量中心提供。

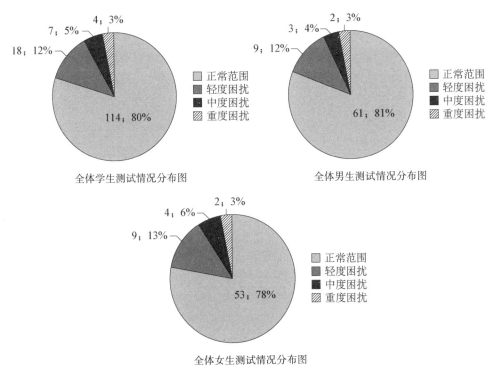

图 3.8 中学生心理健康团体报告示意图①

(六) 建立学生心理档案的建议

学生心理档案的建立是一个长期积累的过程,不是简单的信息堆积。在学生心理档案的建立过程中,要充分应用当前的心理咨询、心理测评以及计算机网络技术,使档案信息的收集更加便捷、安全、真实与可靠。

1. 将心理档案建立与心理服务结合

学校为学生提供的心理健康教育、心理辅导、心理咨询以及心理档案的建立都是以学生发展为本的,建立档案的本质不是为了信息积累和数据分析本身,而是用心理档案的建立平台更好地为学生提供心理服务。

2. 对心理档案系统要熟悉

学校专业的心理健康教育工作者应该是学校心理档案系统架构或审核的工程师,不能盲目地借助软件和外部技术,同时要防止档案信息以及心理测评数据的流失与误测。因此在建立和架构个性化的学校心理档案管理系统之前,学校心理辅导老师应该

---

① 上海金羽心理测量中心提供。

和学校网络信息中心、教务处或德育处等充分沟通，切忌盲目使用心理档案系统的外包服务。

3. 对学生的需求和发展特点要事先了解清楚

学生心理档案系统的建立不是要追求大而全，而是首先要确保档案信息的真实、有效。目前市场上各种各样的心理测评与心理档案管理软件参差不齐，甚至没有版权和常模参照的量表也混在其中，一般老师很难发现。所以在建立心理档案之前，一定要调查了解学生的发展需求，而不是分析量表和技术本身。一些不成熟或者不熟悉的量表与软件宁愿不选择。

4. 档案建立与测评是有条件的：管理权限、时空与对象

学校心理教师和专业工作者除了对心理档案系统的架构要熟悉之外，还要对档案的管理权限作明确的规定，对使用数据和做档案报告的人要有一定的约束，且要提前告知数据和档案信息不能泄密。另外，学生的信息是流动的（如每个小学生档案积累的时间一般为 5 年），而网络平台是固定的，所以档案信息的管理也应该随着学生的流动、变化而进行充实，避免信息之间的相互干扰（如 3 年级学生的心理健康数据在同一个时期会有不同届别：2011 届 3 年级、2012 届 3 年级以及 2013 届 3 年级学生的档案）。所以在心理档案的管理上，一定要有时空概念。

第三节 心理测试与档案建立的实施要点

一、熟悉心理档案与测试的过程

（一）测试目标

心理测试的根本目的是了解学生的心理发展状况。建立学生心理发展档案的目的是收集、积累和完善学生的心理成长信息，为学生的学业发展、生涯规划、专业选择、个性化成长提供依据与参照。因此，开展心理测试与建立学生心理档案既要和学校的整体学籍管理、心理健康教育等相结合，也要和心理教育的根本目的保持一致，保证测试的针对性与有效性。

（二）收集资料

学生心理测试与档案建立都是一个收集学生心理发展信息的过程。收集信息要注意时间节点与内容的代表性，同时还要考虑信息收集的途径与方法。从时间来看，在学生的不同年龄阶段，都有与之相对应的测评与心理发展信息的记录，一般来说，每

学期或者每半年都要有一次相应的记录。从内容来看,应该对学生的基本信息、心理测评信息(如心理健康、生涯发展、学习适应等)和学业背景信息等进行记录,同时将学生的心理档案信息和学籍信息、生涯档案信息等进行关联,从而做大数据的分析。

(三)分析应用

学生的心理测评、档案信息等的收集与记录的最终目的是为了分析学生的个性特点与心理倾向性,最终为学生的终身发展、个性化发展服务。同时通过大数据分析,了解本校不同年段学生的心理发展特点,开展有针对性的心理教育,提高学校教育的有效性。学校心理教育的老师,可以结合心理测评与档案管理系统,定期对学生个人与学生团体的心理发展状况进行分析,供学生与学校参考。

二、心理测试的注意事项

1. 了解测验的局限

任何测试与档案信息不可能做到全面与长期地覆盖对学生的了解,也就是所有的测试都有其局限性。测试的经过既不能夸大其没有测试到的领域,也不能因为其有局限就不去分析与应用,导致测试的虚无。测试是了解学生的一种途径与工具,关键在于使用者如何正确了解与解读。

2. 看到学生的发展

无论是学生的心理测试还是心理档案记录的结果,都是某个时段学生心理发展状况的写照。随着时间的推移,学生在校的学习、生活与心理倾向是在发展变化的,因此,心理测试与档案是为了更好地了解学生的发展特质与发展可能性,而不是给学生定性或贴标签,通过心理教育和档案的积累,要看到学生的发展,要促进学生心理健康和综合素质的提升。

3. 发挥档案的功能

学校的心理测试与档案建立应该是开放的,要结合当前心理测试的发展趋势,不断完善与丰富学校的心理测试工具和档案,学校在心理教育中要充分发挥各类心理测验和心理档案的探索功能,同时不断丰富和积累有关学生的比较全面的档案信息,让学生在心理测试和档案的完善与发展中了解自己,学校还要通过学生的团体心理档案与测试数据,对心理教育面临的主要问题做深入和有针对性的分析,做到有的放矢。

4. 遵守测试的伦理

心理测试与建立档案所收集的信息,不是用来给学生划分等级与贴标签的,而是用于帮助学生自我了解与改进学校心理教育的。同时要做好心理测试与档案信息的保密工作,尤其是学生的个人信息,在没有经得本人或监护人同意的情况下,不得用于与心理教育无关的活动,要恪守心理测试的伦理规定。

三、明确心理档案与测试的功能

1. 了解测试的目的

每个心理测试或者工具都有其目的。测试是用于自我了解还是发现学生团体的心理特点,是用于个别咨询还是分析心理教育中存在的问题,在测试之前都要了解与考虑清楚。不能夸大测试本身并未具备的功能。

2. 选择测试的时间

心理测试或者心理信息的收集,一般要在学生相对空闲的时间进行,如开学初或者学期结束时。另外在测试与填写信息时,要事先通知并安排好时间,给学生比较充裕的时间准备,而不是搞突然袭击。

3. 明确测试的对象

任何心理测试或心理测试的量表都是分对象的,至少在性别上是有区别的。同时,从国外引入的相关测试,没有经过本土化的修订是不能直接使用的。另外不能把成人的测试量表用来测试学生,要注意年龄、学历与区域的差异和相关要求。

4. 熟悉测试的流程

心理测试与学生的档案信息收集是心理管理与教育的一个基本流程。作为心理教育老师,在学校组织学生开展心理测试时,要对测试的工具、场地、时间、对象、数据收集等非常清楚,只有心中有数,才能保证测试的有效性。

第四节 学校心理档案的拓展与应用

一、学校心理档案与心理测评之间的关系

(一)心理档案与心理测评是相互补充的

学校心理档案建立之后,结合网络平台的管理,可以把很多档案信息与心理测试平台有效地连接、贯通在一起,可以使整个数据、信息与资源"活动"起来,真正实现将心理测评、档案建立、数据应用融为一体,具体如图3.9所示。

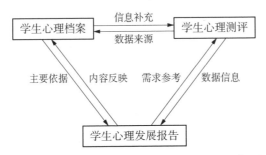

图 3.9　学生心理档案、学生心理测评与学生心理发展报告之间的关系

（二）学生心理档案使测评的数据链激活

学生的心理档案是按照一定的时间和对象维度来建立的。在数据和信息的收集之后，通过网络平台，可以把这些数据信息按照空间与时间维度连接起来，形成更加有意义的多元数据格式与报告：如不同学段学生的心理发展报告，同一群体在不同时间的心理发展状况，不同背景因素（家庭、学校、社区等）对学生心理发展影响的分析等。这些数据和报告可以在纵横维度上作比较，具体如图3.10所示。

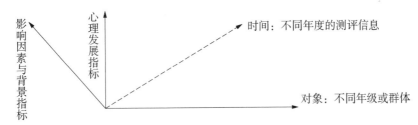

图 3.10　学生心理档案的时间、心理发展指标、影响因素与背景指标和对象的四维信息示意图

（三）心理档案为学生心理发展指数的形成奠定基础

学生心理档案应该是学生所有心理发展数据与信息的总和。在这些静态的档案信息中，如何让它们"活"起来，才是心理档案价值的体现。所以在心理档案建立之初，就要将其与学校的心理测试网络平台连接在一起，实现数据联通与共享，即"融会贯通"。在有了基本的心理档案信息之后，根据教育的需要，可以通过数据网络形成教育者或心理学辅导教师所需要的心理发展指数（如学生的压力指数、心理健康指数、学习幸福指数等），简单明了地了解学生的心理特点与存在的问题，并制订有针对性的心理辅导措施。

(四) 动态常模的形成与学生心理发展白皮书的发布

常模就是参照标准,即某个有代表性的样本群体在某种心理发展品质(如心理健康、情绪特征、智力水平、创造力、学习兴趣、职业规划能力等)上的平均值与离散程度(一般标准差用 S 表示)。

在 21 世纪之前,尤其是心理测验刚刚开始时,由于计算机技术的应用滞后、测试成本过高等原因,一个测试量表的常模建立需要耗费很多的时间成本与经济成本。随着计算机网络技术的普及与大数据时代的到来,心理测试成本与常模建立的成本越来越低,效率越来越高。原来三年才能收集完的数据,现在可能只需要三个月甚至更少。这样就不会因为时间和文化原因而固守原来的常模,使用者可以根据自己的需要建立个性化的动态常模,随时根据样本群体的变化修订常模,这不但使心理测试更加准确与精细化,也使心理辅导的成效更加显著,同时在收集了常模数据之后,可以根据时间维度和不同的测试对象与内容,发布班级、年级、学校或区域的学生心理发展的白皮书(背景、发展指数、年度与年级比较、影响因素、发展对策等)。

关于心理测试动态常模的建立见第四章第二节的内容。

二、大数据背景下学校心理档案的变化

(一) 依据:数据由少到多

传统的心理档案数据和信息基本上是记录在纸张上的,受测试成本和时间的限制,收集的数据信息比较少。随着计算机信息技术,尤其是互联网技术的发展,心理档案的建立更加程序化、便捷化,收集的数据与信息更加丰富与全面,甚至可以做到随时随地地收集。

(二) 理念:从现象到数据

以前的心理档案更多的是心理测试与咨询档案,即将学生心理测试的个别报告、团体报告以及个别心理辅导的记录资料作归档处理,描述性的话语多,分析性的结论少。在大数据背景下,学校心理档案收集的数据更加多元和丰富,数据之间可以合并与建立链接,让档案成为数据积累与团体报告分析的基础。

(三) 方法:从无序到有序

传统的心理档案发挥的更多的是记录功能,并且按照一定的原则进行归类。大数据的心理档案除了具有记录与归类功能之外,还可以将看似无序的数据信息通过计算机程序,按照记录的时间、对象、内容等进行交互分析,使心理测试、数据分析与心理档

案建立有效地衔接在一起。

（四）操作：从描述到发现

传统的心理档案一般是对信息进行记录和描述，在大数据心理档案中，不但有对数据信息的记录与描述，而且可以把个体的背景信息、发展指标与时间因素进行整合，既可以看出个人的心理发展轨迹，也可以分析样本群体的心理发展指数与特点，发现学生心理发展的主要影响因素，从而更好地为学生的心理健康教育服务。

（五）时空：从点线到立体

建立心理档案不是做一次测试或简单地进行学生基本信息的登记，但之前限于时间与技术，往往会把某一次（时空点）的测试作为评估学生心理的主要参考，也作为建立个人心理档案的重要内容。在大数据背景下，由于心理档案的网络化、电子化与多样化，可以多点、多时、多维度地收集个人与特定群体的信息（基于数据安全），在一个大的纵横交错的时空里对测试对象进行分析与"心理画像"，类似对人体的扫描从X光走向了核磁共振成像一样，更加全面与立体化。

大数据、云计算与心理测试的结合是未来学校心理健康教育重要的发展趋势，也是心理健康教育研究者、实践者需要了解的重要理念与技术。大数据为学校心理测评以及心理健康档案的建立提供了新的视野与格局。关于心理测评与大数据的结合在第四章将作具体阐述。

第四章　大数据与心理测评

第一节　大数据与数据库

一、什么是大数据

(一)大数据的概念

随着大数据时代的到来,什么是大数据,多大的数据才叫大数据是必须要搞清楚的。其实,关于大数据,很难有一个非常定性的定义。一般而言,"大数据"是指需要新的处理模式才能具有更强的决策力、洞察发现力和流程优化能力来适应海量、高增长率和多样化的信息资产。

维基百科给"大数据"的定义为"大数据是指无法使用传统和常用的软件技术和工具在一定时间内完成获取、管理和处理的数据集"。

麦肯锡全球研究所对"大数据"的定义是:一种规模大到在获取、存储、管理、分析方面大大超出了传统数据库软件工具能力范围的数据集合,具有海量的数据规模、快速的数据流转、多样的数据类型和价值密度低四大特征。[①]

被誉为"大数据时代预言家"的维克托·迈尔-舍恩伯格(Viktor Mayer-Schönberger)在其《大数据时代》一书中认为"大数据"是指不用随机分析法(抽样调查)这样的捷径,而采用所有数据进行分析处理的方法和过程。

IBM公司总结出"大数据"有如下几个特点[②]:

[①] 大数据时代要有大数据思维[EB/OL]中国大数据[2015-11-03]. http://www.thebigdata.cn/html/c3/14416.html

[②] 大数据落地不可孤军作战[EB/OL]中国大数据[2016-01-04]. http://www.thebigdata.cn/YeJieDongTai/28776.html

容量(volume)：数据的大小决定所考虑的数据的价值和潜在的信息；

种类(variety)：数据类型的多样性；

速度(velocity)：指获得数据的速度；

可变性(variability)：妨碍了处理和有效地管理数据的过程；

真实性(veracity)：数据的质量；

复杂性(complexity)：数据量巨大，来源多渠道；

价值(value)：合理运用大数据，以低成本高效率创造高价值。

(二) 大数据的发展趋势

1. 数据的资源化

大数据成为企业、教育、医疗、文化、社会关注的重要战略资源，并已成为大家争相抢夺的新焦点。因此，现在很多企业、教育机构等开始提前制订大数据营销战略计划，抢占发展先机，迎接信息时代的巨大挑战。

2. 大数据与云计算的深度结合

随着云时代的来临，大数据也吸引了越来越多的关注。数据分析师认为，大数据通常用来形容一个公司创造的大量非结构化数据和半结构化数据，这些数据在下载到关系型数据库用于分析时会花费过多的时间和精力。大数据分析通常只有在和云计算联系到一起时才能产生数据价值，因为实时的大型数据集分析需要像 MapReduce 一样的框架来向数十、数百甚至数千的电脑分配工作。

大数据离不开云处理，云处理为大数据提供了弹性可拓展的基础设备，是产生大数据的平台之一。自 2013 年开始，大数据技术已开始和云计算技术紧密结合，预计未来两者的关系将更为密切。除此之外，物联网、移动互联网等新兴计算形态，也将一齐助力大数据革命，让大数据营销发挥出更大的影响力，同时也开始广泛地影响教育、医疗、卫生等领域。

从技术上看，大数据与云计算的关系就像一枚硬币的正反两面一样密不可分。大数据必然无法用单台的计算机进行处理，必须采用分布式架构。它的特色在于对海量数据进行分布式数据挖掘，但必须依托云计算的分布式处理、分布式数据库、云存储和虚拟化技术。因此在未来心理测量的发展领域，测量数据只有和云计算结合在一起，精准的"心理数字画像"才能成为可能(如图 4.1[①])。

---

① 图片来自微信公众号"Ryan 聊心理"。

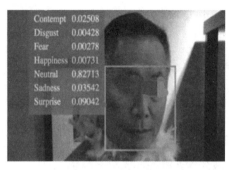

图 4.1 AI通过脸部扫描识别人的情绪状态

3. 科学理论的突破

随着大数据的快速发展,就像计算机和互联网一样,大数据很有可能是新一轮的技术革命。随之兴起的数据挖掘、机器学习和人工智能(AI)等相关技术,可能会改变数据世界里的很多算法和基础理论,实现科学技术上的突破。

4. 数据科学和数据联盟的成立

未来,数据科学或数据运算将成为一门专门的学科,被越来越多的人所认知。各大高校将设立专门的数据科学类专业,也会催生一批与之相关的新的就业岗位。与此同时,基于数据这个基础平台,也将建立起跨领域的数据共享平台,在此之后,数据共享将扩展到企业管理、教育评价等层面,并成为未来产业的核心一环。

(三)大数据对心理测评的启发

当今"大数据"一词的重点其实已经不仅在于对数据规模的定义,它更代表着信息技术发展进入了一个新的时代,代表着爆炸性的数据信息给传统的计算技术和信息技术带来的技术挑战和困难,代表着大数据处理所需的新的技术和方法,也代表着大数据分析和应用所带来的新发明、新服务及新的发展机遇。

大数据的研究和分析应用具有十分重大的意义和价值。维克托·迈尔-舍恩伯格在其《大数据时代》一书中列举了大量详实的大数据应用案例,并分析预测了大数据的发展现状和未来趋势,提出了很多重要的观点和发展思路。其实在当前的心理辅导工作中,心理测评与学生心理档案的建立都离不开大数据这个时代背景,除了理念上的变化外,更多的是测评视角与测评方式的革新,可以将平时学生的表现、学业成就、家庭生活背景、个性特点以及身体健康、心理发展等看似不相关的"无序"数据串起来,使其产生更多元的信息和数据价值。

二、云计算与心理测评

(一)云计算(cloud computing)

云计算中的"云"实质上就是一个网络。狭义上讲,云计算就是一种提供资源的网络,或者说是复杂而超级的网格计算。使用者可以随时获取"云"上的资源,按需求量使用,并且可以将其看成是无限扩展的,只要按使用量付费就可以。"云"就像自来水厂

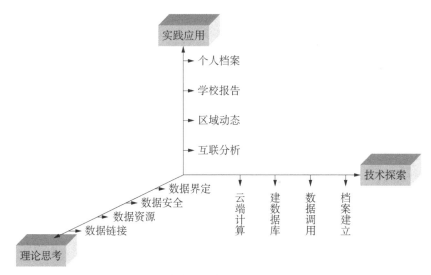

图 4.2 大数据对学校心理测评的影响

一样,需要者可以随时接水,并且不限量,按照自己家的用水量,付费给自来水厂就可以。[1]

从严格意义上说,云计算是分布式计算的一种,指的是通过网络"云"将巨大的数据计算处理程序分解成无数个小程序,然后通过多部服务器组成的系统处理和分析这些小程序得到结果并返回给用户。云计算早期,简单地说,就是简单的分布式计算,解决任务分发,并进行计算结果的合并。因而,云计算又被称为网格计算。通过这项技术,可以在很短的时间内(几秒种)完成对数以万计的数据的处理,从而实现强大的网络服务。[2]

(二)云计算对心理测评的挑战

1. 让测评变得"短平快"

云计算理论上让任何一种模型的运算成为可能,可以对大量的、看似无序的数据在很短的时间内作出"精准"的计算,得出一般人脑和单机化电脑无法完成的运算结论。云计算大大提高了信息与数据的加工运算速度和效率,也让原本"复杂"的心理测试抽样、常模建立变得非常简单和容易,还让数据链接"活"起来,使得对个体从"陌生"到"熟悉"的身心认识更加快速。

2. 测评隐私与安全如何保障

因为云计算相对开放,所以信息保密性是云计算技术面临的首要问题,也是当前

---

[1] 罗晓慧:《浅谈云计算的发展》,《电子世界》,2019年第8期,第104页。
[2] 许子明,田杨锋:《云计算的发展历史及其应用》,《信息记录材料》,2018年第19卷第8期,第66页。

云计算技术面临的主要问题。比如,学校或学生的数据资源会被一些机构进行资源共享。网络环境的特殊性使得人们可以自由地浏览相关的信息资源(可能是隐私的,如被试的年龄、性别、家庭住址、学业成绩、人格特点等),信息资源泄露是难以避免的,如果技术保密性不足就可能严重影响信息资源的所有权者。

另外,每一个用户可以在云计算服务提供商处上传自己的数据资料,相比于传统地利用自己的计算机或硬盘的存储方式,此时需要建立账号和密码完成虚拟信息的存储和获取。这种方式虽然为用户的信息资源获取和存储提供了方便,但用户失去了对数据资源的控制,而服务商则可能存在对资源的越权访问现象,从而造成信息资料的安全难以保障。① 所以在通过云计算开展心理测评的过程中,学校、学生的信息和隐私安全如果得不到保护,就不要进行。

3. 测评的立体化

传统的心理测试是通过某一种(次)量表的测试结果来推论个体的心理特征,即通过一个"时空交错点"的信息来对个体进行"心理画像",这有点"以偏概全"和"以点代面"的意味,其实并不是这个测试的问题,而是当初由于测试技术限制而不得不为。有了云计算,几乎可以将与被试有关的心理测试信息(动态的过程,不是一次的)、学业信息、行为数据以及家庭背景信息等进行关联运算,以便对被试有一个全面的、立体的画像,从而对其进行精准的教育和服务。

(三)大数据—云计算—心理测试的关系

"巧妇难为无米之炊",如果"云计算"是巧妇,那"大数据"就是米,而"心理测试(画像)"就是巧妇的厨艺成果,三者的关系如图4.3所示。所以,在开展云计算背景下的学生心理测试时,除了理念上的创新之外,对数据、数据种子、数据库的重新认识和界

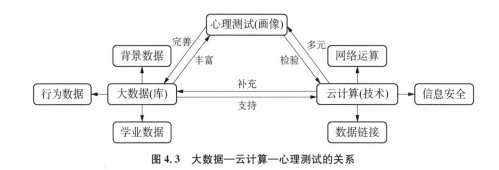

图4.3 大数据—云计算—心理测试的关系

---

① 王德铭:《计算机网络云计算技术应用》,《电脑知识与技术》,2019年第15期,第275页。

定都是非常必要的,在对学生的测评、分析和咨询选择的过程中,不仅仅是选择一个或一次心理测试的工具,还要结合与其相关的数据资源进行运算、分析,从而得出动态的、发展的、过程性的心理画像,提升学校心理健康教育的能力与水平。当然,传统的心理测试工具是学校心理教育云计算的基础,大数据、云计算与心理测试的结合不是一朝一夕的,而是一个需要持续努力和坚持的过程,这是未来心理测评不可回避的发展领域。

三、大数据背景下心理测评的特点

(一) 数据由点到线再到面最后到体的变化

如果一个学生的数据是一个点,那么学生团体的数据就是一条线,学生团体不同的发展指标就构成了一个面,不同的发展维度和时间连续体就会成为这个群体的动力心理特征,更加全面、具体有效地反映学生心理的发展本质,即如何从一维到多维的变化。

(二) 数据的时空被"压缩"

以前的纸笔心理测试花费的时间、精力和成本比较大,所以收集档案信息和建立常模所花费的时间比较长,接受测试的对象和人数也比较有限。大数据让测试可以"随时随地"地进行,而且测试的方式也更加多元化(微信、APP、网络程序等),使得1年1次的测试可以变成1月或1周1次,让测试时间更加紧凑,同时让测试对象和维度也不受限制,数据的空间信息也逐渐丰富。

(三) 数据资源丰富与处理技术多元

心理测试数据的价值取决于数据的深度挖掘与分析。当前,随着互联网技术、心理统计与计算机软件技术的发展,一些专业的统计软件,如 SPSS、AMOS、HLM、SAS、STATA 等的普及与应用,以及"互联网+"的出现,大量的数据资源通过丰富的数据分析方法与平台,让数据的结果与结论更加深入与可靠,而且数据之间的"互联互通"也变得更加容易,数据的相关、多元、分层与建模分析,让心理测评超越数据,变成"网络图谱",为心理健康教育提供更加真实可靠便捷的信息。

(四) 数据的教育价值与社会价值呈现几何级数增加

数据类似仓库中的种子,积少成多,汇聚成山,就会价值倍增。大数据最宝贵的资源是真实的数据信息(而非泡沫数据和伪数据)。由于当前测试手段的多元性与数据采集的便捷性,心理健康教育中的数据资源在"云"平台上日益丰富起来,这些数据的整合使用,其教育价值和社会价值不言而喻。如小到一个心理调查报告的即时生成,大到一个城市某个学生群体的心理发展特点与趋势,都可以在大数据平台上形成。这既是挑战,也是机遇。因此学校的心理测试与心理档案的建立,既要重视真实数据的收集,也要加强数据的安全管理,充分认识数据的价值。

四、心理测试数据库的建构

(一) 数据种子收集

数据就是用阿拉伯数字进行表达的数字格式,可以是一个,也可以是若干个。数据种子就是指没有经过任何统计分析的原始数据或第一手数据信息,这是数据转换与统计分析的基础和关键。心理测试的数据种子可以分为三类:名称类、等级类、运算类。

1. 名称类(类别类)

仅仅是用数字区别不同的个体或群体,本身是没有大小之分的。如性别中,用1表示男,用2表示女,也可以反过来,或者用其他任意数字表示男女,但不能说这里的2>1,因为仅仅是区分男女,不能进行运算。相似的还有学号、身份证号、班级编号、年级编号、民族编号、区域编号、职业编号等。

2. 等级类

用来表达某种心理品质或人格特质的数据,只可以进行大小的比较。如温度的高低、学业水平的等级、人的某种情绪的感受度等。

3. 运算类

指数据本身在收集和获得时已经具有某种运算的性质,可以直接用来统计分析。如学生的考试分数、标准心理测验的得分(如 IQ 分数)等。

关于这些数据类型,在统计软件 SPSS 中会有清晰的界定,如图 4.5 所示。

(二) 数据库的建立

在学校心理健康教育与测评中,不要用太复杂的数据格式,可以用一般的电子表格(EXCEL)或 SPSS 统计软件来建立数据库,具体如表 4.1 所示。

在电子表格中,一般每一行是一个个案(CASE 或学生)的信息,每一列是不同属性的原始数据信息(数据种子)。根据一般心理测试数据库的要求,可以把数据种子分为四类:

1. 背景信息:即个体受客观社会文化环境影响的数据,如人口统计学的信息:年龄、性别、民族、年级、社会经济地位等。

2. 关联信息：即可能与心理测试数据相关或相互影响的数据，如学科成绩、身体健康水平、教师的教学水平、家长的文化程度等。

3. 测试数据：这部分一般分为测试者根据需要自己设计的问卷数据与心理测验的分数（最好用原始分数，也可以用标准分数），这是学校心理测量和档案建立中的关键信息。

4. 行为数据：指与学生日常学习、生活有关的数据信息，是可以根据一定的时空轴线加以收集的数据，如学生的读书时间、阅读量、有效注意时间、使用电子产品的习惯与方式、是否在学校用餐、平时体育锻炼的活动范围等，只要能够被数据标签化，都可以作为行为数据进行收集。

表 4.1　学生心理测试数据库格式（参考）

学生编号(ID)	背景信息			相关信息			测试数据		
编号	姓名	家庭类型	……	学习成绩	身体健康	……	测试 1	问卷 1	……
0001									
0002									
0003									
……									
……X									

具体以研究者在 2020 年疫情期间对学生的调查数据为例①，通过 SPSS 软件建立的数据库如图 4.4 所示，列是调查项目，行是学生信息。

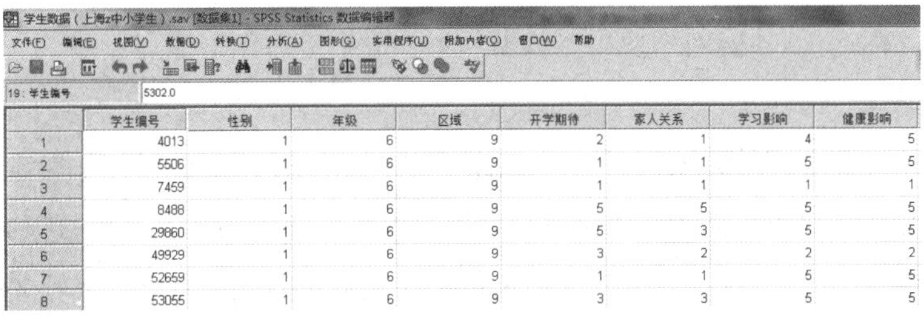

	学生编号	性别	年级	区域	开学期待	家人关系	学习影响	健康影响
1	4013	1	6	9	2	1	4	5
2	5506	1	6	9	1	1	5	5
3	7459	1	6	9	1	1	1	1
4	8488	1	6	9	5	5	5	5
5	29860	1	6	9	5	3	5	5
6	49929	1	6	9	3	2	2	2
7	52659	1	6	9	1	1	5	5
8	53055	1	6	9	3	3	5	5

图 4.4　用 SPSS 建立的心理调查数据库

① 杨彦平：《疫情期间学生、家长及教师心理状态调查研究》，《中小学德育》，2020 年第 3 期，第 12—14 页。

当然在SPSS建立的数据库被打开后,同时还有一个项目(针对数据"列")特征表单,如图4.5所示。

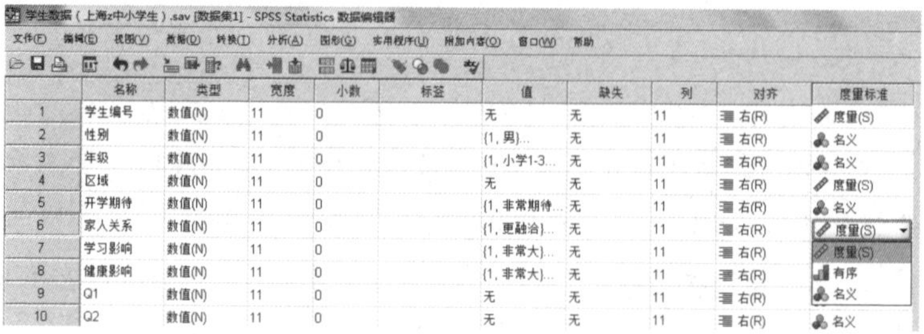

图4.5 用SPSS建立的心理调查数据特征表单

如图4.5所示,在"值"一栏可以对数据选项进行说明,因为在SPSS数据库中,导入的基本是纯数据,如在关于疫情期间情况的调查中问学生:"待在家里你和家人的关系变得?(1)更加融洽;(2)比较融洽;(3)和原来一样;(4)不太融洽;(5)更加紧张。"在输入每个学生对此问题的回答选项时,只能输入"1—5"这5个数字,但在具体的统计中(如要统计每个选项的人数比例),要想明确每个数字代表什么,就要对SPSS数据特征表单的"值"这一列作说明,这样具体的统计结果就可以显示选项的内容。另外在图4.5最右列显示的是"度量标准",就是对数据的性质进行界定,其中"度量"有三种情况:度量(可以做所有的统计运算的"运算类")、有序(可以做加减比较运算的"等级类")和名义(知识相互区别与标签化,不可以运算的"名称类")。

(三) 数据种子收集的原则

对数据的收集并不是"装进篮子的都是菜",而是要把具有代表性的鲜活的数据种子收集到数据仓库里面。数据库犹如一个庞大的粮食种子仓库,种子要"活"(可处理)、归类和标签化,才能便于使用。数据收集一般要遵循以下原则:

1. 归类与标签化

作为学校的心理健康教育工作者,无论是调查研究还是档案管理,都需要收集数据。学校心理教师与研究者都应该有数据收集的意识与能力。在收集数据时,首先按照数据的性质进行分类(如该数据为行为数据还是背景数据等),然后将收集的数据进行命名或标签化的处理,再归到相应的数据格子(列)里面,进行储存和备份。

2. 代表性

数据收集强调的是代表性和典型性,并不是要面面俱到。如学生的某一门课程的学习成绩和学习态度,可以一学期收集一次或两次,没有必要每周都收集。对于不同类型的数据尽可能都收集,如学生的学习时间、睡眠时间和使用电子产品的时间,虽然属于时间序列,但数据类型不同,还是要进行收集的。

3. 价值中立

数据收集和整理是一个持久和复杂的过程,很多时候数据收集者会觉得有些数据"没有价值"或者太烦琐,就放弃收集,从而错失了很多有价值的数据,如学生每周运动的时间或看电子产品的时间,如果没有按照这个序列收集,后续做运动时间对身心健康的影响、电子产品对学生视力影响的拐点等就无法进行分析。因此在数据收集中,要养成习惯,不要先作价值判断,通过日积月累的收集,数据库会日渐丰富,作数据分析时就能"家中有粮,心中不慌"游刃有余了。

4. 原始性

在数据收集中不要做无关的处理,用没有经过加工和统计分析的数据是建立数据库的基础。如宁可收集小麦,也不要收集面粉,因为小麦可以加工成面粉,面粉却不能变成小麦。原始数据对追踪和回溯研究非常有意义,如学生第一次写作文的时间、每分钟口算正确与错误的题目数、每学期的识字量与默写错误率等就是原始数据。

5. 关联性

就学校心理测评来看,测评数据是核心,背景数据是基础,行为数据和物理数据是拓展应用,但并不是将所有的数据都收集起来,一是没有必要,二是要考虑时间与精力成本。可以借助数据库的共享与关联拓展数据资源,提高数据分析与拓展应用的效率。在加强和保障数据管理与安全的基础上,学校学生的学籍数据和心理测试数据可以关联共享。

6. 时空同步性

从时间序列来说,在收集不同年级学生的心理健康水平的数据时,应该在相同的时间收集,不能间隔太久,否则会影响测试的效度。从空间来说,收集项目数据时要充分考虑文化差异与区域差异,如在收集某年级学生的数学运算能力数据时,就应该考虑学生父母文化程度、教师教学水平等背景数据的收集,否则在分析影响学生学习能力的因素时,就会因为这些数据的缺失让分析显得捉襟见肘,甚至"悔之晚矣"。

(四)数据种子收集的流程

1. 建立数据仓库

数据仓库就是数据的住所或栖身地,在收集数据前,数据放到哪里是首先要考虑的。一般电子化的数据可以通过租用服务器、电脑硬盘、云储存等方式进行存储。保存数据的数据仓库,一定要安全,避免数据遗失和被盗用或被攻击。同时存储数据的仓库要有一定的容量或有可"无限"拓展的可能,为后续数据库的完善与丰富提供空间。为了保证数据的安全性,存储的数据应该以相应的格式同时备份在不同空间的数据仓库中。

2. 确定测试对象

如表4.2所示,数据库的基本格式(格子)是由行和列交错形成的。每一行的数据代表的是一个个体,每一列是一个测试项目或标签的数据类型。所以在学校心理测试的数据库中,所有数据来源是以人为单位的,确切地说是学生数据,而教师、家长的数据信息都可以划归到学生的"背景数据"中,如家长的学历和教师的年龄、职称以及教学风格等数据信息都可以放置在对应学生的数据中。如,教师的教学风格如果是A、B、C、D四种类型,某教师的教学风格测试下来是D标签,那么他所任教的所有学生(假设有N个)的这门学科教师的教学风格都是"D"标签(N个D标签)。

3. 对信息进行数据标签化

当数据库建立好(一开始仓库空空如也),且确定好评价的对象(如学校全体学生)后,接下来就是开始收集数据。就像一个采集化石的地质工作者在将采集到的化石送到博物馆的某个库某个橱柜中之前,必须对化石进行分类和命名,学校心理健康教育工作者,要将收集到的数据进行标签化(是背景数据还是运算数据,是名称数据还是等级数据),然后才能输入或储存到数据库中。表4.2就是数据库标签的类型。

表4.2 数据库标签类型

数据性质 数据类型	背景数据 (含时间序列)	测试数据	行为数据	关联数据
名称类				
等级类				
运算类				

备注:时间序列数据是指收集数据的时间或者以时间为单位的数据种子。

4. 根据行列规范对数据进行录入

在数据库架构完成和数据收集到之后,要对数据进行标签化(如表4.2所示),即要将数据录入、导入或者关联到数据库中去(如表4.1所示),这是数据库建立的最后也是最关键的一环,如果收集的数据是虚假、无效、缺失甚至是被污染的,就会影响到后续数据分析的结果,可靠性就得不到保障。同时,数据的录入与标签化也是一个持久和不断完善的过程,既考验数据收集者的智慧,也考验他们的耐性与细心,需要持之以恒。

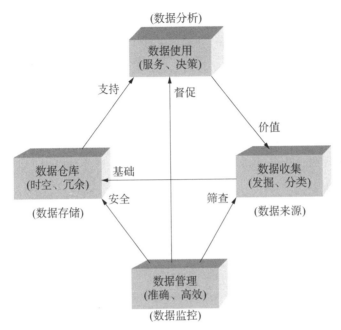

图 4.6　数据库的建立流程与各要素的相互关系

(五) 数据库的管理

1. 数据的安全保障

数据收集后储存在数据仓库(专门的服务器、电脑硬盘、云盘等空间),无论谁来保管,安全是第一性的。既要防止数据遗失、缺损,还要防止数据被攻击或被篡改。这就要为数据库建立基本的防护墙,或者为数据库设置安全密码,或者避免数据库和其他电脑、网络建立不必要的连接。因此数据库除了由专人专机保管外,还要进行安全防备的处理。

2. 数据同时、远距离空间备份

2001 年的美国"9·11"事件之后,人们思考:如果发生"天灾人祸",原有的数据库被不可抗拒的因素损坏怎么办?要避免这样的情况发生,做好数据库的备份就尤为重要。数据的备份不是简单的数据拷贝,而是数据要同时被复制,被备份的数据要储存在离"源数据"(被复制数据的母本)比较远的空间中。随着云盘和云储存的出现,备份的安全性就大大提升了。所以数据备份也是数据安全与管理的必然选择。

3. 数据库的更新

如同图书馆的书籍是不断丰富与整理的一样,心理测试的数据库也是不断丰富和更新的,并非一劳永逸。在样本量或案例人数增加(行)和测试与数据项目(列)增加时,这些信息被数据标签化后要随时补充到数据库中,同时要备份。作为学校心理健康教育研究者或工作者,要定期对已有的心理测量的数据库进行维护,同时要把新的数据信息进行储存备份,更新与丰富数据库。

4. 清洗与过滤被污染和多余的数据

在数据库不断丰富和完善的过程中,就会发现有些数据是多余或者无效的(如某学段某学科的周测验数据、教室的朝向与面积等),对于这些数据就要进行清除。同时有些数据中有很多缺失的(如95%的案例都缺某项数据)或者被污染过(如家庭收入,最多的有上亿,最少的只有几千,极端数据对平均值影响很大)的数据,这些数据就没有必要留存。还有就是有些数据看似完整(如孩子每天到校与离校的时间,因为每学期都差不多),但在后续的分析中,其存在的意义和价值不大,也要进行清理或重新梳理出有价值的"再生"数据库。

(六) 数据库的应用

粮食储存在仓库中是为了播种、使用和再生;图书放置在图书馆中是为了传播智慧和被读者阅读,发挥知识的价值;数据储存在数据库中是为了分析、使用和发现教育与心理的规律,让个体更好地发展与成长。因此,数据储存的根本目的是为了使用和挖掘数据价值。学校心理测试的数据库主要有以下应用:

1. 个案跟踪与研究

在心理健康教育工作或个别咨询中,需要对个案的数据做记录和整理,存储在心理测试数据库中,当个体的数据积累到一定程度时,从时间维度就可以看出个体在某个方面的发展轨迹与成长特点(如学习能力、人际交往等),从空间视角就可以看出个体在参照群体中的发展趋势与所处的位置(如学业成就、生涯意识等),为个案研究与个体成长咨询提供比较好的数据支撑和对策建议。

2. 心理分析报告与相关研究

在某个群体(如学校、年级、班级等)数据库比较丰富和全面时,就可以出具该群体在某方面的团体报告,或者通过数据库作比较、分析和相关研究。如某个年级学生的心理弹性的发展水平,某个班级的学生学习动力与班主任管理风格之间的相关研究。通过回归分析等手段,可以看出不同因素对某种心理特征的影响程度,找到最关键的控制变量,制定教育方案,进行针对性干预,提高教育的成效。如假设学生的学业水平受个体的智力、学习动机和教师教育水平以及家庭教养风格的共同影响,那么有了这些数据,就可以分析哪个影响因素的影响最大,就可以进行有的放矢的教育,从而达到最佳的教育效果。

3. 对其他数据库的补充与融合

在学校心理健康教育中所建立的心理或心理测评数据库,一般不是孤立的,从大数据的设计来看,应该和学校的学籍管理、档案管理以及相应的行为数据库之间做到互联互通(通过学生的学籍号、手机号或身份证号等独立身份信息进行数据匹配),在此基础上,让数据的共享分析更加多元,发现更多有价值的信息和规律。比如在分析影响义务教育阶段学生的心理健康水平的因素时,如果和学生的行为数据关联(如上学途中所花的时间),然后进行分析,会发现当学生每天上学途中所花的时间超过1小时(单程)时,就会影响其心理健康,于是就可以看出义务教育阶段学生就近入学与片区入学的重要性。

4. 群体的心理图谱

教育与心理研究的本质是对个体的成长过程进行记录、解释、预测和干预,或者说通过研究发展教育规律,服务于学生的健康成长。通过数据库的丰富和积累,可以对某个群体的众多心理特征进行记录与分析,做群体的心理画像,开展有针对性的教育,从而促进他们健康而有个性地发展。如在对"90后"、"00后"(2000年以后出生的学生)、"10后"群体的心理特征进行分析时,数据库中若有时间管理、情绪调节、亲子关系、同伴交往、学习动力、生涯规划、自主选择等信息,就可以对他们的心理特征进行多维度画像(如图4.7所示),了解他们的优势和不足,最终让教育促进他们

图4.7 "90后"大学生数字化生活图谱①

---

① https://www.docin.com/p-356820913.html,互联网下90后大学生数字化生活研究报告。

的发展,达到扬长避短或扬长补短的目的。

(七) 学校心理测评与档案数据库的建立

学生的心理测试可以认为是学生心理档案数据的收集和准备,而学生心理档案可以看作是学生心理测试数据的管理与应用,二者相互依托,共同为学生心理测试数据库的建立做好基础性的服务。学生心理测试的开展、心理档案的建立、心理数据库的形成是一个系统,具体如图4.8所示。

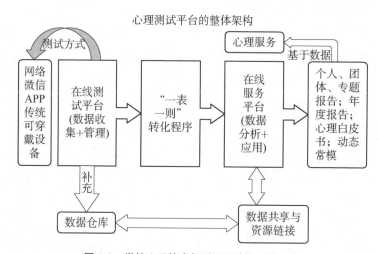

图4.8　学校心理档案与测评系统建立的架构

从图4.8可以看出,大数据背景下学生心理档案的建立不是一个孤立的过程,必须和心理测试的方式、数据采集的方式、数据库的管理与应用系统密切结合,形成一个数据采集与应用的"流通体系",这样就可以保证心理测试、数据管理、档案建立与数据分析应用是一个完整的架构,是一个有机体,从而让测试数据和心理档案信息"活"起来,为学生的心理健康教育与发展科学、有效地服务。

第二节　大数据与学校心理测评系统

一、大数据背景下学校心理测评的挑战

(一) 测评的观念发生改变:由报告走向服务

传统的心理测评和心理档案建立更多的是依赖纸笔测验,以形成个体与团体报告为目的。随着测试工具和测试技术的不断成熟,当前的测验不仅仅是描述和了解学生

的心理发展状况,还要解释与分析影响学生心理健康的因素,进一步对学生的心理危机进行预测和干预,让测评更加详细全面地为学生的健康发展服务。

(二)测评方式的革新：由单一走向多元

随着计算机技术和网络技术的发展,很多学校的心理测试可以借助网络完成,数据的统计也可以通过计算机软件来完成(如 SPSS、SAS、HLM 等),学生心理档案的建立不仅仅是数据与信息的简单堆积,而是多元测试数据的纵横贯通与连接。因此在建立学生档案之初,就要全面考虑应用信息科技和网络,让数据和学生档案信息"活"起来。

(三)心理档案的价值：用证据和数据说话

在传统的学校心理档案的建立中,更多的是学生个人心理测试信息的归类和整理,而学生之间、年级之间或者学校之间的档案信息无法贯通。在大数据的背景下,学生的心理档案信息可以被激活,形成数据链或数据流,通过对数据的分析和比对,挖掘更深层次的信息,将档案信息应用到学生的心理健康教育中去。

二、大数据背景下学校心理测评的新突破

(一)在日常的任何时间都可以测试

在网络大数据时代,一切数据分析和测评形式都能成为可能。如一个简单的小米手环,就可以将一个人每天的睡眠情况、呼吸运动、血压状况等有关身体健康的"海量"信息收集和储存起来。现在学生的心理测试不再固定在某一个时刻,也不是用某一个固定的方式来测试,而是可以通过手机的 APP 等测试软件、微信、计算机网络、蓝牙等途径在其任何方便的时候完成某个心理测试或心理档案信息的收集,使测试的方式和时间更加灵活。

(二)在生活学习的任何地点可测

在传统的心理测试和心理档案的建立中,学生心理信息的采集都是在机房或教室中完成的。在有了网络技术和大数据分析平台之后,学生可以在课间、在旅游途中、在家里甚至是在乘坐地铁、公交时完成测试,大大节省了时间和空间成本,让测试可以"无处不在"。当然这一切都要在保证信息安全与测试者身份真实的情况下进行。

(三)行为数据收集的多种可能性

在一般的心理测试中,只收集相关联的数据(如量表数据和人口统计学数据),而对于一般的行为(如学习的时间段、上学的距离、是否按时吃早餐、乘坐什么交通工具

上学等)和"无关数据"(如体育运动习惯、父母的教养方式、每学期读书的种类与数量等)不会加以收集和处理。一方面收集这些数据有难度,另一方面没有必要。其实在大数据背景下,这些行为和"无关数据"的收集都将成为可能,而且会变得容易收集,为数据的多元分析提供了更多资源与视角。

三、学校心理测试网络平台的搭建与应用

(一)系统类型

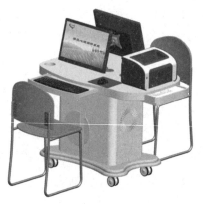

图4.9 学校心理测试与档案管理单机版示意图

单机版:指在学校心理咨询室或心理测试室的单独的计算机上安装专业的心理测试软件,为个别学生来咨询时提供个性化的心理测试,并提供不同量表的测评报告,供学校心理辅导老师和来访者参照使用。其特点是每次只能测试一个学生,测试报告可以马上生成。

主机控制版:可以在学校的计算机房,通过主机控制若干台(理论上多少台都可以)学生子机,完成相应的测试。每个维度或量表测试结束可以为参加测试的每个学生生成测评报告,同时可以对参加测评的样本生成以性别、年级、班级和专业为类型的测评团体报告。

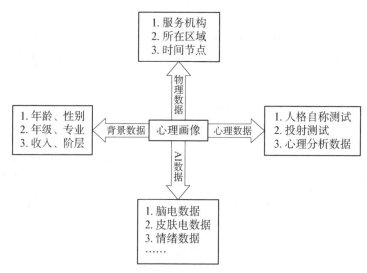

图4.10 大数据背景下的心理画像

局域网版：可以通过与所在学校的网络服务器连接，将测评的学生端口以网络形式登录，可以在线同时测试不同的学生。团体报告和个别报告都可以在线生成。

网络版：即结合大数据、云计算、物联网以及5G技术等，在指定开放的网站或学校可以开放的网站，学生只要登录互联网和相应的网站，在任何时间、任何电脑上以任何方式（登录方式、登录手段等不作限制）都可以完成测试。测试结束后可以在线生成或者下载（只要有权限）测试的个人报告与团体报告（限网络管理与授权者）。

以上不同类型的测评系统，学校可以根据自己的需求进行设计或与专业服务进行合作研发。

（二）系统模块

依据学生发展的特点，可以根据所在学校的特色与学生需求，选择不同的测评指标和量表。目前在许多专业的心理测试系统中，无论是单机版还是大数据云端版，都可以配备不同的心理测试量表，不仅有学生的测评量表，也可以有教师和家长的测评量表。

学校心理测评系统要按照教育部的有关要求，根据学生的年龄、心理特征、社会状况以及中小学管理特点进行研发与设计。可以从学生的性格特点、学习方法、学习习惯、家庭环境、人际关系、社会适应性、职业规划、情绪倦怠、心理健康状况等指标进行综合测评，被试可以是学生本人，也可以是家长、老师。除了测试影响和导致学生心理健康问题的因素，并为后续心理辅导提供依据外，更重要的是让学生了解自我，让教师、家长发现和掌握学生性格的优势及弱势，从而更好地因材施教，开发学生潜能，使学生得到全面发展。

一般情况下学校心理测评与档案管理系统可以分为以下几个模块：

测评模块：用于进行心理健康普查及其他相关的日常心理测试。无论是普查还是日常测试，系统能根据学生的测试结果给出相应的指导意见。

心理档案管理模块：测试完毕后系统将对每个学生的心理档案进行统一的分类归档，便于随时调阅对比和作统计分析。

危机预警模块：对测试出现心理危机的学生，系统将自动地将该学生纳入危机预警系统，提醒老师重点关注该学生的心理问题，及时地给予心理干预，也可以让学生家长参与进来共同关注。

以高中学校的学生为例，测试系统可以选取"高中学生的学习适应"、"生涯发展与价值取向"、"人格特征"等工具，来了解当前高中学生的生涯意识与规划，为高中学生的健康成长和学校开展有针对性的心理服务提供参照和依据。

1. 测试对象：学校在校学生。
2. 测试数量：根据学校实际情况机动确定，比例在5％—30％之间。
3. 测试方式：互联网或局域网测试。
4. 测试结果：团体报告和个别报告在线生成。
5. 测试途径：学校组织协调，通过电脑、手机登录均可完成测试。
6. 测试时间：学生可以在学校规定的时间（如1个月内）内随时随地地完成测试。一般每位学生完成整个测试的平均时间不超过30分钟。
7. 测试内容

（1）生涯发展与价值取向

旨在测评学生的生涯规划意识、生涯情感、生涯认同度，以及生涯信念等。生涯规划意识指的是学生对未来发展的理解程度和重视程度；生涯情感指的是学生对所学专业的热爱程度，以及对未来职业的奉献程度；生涯认同度指的是学生对其所学专业与自我发展的认可程度和接受程度；生涯信念指的是学生对其所学专业和自我成长的坚持程度与目标感的清晰度。

（2）学习适应性

测试学生能否主动调整自身状态以符合学习环境的要求，该测试包含学生基本情况、学习环境与应变能力三个部分。学习适应性是指学生在学习过程中调整自身，适应学习环境的能力倾向。

测试要以关注和提升学生的学习心理状态为宗旨，通过对学生的学习适应性的测试，更加科学地了解和分析学生在学习中存在的优势和劣势，从而帮助学生制订符合自身发展状况的学习计划、探索有效的学习方法，并使其具备良好的学习态度，以提升学生的学习成就感和学业水平。

（3）人际适应

测试以关注和提升学生的人际适应能力为宗旨，通过对学生人际适应能力的测评，了解和发现学生的人际适应特征和人际关系现状，从而及时发现和预防学生可能由于人际关系等原因而出现的各种心理冲突，帮助学生通过各种训练和服务来改善自己的人际适应水平，保持良好的人际适应状况，从而帮助学生与父母、同学、老师以及其他人建立起良好的人际关系。

（三）系统功能

1. 心理测评

通过对学生的心理健康水平、生涯规划意识、学习与社会适应状况进行适时的测试，将测试的结果与学生的自主发展、学生心理档案建设、心理咨询、心理辅导相结合，用评价促进学生的自我了解与自我发展。

2. 教师培训

在学校心理健康教育中，专、兼职教师队伍是最关键的。测评系统和学校心理辅导室紧密结合，除了提供硬件设施的支持外，还要对使用这些硬件和软件设施的老师进行培训，提升他们的专业化水平。

3. 团体报告

定期组织相应的学生参加有针对性的心理测试，除了为学生在线生成测评报告外，还可以同时在线生成团体报告（可以从学校、年级、性别等角度看学生的心理发展状况），供学校开展心理健康教育时使用。

4. 指数发布

测评系统不是一次性的，可以通过定时与不定时地对样本学生进行相关心理测试，形成学生心理发展的动态指数，如"学业适应指数"、"生涯规划指数"、"心理健康指数"等，供学校心理教师和管理人员参考使用，并开展有针对性的心理辅导。

（四）学校心理测评与档案管理系统的服务延伸

以学生发展为根本，从学生成长规律特点和心理发展需要角度出发，关注学生的所思、所想、所喜、所爱，多方面启发和调动学生的积极性，引导和培养学生自主维护自身心理健康的意识与能力，是当前学校心理健康教育的出发点。

学校辅导室的功能区域一般分为个别辅导室、团体活动室、心理测评与档案室、游戏与宣泄室等。这些区域设计与功能布局可以根据学校的不同需求进行个性化设置，学校心理测评结合学校心理辅导室的运作以及学生心理档案的建立可以延伸出以下功能。

发展辅助干预：心理辅导室以发展和教育功能为立足点，注重培养学生积极的心理品质，挖掘心理潜能，促进身心全面健康发展，同时预防和解决发展过程中的心理问题，在应急和突发事件中进行及时和必要的干预。

科学结合实效：根据学生身心发展特点及心理健康教育规律，科学地规划心理辅导室各区域，使其兼具心理测评、心理训练、心理教育、心理咨询、心理游戏、心理放松、心理成长等多重功能，配备专业的心理测评、训练与体验的工具，形成一个完整的系统,让学生在实践体验中切实有效地提高心理素质和心理健康水平。

全体关注差异:学校心理辅导室(中心)在区域规划及功能设置上面向全体学生,可开展针对性的团体/个体活动,同时也考虑和关注个体差异,可以根据不同学生的身心特点和需要开展针对性的心理健康教育和辅导。

学校延伸生活:学校心理辅导室(中心)以学生为心理健康教育和发展的主体,同时充分发挥教师和家长在学生身心成长过程中的重要作用,为学生与教师、家长共同开展活动提供场地和条件,使其对学生心理发展的影响不仅仅局限在学校,更能延伸和辐射到日常生活。

四、学校心理测评动态常模的建立与应用

(一)什么是动态常模

动态常模是相对传统量表中相对固定的常模而言的,是指根据时间、区域和人数等变化对固定常模进行更新和修订的动态过程,增加了测评的准确性与针对性。在大数据应用之前,由于人力、时间和资源的限制,一个量表的常模一旦确定,基本上要沿用几年、十几年甚至几十年,就算研究者和使用者明明知道常模过时想修订,但受这些因素的限制只能"将就"或望而却步。而动态常模就是指随时根据抽样对象、情境和时空的变化对原来量表的常模进行及时修订,并建立新的常模,而这个新的常模也不是固定的,也会随着时空推移再修订,并且间隔的时间和修订的周期都不长,长则1年,短则1个月,如图4.11所示。

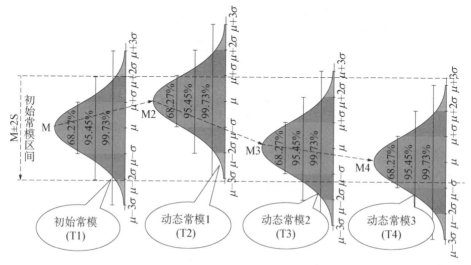

图 4.11 初始常模与动态常模按照顺序时间变化示例

(图中 M2>M>M3>M4,T1、T2、T3、T4 是先后时间顺序)

在图 4.11 中,如果以初始常模为参考(T1 时间),一直不改变,到 T2 时,由于平均数提高(假设标准差一样),就会导致误差加大(如果是心理健康测试,分数越高越好的正向测验,那么有问题的学生就会漏测);而到了 T3 和 T4 时,平均数连续下降,如果依然沿用 T1 时的初始常模,就会出现比较大的测量误差(如果是心理健康测试,分数越高越好的正向测验,那么就会把本来一些没有问题的学生判断为有问题,导致误测)。

(二) 构建动态常模的意义

1. 让心理测评更精确

和其他测评一样,心理测评的基础是要提高评价的可靠性与准确性。通过及时有效地建立动态常模,可以对测试对象因时空变化而导致的心理测试结果的浮动进行有效的抵消和预防,测试时可以用"随时"(比如 1 年或 1 个季度)更新的动态常模来比较,评估会更准确。就像随着一个国家的经济水平的提升,居民的最低生活保障和个人收入所得税的起征点都要提高一样。

2. 常模的持续更新可以避免误用和滥用

当一个量表或测评工具被研发出来,在使用的过程中,常模是重要的参考依据。常模如果不及时更新,一方面参考标准会随着时间的推移和对象的变化导致测试效度的降低;另一方面常模一旦被有意或无意地公开,如不及时修订和调整,就可能被非专业人士滥用和滥测,不利于对测评工具的保护和行业的发展。

3. 对量表不断反思和改进

量表是一定时空的产物,一旦被研制出来,常模就固定了。但量表所对应的样本群体(如中学生),他们的心理状态是在不断发展、变化的。同样是初一学生,当下的和十年前或十年后的初一学生的心理特点有相似之处也有不同之处,尤其是随着网络与经济的发展,他们的学习动力、自我意识、生涯选择以及心理弹性都会出现差异,心理健康教育工作者和研究者只有不断地跟上时代的发展,用辩证与变化的视角去看学生和测评的根据,心理测试的工具和方法才会与时俱进,不断得到丰富和改进。

(三) 构建动态常模的必要性

1. 时空的变动性

一个常模是在一定的时空中对某个代表性群体样本的测试结果,或者说是一个时空交错点的固化结果。个体心理在发展中,会受学校文化、关键事件(如升学、考试、就业或社会公共事件)和家庭氛围的影响,如果忽视这些动态因素的影响,原来的常模就会有误差,所以构建动态常模是对心理测试一个重要的时空补偿。

2. 即时抽样的误差

量表在编制完成后,在测试前,要按照一定的人口统计学标准(如性别比例、年龄层次、文化差异、地域特征等)开展抽样,在根据这些抽样人群的测试结果建立常模时,无论什么样的抽样方式,都会产生抽样误差(指由于随机抽样的偶然因素使样本各单位的结构不足以代表总体各单位的结构,从而引起抽样指标和全局指标的绝对离差),所以为了避免固定常模一次抽样造成的误差,就要根据对象和时空发展建立动态常模,以降低这种误差,从而提高测试的可靠性。

3. 测量的针对性与准确性

无论是心理测量的研究者还是学校心理健康教育教师,在对学生的心理现状做调查分析时,都希望所使用的测验量表的信度与效度是比较高的。要让一个使用很久(如十年以上)而没有进行常模修订的测验量表(如 SCL-90)所获得的结果是准确的,几乎很难完成。另外,一个量表的个别维度对学校心理健康教育的参考性不大,相反学校想了解的信息量表中却没有,所以通过动态常模的修订,不但可以修改量表的题目,而且还可以提高测试的效度和针对性。

(四) 构建动态常模的条件

1. 对象的确定与相对稳定

某个测验和常模都是针对某个特定群体的,所以动态常模一般和固定常模所针对的群体是一致的,至少在某个心理发展特征方面要保持一致。如果测试对象的年龄、区域发生扩大,至少在样本的抽样范围上要包含原来固定常模的抽样范围。这里所说的抽样是指在人数、对象(年龄、文化程度、性别等典型抽样指标)方面保持相对稳定,否则动态常模就失去了比较和参照的意义。

2. 测试的平台与抽样的方式保持一致

在每次动态常模建立的过程中,测试的方式(如电脑程序、手机 APP 或网络)要保持一致,尤其是不能将纸笔测试和网络测试进行比较(虽然有一定的等值性[①],但并不意味着所有的纸笔测试在转换成电脑测试后都是等值的)。另外抽样人数和方式也要保持一致,否则前后动态常模的差异性可能是由于抽样误差导致而非发展与群体差异导致。

---

① 范晓玲,龚耀先,魏勇,等:《EPQ 用电脑与纸笔实施的结果比较》,《中国心理卫生杂志》,2004 年第 18 卷第 4 期,第 276—277、275 页。

3. 测试的组织与流程保持相同

一般测试流程与情境对测试结果会有影响。① 测试过程中小到问卷指导语、大到组织和情境要求等都要保持一致,尤其是要让受测试者明确测试的目的,能够真实、自然地作答。每次动态常模的建立与测试、测试对象的心态和测试情境以及流程(测试的时间、平台、提交与反馈等)都要保持稳定和一致,这样测试结果才具有比较性。

(五) 构建动态常模的流程

1. 时空抽样

在纸笔测验时代,一般一个测试从组织到完成需要几个月的时间。到了网络测试大数据时代,一个测试长则一两周的时间,短则几天或几个小时就可以完成。在动态常模构建的过程中,除了保持测试的平台、对象稳定之外,抽样测试要在固定的时间内完成(如一周,规定中午或放松的时间),抽样的来源在人口统计学指标上也要保持一致(性别、年龄、区域的人数比例),完成的地点、方式也要保持一致或作必要的规定(在家或在学校,用电脑或用手机,各自完成还是集中测试等),以保障测试的稳定性。

2. 动态测试

如图 4.11 所示,T1—T4 分别是常模构建的先后时间顺序。相邻两次动态常模构建的时间短则 1 个月,长则 1—2 年,要根据学校和调查的需要来确定,两次测试的间隔时间不一定要完全相同。另外,如果一个学校要做学校的全样本(假设学校有 1 200 人,男女各 600 人)测试,多数学校会集中测试,如果能够动态测试(如分 4 次测,每季度测试 1 次,每次随机抽样 300 人),就能够得到一个学校学生心理状态的发展轨迹图,如图 4.12 所示。

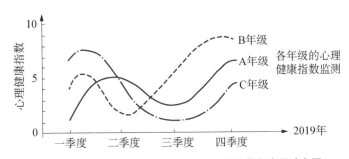

图 4.12 按照时间顺序测试的学生心理健康指数发展动态图

---

① 彭琼,张西平:《赞许动机和测量情境对问卷调查结果的影响》,《体育学刊》,2010 年第 17 卷第 3 期,第 109—112 页。

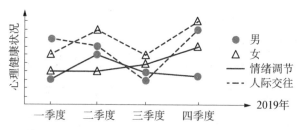

图 4.13　按照时间顺序测试的不同学生群体不同心理发展指标的动态图

另外也可以将 4 次的测试结果按照不同的指标进行比较,如图 4.13 所示。

从图 4.12 可以看出,虽然每个学生只做了一次测试,但通过动态的检测就可以看出学生心理健康状况的发展轨迹,可以及时有针对性地开展心理健康教育工作。另外从图 4.13 可以看出不同时间、不同群体在不同指标上存在的差异,这样就能够比较准确和有效地看出学生心理健康的发展轨迹与特点,及时有针对性地开展心理辅导工作。

3. 数据收集与过滤

在动态测试过程中,一方面要保证测试平台的畅通与安全,另一方面要及时对学生(家长、教师)的测试数据进行收集、归类。在测试过程中要将重要指标,即"完成时间"(即从开始测试到结束测试的时长)记录在数据库中,这对过滤一些无效数据非常有价值。比如在学生通过网络平台做 EPQ 测试时,一般学生需要花 10—20 分钟的时间才能完成,如果有学生花了不到 5 分钟就做完了,显然是在"随机快速"地做选择,没有认真做,对于完成时间少于 5 分钟的个案数据就要过滤掉(时间效度:看个体在完成某个测试时是否达到了一定的时间要求)。另外,有些受测试者,虽然时间效度满足,但在选项上有明显的倾向性(如在"ABC"3 个选项中,95% 的题目选择了相同的选项,或者 ABC 循环选择,有一定的"规律性"),对于这些数据也要过滤。当然为了避免学生在测试中"乱选",测试的宣传和指导语就很重要,让学生在安全、放松和真实的环境中作答非常必要。

4. 数据处理与分析

(1) 常模建立

编制心理测试的一个重要目的就是建立常模。常模是群体在某个发展维度上的平均水平,一般用平均数和标准差($M \pm S$)来表达,如图 4.15 所示。

从图 4.15 可以看出,只要有了数据库,在正态分布图中,某个群体的平均数和标准差(用英文字母 S 或希腊字母 δ 表示,即个体与平均数之间的平均差异),可以通过

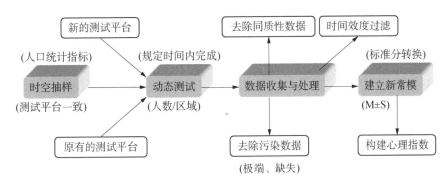

图 4.14　构建动态常模的流程图

M±S 或 M±2S 来确定常模参考范围(正常水平或区间)。

百分位数可简称为"百分位"(percentile 或 percentile value),是一个点位数,即如果将一组数据按从小到大排序,并计算相应的累计百分位,则某一百分位所对应数据的值就称为这一百分位的百分位数。一般可表示为:把一组 n 个观测值按数值大小排列,如处于 p% 位置的值称第 p 百分位数。比如某个学生的心理健康水平测试的得分正好等于平均数,则他的百分位数是 50%(即他累计超越了 50% 的人,或者比 50% 的人心理健康水平要高)。

图 4.15 中的"标准 20"与百分位数相类似,只是划分了 20 个(等距)而已,分别用

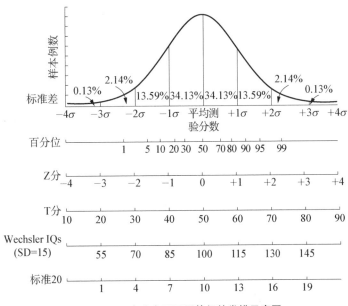

图 4.15　正态分布下不同等级的常模示意图

不同的分数表达了相同的位置：如一个人的心理健康的得分(x)如果和群体平均数(M)相同,那么他的百分位数是50%,Z分数是0,T分数是50(心理健康属于人格测验),"标准20"的得分是10。

Z分数就是指个体的分数与平均分数比高于(或低于)几个标准差(S),T分数可以大于零(或等于零,即个体得分与平均数相等)。一般个人的或某个群体的T分数的计算方式是：$Z=(X-M)/S$,其中X是个人的或某个群体在某个测试上的得分,M与S是参照样本群体的平均数与标准差。

T分数是Z分数的一种转换分数,一般在心理测评中有两种T分数的表达方式,对于人格测验$T=50+10Z$(其中50是样本的平均数,10是样本的标准差),如16PF、EPQ都采用这样的计算方法。对于智力测验或认知测验,$T=100+15Z$(其中100是样本的平均数,15是样本的标准差),如图4.15中的离差智商就采用这种计算方式,像斯坦福-比奈测试(S-B)、韦克斯勒测试(WISC)等智力测验一般都使用这个计算公式,如一个学生的IQ=100,就说明Z=0,而x=M,那么他的百分位数应该是50%(他比50%的同龄人聪明)。

(2) 统计分析

常见的统计分析有回归分析(看哪种因素对心理品质的影响度大)和方差分析(比较不同群体的差异,如男女、年龄、学校、年级、区域等)。举例来说：

如在关于学生社会责任感的研究中[①],从影响学生社会责任感的众多因素的回归分析中可以看出,无论是哪个学段,首先校风的影响因素最大,其次是学习成绩和周边社区环境。分学段来看,在小学阶段,学生的学习成绩、父母文化程度、班级与学校风气对学生的社会责任感影响巨大；到了初中阶段,校风和家庭经济条件成为主要的影响因素；到了高中阶段,校风和社区环境成为主要的影响因素。可见影响学生社会责任感的因素是由小到大、由内向外扩展的,这与学生的发展和人际圈的扩大有关。

另外以方差分析为例,如果要比较不同年级(如七、八、九三个年级)男女(两种性别)学生的人际合作水平的差异,就涉及到3×2=6种变化的方差分析。比如在某次调查中发现[②]：

---

① 杨彦平,2013年上海市教育科学研究规划项目《基于证据和测评的学生社会责任感培养的研究》结题报告(立项编号：B13058)。
② 杨彦平执笔：《2017年常州学生发展报告》,上海市教育科学研究院普通教育研究所。

表4.3 学生社会责任感各年级不同影响因素的回归系数

影响指标	年级				
	1—2年级	3—5年级	初中年级	高中年级	全体学生
回归常数	137.250**	142.547**	136.172**	334.078**	130.137**
1 学习成绩	1.123**	1.855**	1.473**	1.600**	1.523**
2 家庭经济	1.033*	.270	1.891**	2.012*	.312
3 父母文化	2.281**	.313	.786*	.906	.493*
4 校风	1.906*	.890	2.890**	3.191**	2.816**
5 班风	1.604*	1.485*	.202	.316	1.169**
6 社区环境	.677	.721	.212	2.410**	1.109**

注：因变量是"责任感总分"，**表示影响在0.01水平显著，*表示影响在0.05水平显著。另外，回归系数越大，说明对因变量（社会责任感）的影响越大。

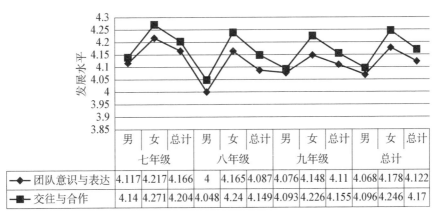

图4.16 学生团队合作精神

从图4.16可以看出，学生总体上"交往与合作"的水平是优于"团队意识与表达"的，但二者整体水平都是比较高的（平均分都在4分以上），年级差别不是很大，但是性别之间的差异比较大，即女孩的团队合作精神要优于男孩。

关于回归分析和方差分析，在组建了数据库之后，都可以在SPSS中进行操作。如回归分析，确定学生因变量为"学生社会责任感"，影响因素（自变量）为学习成绩、家庭经济、父母文化程度、校风、班风等。然后在SPSS"分析"主菜单下面打开"回归"中的"线性"后弹出如下界面（如图4.17所示），点击"线性"之后弹出图4.18的操作窗口。

图 4.17　SPSS 回归分析操作界面　　　　图 4.18　线性回归变量操作子界面

再从左边的变量框中将因变量(社会责任感)和各个自变量分别拖到相应的变量框里,再点击图4.18中的"确定",就可以得到回归方程所需要的数据,如表4.3所示,进而可以作相应的统计分析。

(六) 从常模到指数的构建

在学校心理健康教育研究和工作中,通过某些心理指数(如健康、压力、幸福、动力等)的构建,可以简单明了地看出学生在某些方面的发展变化,由此可以采取及时有效的应对措施或教育策略。通过建立心理测评数据库以及动态常模,可以比较容易地达到这一点。心理发展指数的构建往往有以下几种方法。

1. 叠加法

叠加法就是假设某个心理发展指数的最高值是10,最低是0,1或者2,可以通过一到若干道测试题目的选项得分的叠加(同方向:即分数不能抵消),直接获得该项目的指数(群体的平均值)。

如以学生的学习压力调查为例①,本调查将学生平时的"考试(或测验)的压力感受度"分为1—5个等级(分别代表压力从"很小"到"很大"),同时将学习的心理压力也分为1—5个等级(分别代表压力从"很小"到"很大"),将二者相加即"学习压力指数",其大小在"2—10"之间(分数越高,说明压力越大)。比较各年级的"学习压力指数"可以发现,随着年级的升高,该指数明显上升,即学生的学习压力感受度明显增加。同样

---

① 杨彦平:《2015年上海义务教育阶段学生课业负担调查报告》,《上海教育信息调查大队》,2015年。

将学生平时在学校"读书的心情"分为1—5个等级(分别代表心情从"很不愉快"到"很愉快"),同时将"是否喜欢学习"也分为1—5个等级(分别代表心情从"不喜欢"到"很喜欢"),将二者相加即"心情指数",其大小在"2—10"之间(分数越高,代表学习心情越愉快)。比较各年级的"心情指数"可以发现,随着年级的升高,该指数明显降低,与"压力指数"正好相反,即学生对学习的兴趣或喜好程度降低,如图4.19所示。

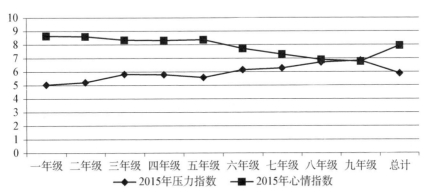

图 4.19 各年级学生"压力指数"、"心情指数"比较

2. 常模等距法

在确定了常模(M±S)后,如果以M±4S为区间,即从−4S到+4S之间划分最高指数为10,然后根据相应的标准差位置确定指数高低,如表4.4所示。

表 4.4 根据常模进行心理发展指数转换

常模参照		−3S以下	[−3,−2)	[−2,−1)	[−1,0)	[0,1)	[1,2)	[2,3)	3S以上
对应指数		1—2	3	4	5	6	7	8	9—10
指数命名	正向	较差		一般		良好		优秀	
	负向	正常		较好		不好		有问题	

备注:正向测试是指分数或指数越高越好,负向测验则相反。

表4.4的指数对应方法与"标准9"法相类似。

3. 百分比对比法

直接拿某个指数比较高的人数百分比作比较,就可以看出某群体在某个时段的心理发展特点或轨迹。如以学生的学业负担感受度为例,问学生:"你当前的学业负担重吗?"选项有4个,分别是"1 很重;2 比较重;3 一般;4 不重",如果学生选"1 很重"就可以判定他的负担重,将不同群体(如小学生和初中生)这一比例的人数计算出来,该选项的百分比越高,就说明学生的学业负担越重,如果把不同年份的该选项百分比都计算出来进行比较,就可以看出学业负担的变化轨迹,具体如图 4.20 所示。

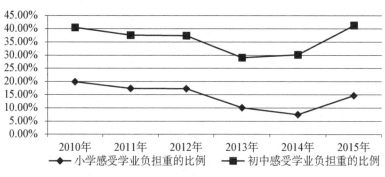

图 4.20　不同年度学生感受课业负担重的百分比比较

从图 4.20 可以清晰地看出,初中学生的学习负担明显比小学生要重,要高出约 20%。另外从发展轨迹来看,在 2010—2015 年期间,2014 年的学习负担比较低,如果这一年采取了具体的减负措施,说明减负效果是明显的。

4. 直接划定等级法

根据里克特问卷设计法,将若干道题目的得分相加,进行等级分类,就可以看出相应的等级比例与变化。以"新型冠状病毒肺炎疫情时期学生的心理调查问卷"为例:

以下 10 道题目,请根据自己在疫情期间的实际情况在每道题目后的"1(非常不符合)至 10(非常符合)"之间的选项中做勾选。

编号	题　目	选项(请在相应数字下打"√")									
		1	2	3	4	5	6	7	8	9	10
1	听到疫情的信息就感觉到紧张。										
2	晚上失眠、睡眠浅或做噩梦。										
3	感觉到急躁或容易发脾气。										
4	感到郁闷和不开心。										
5	食欲不振和胃口不好。										
6	担心疫情会越来越糟糕。										
7	作息紊乱,没有规律。										

续 表

编号	题 目	选项(请在相应数字下打"√")									
		1	2	3	4	5	6	7	8	9	10
8	哪怕做了防护也担心自己会被病毒感染。										
9	情绪低落无法集中注意力。										
10	做什么事情都提不起兴趣。										

请算出自己这10道题的总得分(每道题选几就得几分,如选3就得3分,以此类推),你的总分应该在10—100之间。请根据你的总分,参考以下建议,看自己是否需要心理援助。

以下就是学生做好问卷以后算出分数的等级划分与自我评估参考。

1. 总得分在10—30(良好),说明你在疫情时期心态调节得不错,非常自律和自信,只要保持这样的状态即可,不需要做专门的心理咨询或申请心理援助。

2. 总得分在31—60(比较好),说明疫情对你的心态造成了一定的影响,但你能够自我调节,通过与家人聊天、关注个人爱好等来缓解自己的情绪。希望你能够继续关注自己的情绪与心态变化,增强信心,一定会渡过难关的。

3. 总得分在61—80(不大好),说明疫情对你的生活与心态造成比较大的影响,有时无法通过自我调节来排解,需要获得家人、朋友等的支持来渡过难关,如果你觉得有必要,可以拨打心理咨询热线来寻求帮助,当前很多心理咨询热线都是24小时在线,而且免费。

4. 总得分在80以上(不好),说明当前的疫情已经对你的生活与心态产生了很大的影响,你很难通过自我调节与一般的社会支持来处理,需要借助专业的心理咨询来解决你当前的心理困扰,请及时拨打24小时心理咨询热线,与专业人员沟通,相信你一定能够渡过难关的。加油!

在学校心理健康教育工作中,当缺乏相应的问卷或测评工具时,可以根据实际情况来设计这样的问卷,设定一定的指数,来了解学生的状况,开展有针对性的心理辅导工作。

五、学校开展大数据心理测试流程

(一) 测试目的

通过及时的在线数据更新与测试关联了解学生的心理发展动态,准确检测危机事件或特殊时期对学生心理发展的影响,定位"问题"群体,提供应对方案,促进学校心理健康教育工作高效、有序、有针对性地开展。

(二)测试的意义

心理测量工具(问卷或量表等)与大数据结合,可以提高心理测试的效率与准确性,也可以及时、准确地了解学生的心理发展现状与发展动态,通过数据库的连接,也可以对已经有的前后"时空"的数据作比较分析,了解影响学生心理发展的关键因素,了解个体与某个特殊群体的心理特质,为学校心理健康教育、个别咨询、团体辅导等提供数据与证据支持,提高心理服务效能。

(三)测试的条件

1. 认识到大数据心理测评的意义与价值

在探索与使用大数据进行心理测评的过程中,首先要注意测评理念与意识的转变。心理测试不是一个量表、一次测试或一劳永逸的事,而是借助互联网、大数据、云计算根据学生的发展和学校心理健康教育工作的需要进行顶层设计,灵活、有效、定期地挖掘与储存数据资源,开展以问题、发展和需求为导向的心理测试,将"点测"数据连成"线",用"线"的数据积累来综合、准确地了解和分析学生的发展状况以及可能出现的影响因素,运用测评与数据来定位学生、家长以及老师的心理诉求与发展状态,开展有针对性的心理健康教育与服务,同时提升学校的办学品质和心理教师的专业素养。

2. 学校有在线测试平台与数据库积累

随着互联网的普及与大数据的应用,云计算平台与技术也越来越成熟,通过问卷星等在线做调查已经非常便捷。但"免费"的在线调查不等于大数据,学校可以通过租用和购买服务器(便于储存数据且更为安全)的方式,构建自己的数据平台,将不断积累的数据进行连接和运算,发现和查找规律,这是大数据心理测评的根本。学校心理健康教育工作者与学校管理者可以将学生的学籍档案、综合素质评价、生涯发展以及心理测试的信息进行整合储存,避免重复性的登录和数据收集,同时根据需要,对特定的学生或群体进行在线心理测试(每年 1—2 次,每次测试时间不宜太长,一般半小时左右,与动态常模的建立方式相同),在线形成报告与统计报表(如百分比、平均数与标准差、交叉分析表等,可以根据需要事先进行程序设计),及时得到测评信息,进行有效的心理教育与决策。

3. 使用专业的心理测评工具与问卷

大数据心理测试应该是一个开放的平台,测试的工具应该是专业的或者经过筛选和精心设计的,在不断的测试和使用过程中,还要对测试的工具、题目进行完善、更新和补充。对于测试的量表要使用有版权、经过本土化修订且有参照常模的;对于问卷,必须符合区域文化或本校学生的特点和需求,最好是经过精心设计的问卷,这样收集的数据才可能是有意义和有价值的。所以心理测试的数据不在于多,而在于精和典型,避免重复测试与数据污染,否则会影响测试的信度与效度。使用专业的量表和问卷,既是测试规范的要求,也是测试伦理的规定,是学校心理健康教育工作者与研究者都要遵守的。

(四)大数据心理测试的过程

1. 确定测试内容,在线组织抽样测试

在组织学生或特定对象进行心理测试或在线心理调查时,首先要选择适合他们的测试工具或问题。为了减轻被调查者的负担,如果是团体报告,可以采取抽样调查的方式(如果不是出个人报告,可以不署名,但是无论是否署名,通过数据平台还是可以知道具体的测试者,所以测试数据的保密与安全工作是非常重要的。署名或通过相应的账户与密码登录测试,抽样被试在作答时会相对真实与认真)。无论是何种在线测试方式,参加测试的人都应该一视同仁(集中还是分开测试,通过手机 APP 还是用电脑网页测试,应该事先确定好),保障测试的公平与数据收集的安全性、有效性。

2. 及时的数据更新与在线数据处理

在线测试可以分时段、分批次组织被试来完成,一般每个被试完成测试都是一次性的,人格测验的时间相对比较宽裕,根据个人反应如实填写完成提交即可。如果是认知测试,则对时间的要求是非常精确的,要按照"一表一则"(每个测试量表都有自己的测试规范与准则,以及计分方式和常模参考等),通过专门的程序处理。对于按照要求完成的测试数据要及时在线收集和处理(如表 4.5 所示)。

表 4.5　2020 年疫情时期某在线平台参加心理调查人数即时统计[①]
完成测评的总体情况

日期	疫期 v1	疫期—通用	疫期—学生	疫期—家长	疫期—教师	完成测评人次
2020 - 02 - 08	742	0	0	0	0	742
2020 - 02 - 09	338	0	0	0	0	338

① 本表由上海新趣科技公司提供。

续表

日期	疫期 v1	疫期—通用	疫期—学生	疫期—家长	疫期—教师	完成测评人次
2020-02-10	738	0	0	0	0	738
2020-02-11	195	0	0	0	0	195
2020-02-12	306	0	0	0	0	306
2020-02-13	34	32	0	0	0	66
2020-02-14	0	159	7 968	0	0	8 127
2020-02-15	0	1 140	16 806	0	0	17 946
2020-02-16	0	190	7 093	0	0	7 283
2020-02-17	0	148	6 278	0	0	6 426
2020-02-18	0	334	11 370	2 268	1 536	15 508
2020-02-19	0	397	9 355	1 481	361	11 594
2020-02-20	0	290	4 504	817	268	5 879
2020-02-21	0	267	5 362	1 203	70	6 902
2020-02-22	0	114	3 968	83	44	4 209
2020-02-23	0	104	4 650	686	155	5 595
2020-02-24	0	34	1 704	203	23	1 964
	2 353	3 209	79 058	6 741	2 457	93 818

3. 根据程序在线生成个人报告与团体报告

通过在线测试与数据平台,等测试结束后,可以直接生成个人报告与团体报告。

个人报告一般包括:(1)基本信息:姓名、性别、年龄、班级等;(2)测试结果:根据量表常模,给出基本的心理测试维度与结果;(3)建议信息:针对个人的测试结果,给出一些基本的心理健康维护的建议等。

团体报告一般包括:(1)测试群体的基本情况:测试人数、不同群体的人数比例(如性别比例、年级比例等人口统计学指标);(2)测试结果:不同群体在心理测试中不同指标的测试结果(不同等级的百分比,每个指标不同群体的 $M±S$ 等),可以用柱状图、折线图等方式呈现;(3)基本结论与对策建议。

在线的个人报告与团体报告可以事先根据测试的问题、量表的常模等进行结构化的设计,但个性化的报告还需要学校心理专业工作者根据数据库作进一步的推论分

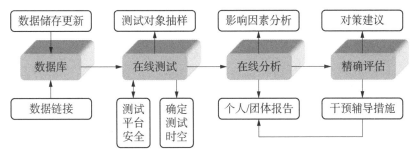

图 4.21　大数据心理测评流程图

析,不能完全由电脑和程序取代。

六、学校在线心理测试编程举例

学校如果有自己编制的、被授权使用或购买的量表(题目、计分、常模与参考解释等),如何在线生成个人报告与团体报告,即如何将一个测试工具"移植"成为即时在线生成结果与数据报告的产品,是需要专业心理教育工作者与网络工程师"联合办公"的。下面就以教师"心理健康测试量表"为例,说明如何设计"在线测试与生成个人报告"的图纸,并交由网络工程师来完成在线产品,如图 4.22 所示。

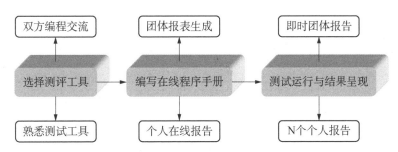

图 4.22　学校在线心理测评编程工作流程图

(一)"打包"提交量表

一个完整的量表应该包括:标题、指导语、题目(选项)、维度、计分方式、常模、具体解释和相关建议等。学校心理教师要根据量表的结构与计分要求等进行程式化的设计(如不同维度、不同等级的解释与意义表述)。

比如教师心理健康测试量表包括:情绪表达、适应行为、挫折应对、人际交往 4 个维度,最后有一个"心理健康总分"。每个维度包括 5—10 道题目,每道题目都有 5 个选项(从"不符合"到"完全符合")。

(二) 撰写个人报告编程说明

1. 提供心理健康量表和以年龄、性别为区分的常模参照

表 4.6 心理健康量表各维度的常模

性别	年龄段		情绪表达	适应行为	挫折应对	人际交往	心理健康总分
男	30岁以下	均值M	37.227 6	37.054 4	34.607 3	37.037 1	225.258 8
		N	1 727	1 727	1 729	1 727	1 727
		标准差S	6.142 64	5.780 40	5.264 00	6.401 93	30.330 14
	31—35岁	均值M	36.673 6	36.351 1	34.187 9	36.224 8	222.358 7
		N	4 204	4 204	4 577	4 204	4 204
		标准差S	5.964 33	5.703 93	5.074 07	5.978 64	30.066 88
	36—45岁	均值M	36.944 2	36.693 9	34.465 0	36.901 0	224.242 2
		N	2 849	2 849	3 030	2 849	2 849
		标准差S	6.062 59	5.809 39	5.039 03	6.187 67	30.517 60
	45—55岁	均值M	37.295 0	36.886 8	34.757 7	37.505 3	224.452 8
		N	1 122	1 122	1 296	1 122	1 122
		标准差S	5.999 95	5.780 45	4.971 88	6.077 59	30.070 98
	55岁以上	均值M	36.279 5	35.598 5	34.024 6	36.955 5	216.950 5
		N	1 213	1 213	1 258	1 213	1 213
		标准差S	5.602 35	5.500 79	4.492 92	6.162 65	27.501 56
	总计	均值M	36.852 2	36.523 6	34.368 4	36.736 2	222.931 1
		N	11 129	11 129	11 904	11 129	11 129
		标准差S	5.988 95	5.743 94	5.030 59	6.143 89	30.049 27
女	30岁以下	均值M	35.639 1	35.777 2	34.096 7	36.073 3	219.406 2
		N	3 203	3 204	3 206	3 204	3 203
		标准差S	6.057 88	5.684 41	5.074 85	6.074 92	29.355 30
	31—35岁	均值M	34.853 9	35.074 3	33.497 7	35.360 0	215.125 2
		N	3 875	3 875	4 551	3 875	3 875
		标准差S	5.844 38	5.453 01	4.835 30	6.008 06	29.288 84
	36—45岁	均值M	35.273 8	35.604 8	33.766 0	35.992 8	217.417 2
		N	2 900	2 900	3 261	2 900	2 900
		标准差S	6.002 14	5.552 88	4.855 98	6.052 74	29.897 60

续　表

性别	年龄段		情绪表达	适应行为	挫折应对	人际交往	心理健康总分
	45—55岁	均值M	36.313 4	36.370 5	33.981 4	36.448 8	219.770 5
		N	1 085	1 085	1 287	1 085	1 085
		标准差S	5.733 75	5.255 73	4.779 72	5.923 75	28.420 34
	55岁以上	均值M	37.418 5	37.048 5	34.632 4	38.259 9	223.533 0
		N	227	227	253	227	227
		标准差S	6.342 46	5.928 21	4.649 98	6.158 55	30.094 87
	总计	均值M	35.376 4	35.573 6	33.792 1	35.885 6	217.538 7
		N	11 297	11 298	12 565	11 298	11 297
		标准差S	5.968 37	5.553 18	4.900 64	6.052 75	29.463 03

2. 常模T分数的换算

T＝50＋10(x－M)/S；其中x是某个测试者在某个维度的原始总分，M为该测试者所在群体（以性别与年龄为参照）在该维度总分的平均数，S为标准差。

3. 对T分等级进行解释

表4.7　各维度的T分等级解释

T分数		≤30	(30—40]	(40—60]	(60—70]	＞70
等级解释	量表总分	亟需改进	需改进	适中	良好	优秀
	分量表	亟需改进	需改进	适中	良好	优秀
	亚伟度（正）	亟需改进	需改进	适中	良好	优秀
	亚伟度（负）	亟需改进	需改进	适中	适应良好	正常

4. 各分量表解释

表4.8　心理健康各维度的等级解释

原名称	情绪表达	适应行为	挫折应对	人际交往
内涵解释	指您平时对自己负面情绪的控制、调节以及对积极情绪的表达的能力。	指您在面对生活、工作变化时的心理状态，能否积极应用心理资源和社会支持的能力。	指您在面对困境、挑战与烦恼时的应对能力，能否有效化解和积极面对。	指您在工作、家庭和社会各个领域与不同对象进行交往和沟通的能力，能否有效应对。

续 表

	原名称	情绪表达	适应行为	挫折应对	人际交往
等级解释	需改进 (T≤30)	您的情绪波动非常大，碰到不顺心的事情容易灰心失落。伤心、焦虑和悲观的情绪似乎和您形影不离……	您感觉很难适应当前的工作与生活，工作效率低下，感到生活一团糟，很难集中注意力去做一件事……	您在工作中碰到不顺心的事情非常容易气馁或放弃。面对挑战和困境时感到自尊心受挫，很容易焦虑和烦恼……	您是一个不善于或者不喜欢与他人交往的人，会感到孤独与无助，有很强的失落感……
	较差 (30＜T≤40)	……	……	……	……
	适中 (40＜T≤60)	……	……	……	……
	良好 (60＜T≤70)	……	……	……	……
	优秀 (T＞70)	……	……	……	……

5. 心理健康总分解释

表4.9　心理健康总分T分等级解释示例

	等级描述	等级T分数	具体解释
心理健康总分	亟需提升	T≤30	您可能会对日常生活中发生的事情持有比较偏激、消极的看法，对未来缺乏信心。平时也更多地感受到消极的情绪体验，而且当心情不好时，坏心情对自己的影响较大、时间较长，也很难自己调整过来。……更多的心理、专业与社会支持，切实改变当前不顺心的状态。
	有待提升	30＜T≤40	您会对日常生活中发生的某些事情持有比较偏激或消极的看法，对未来的信心不是很足。您情绪状态也不是很好，且这种坏心情也会影响您较长时间，不过您要相信自己最终能调整过来。……所以您需要梳理自己的情绪，列好工作计划按部就班地进行，去努力寻求更多人的支持，相信一切会好起来的。
	处于中等水平	40＜T≤60	您对很多事情的看法都与周围的人一样。您对未来具有一定的信心，处理事情基本上能以客观的态度来对待。在遇到挫折或让您生气的事情时……建议您多尝试发掘自己的潜力，主动与人交往，树立自信，您会很棒的。
	良好	60＜T≤70	您当前的工作、生活与情绪状态较好，对各种事情都持有比较客观、理性的看法。您经常能看到事情积极的一面，即使发生一些不好的事情，……希望您继续保持这种乐观的品质，用积极的心态面对新的挑战，您可以做到的。

续表

等级描述	等级 T 分数	具 体 解 释
心理健康总分 非常好	T>70	您当前的工作、生活和情绪状态处在非常好的水平,请继续保持。您对待事物的态度乐观、积极、主动。对于未来,您有非常强的信心和信念……希望您在工作上一如既往地表现良好,继续保持身体、心理各方面的健康状态,去创造属于自己的精彩世界,您一定可以做到!

6. 对个人报告的编程要求

(1) 个人基本信息;

(2) 量表简介;

(3) 4 个分测验的测试结果[分测验解释＋分测验图示(条形图或柱状图)＋亚维度的等级图];

(4) 量表总分解释(总分结果与柱状图＋4 个分量表的 T 分数雷达图)。

(三) 生成个人报告举例

1. 个人基本信息

在生成的个人报告中,基本信息包括姓名、性别、年龄以及测试日期等,使人一目了然。生成个人报告的相关要求(给网络工程师)如图 4.23 所示。

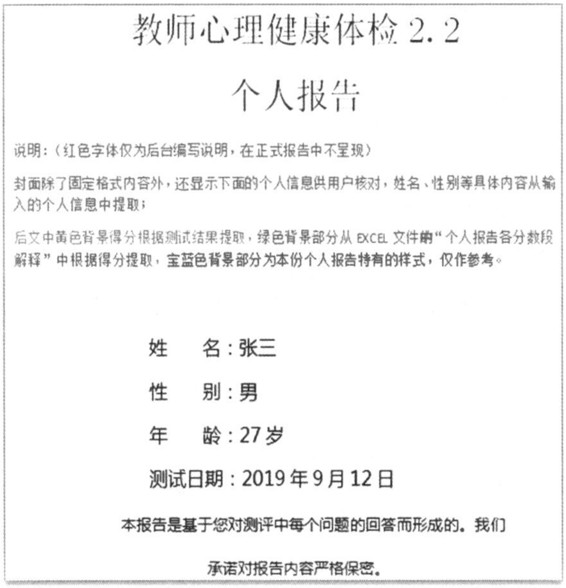

> 教师心理健康体检2.2
> 个人报告
>
> 说明:(红色字体仅为后台编写说明,在正式报告中不呈现)
>
> 封面除了固定格式内容外,还显示下面的个人信息供用户核对,姓名、性别等具体内容从输入的个人信息中提取;
>
> 后文中黄色背景得分根据测试结果提取,绿色背景部分从 EXCEL 文件的"个人报告各分数段解释"中根据得分提取,宝蓝色背景部分为本份个人报告特有的样式,仅作参考。
>
> 姓　　名:张三
> 性　　别:男
> 年　　龄:27 岁
> 测试日期:2019 年 9 月 12 日
>
> 本报告是基于您对测评中每个问题的回答而形成的。我们承诺对报告内容严格保密。

图 4.23　教师心理健康个人报告基本信息与编程要求

2. 根据测试结果,出具个人在心理健康各维度的示例图与解释

在编程时,个人报告在心理健康量表各维度的解释要根据表 4.8 进行匹配,生成个人在心理健康各维度的示例图与解释,如图 4.24、图 4.25 所示。

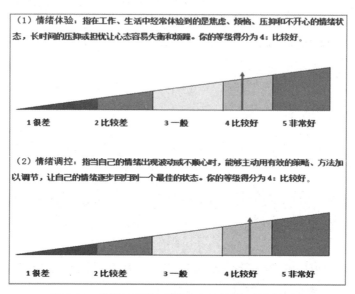

图 4.24　教师心理健康子维度个人报告解释与图示 1

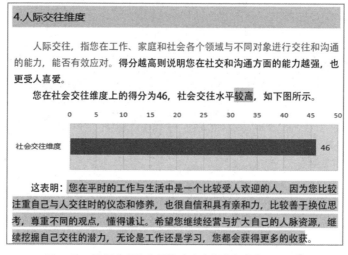

图 4.25　教师心理健康子维度个人报告解释与图示 2①

---

① 图 4.25 中阴影部分内容是根据等级得分匹配而来的,每个人得到的表述会由于分数不同而不同。

3. 根据个人心理健康等级水平,给出相应建议

心理测试的目的不是给受测试者贴标签,而是帮助学校了解学生的心理发展特点,同时本人也可以进行自我认识,发现特长与特点。因此给出积极的建议是必要的。如以教师心理健康测试为例,可以根据每个人不同的得分等级给出具体的建议。以下就是教师心理健康测试个人报告建议示例:

"您可以在平时通过一些方法来放松神经,缓解压力,调整和改善自己的情绪状态,从而达到维护身心发展的效果。以下是音乐放松法和想象放松法,希望能对您有所帮助。

(1) **音乐放松法**:当您感到紧张、焦虑、恐惧时,可以选择一首自己喜欢的音乐,不论您选择什么乐曲,只要您听了感觉轻松愉快就行。使自己安静下来,躺在床上,或稳稳地坐在椅子上,将音响音量调好,闭上眼睛,此刻心中不再想任何烦恼的事情,集中精力听音乐。进行音乐放松可播放2—3首曲目,时间可持续10—30分钟,每日1次。

(2) **想象放松法**:集中您的注意力,开始想象。如果您喜欢海洋,那您就想象自己坐在一条大船上,蔚蓝色的无边大海在金色的阳光下闪烁着点点光芒。微风吹来,您感到非常舒适。您将写好的一张小纸条"祝自己能成功战胜压力",放进一个小小的漂流瓶中,将小瓶子扔进大海。您看着它渐渐漂远,直到看不见……坚持每天做这样的想象放松3次,每次持续10分钟左右,将会较快地帮助您舒缓心情。

第五章 学校常用的心理测验量表与技术

第一节 如何选用和识别量表

在学校心理健康教育工作中,尤其是在个别咨询与学生心理发展状况调查中,经常会使用和选择一些专业的测试工具或量表。由于版权的保护或专业量表研制的烦琐,加之互联网的普及,学校心理测量领域的工具是鱼龙混杂,真假难辨,给学校心理工作者使用这些工具带来了困扰和麻烦。如果量表选择不当或使用了"盗版"和粗制滥造的测试工具,不但会浪费时间、精力,更会得出错误的结论,误导心理健康教育工作。所以选择和使用合适的专业的测试量表对学校心理健康教育是非常重要和必要的。

以下就是一个专业测试量表应该包含的要素,也是选择量表时的关键参考因素。

一、明确的测试目的

(一) 作者与名称

每个专业的量表都是研究者(作者)及其团队经过多次实践、修订之后而推广使用的,研制一个好的量表,短则几个月,长则几年甚至几十年。量表有作者的署名是对研发者的尊重也是对版权的保护。另外量表的标题也很讲究,一般会用作者的名字或者比较中性的名称,如韦克斯勒测验(WISC)、卡特尔16种人格测验(16PF)等,一般很少直接通过量表名称告知测试的内容,避免给被试某种暗示,如 MMPI(明尼苏达多项人格测验),从量表标题看不出测什么,其实它一个很重要的功能就是进行临床精神卫生诊断。

(二) 目的与对象

专业的量表在编制之初就一定有它的目的：筛查、诊断或发展评估。只是在后来的使用过程中会被拓展到其他用途(如自我了解、人才选拔、入学面试等)。另外，所有的量表都有明确的使用对象，比如针对性别差异和年龄特点都有具体的说明，没有一个量表是适合所有人的。如果一个量表对使用对象没有作年龄、性别以及文化背景方面的说明与限制，一定是有问题的。

(三) 时间与出处

量表是一定时空下的产物，一定有研发(或修订)和出版的时间，以及对出版地和使用范围的说明。一般量表的使用期限是10—20年不等，使用前要经过授权，一方面是量表在使用过程中题目会逐渐泄露，另一方面是人类在发展，时代在进步，会不断出现新问题、新情况，原有的题目经过一段时间之后将不再适合，需要进行补充完善或修改。如果量表没有提供修订或研制的时间是有问题的，有可能是盗版或随便编造的。

二、有使用规范要求

(一) 计分与解释

在多数情况下，量表的名称、研发者、出版日期、题目等信息通过文献或网络都可以查到。如果是正式授权使用的量表，其中的计分方式(如题目对应的结构、正向还是负向计分等)和结果的解释都有说明。另外，对于具体的解释很多量表会分年龄和性别(如智力测验)。

(二) 范围与限定

每个量表都有自己的使用范围，如果超出使用范围就会出现误差，导致误测与滥测。以瑞文推理测试为例，使用对象是5.5—70岁的人，如果给5岁以下的儿童和70岁以上的老人做是不合适的，结果也是不可靠的。在学校心理健康教育工作中，多数使用的是发展性评估与筛查量表(如心理健康自评量表SCL-90)，很少使用诊断量表(如汉密尔顿抑郁量表：Hamilton Depression Scale,简称HAMD)，因为诊断量表的使用规范更加严格，需要具备一定的资质，因此一般在精神卫生机构使用。

三、有明确解释标准和依据

（一）理论依据和维度

任何一个量表都不是凭空捏造出来的，都是根据一定的理论依据编制的，如加拿大心理学家戴斯（J. P. Das）编制的智力评估的认知测验 CAS 测试，其理论依据就是神经心理学。另外，每个测试量表都有基本的结构（维度），目的是为了提供测试的效度（准确性）和广度。如韦克斯勒儿童智力测验从第一版的 2 个维度，到第四版发展到 4 个维度，16PF 有 16 个维度，EPQ 则有 4 个维度。

（二）测试的信度

一个专业的量表，在编制过程中，会有严格的抽样和人数要求，只有具有一定的样本量后，所编制的常模才具有代表性，测试的信度（稳定性、可靠性）才有可能高。在典型的心理量表手册中，所使用的抽样方法、人数以及信度（系数）都要有报告。一般量表的内在一致性系数大于 0.9，其信度才是比较好的。

（三）测试的效度

效度是量表关键的核心指标，抽样的典型与信度的提升，都是为了让量表有高的效度（准确性、有效性），这样使用量表所取得的数据或结果才是有参考价值的。如果一个量表的效度很低，就算有高的信度，其解释性也是比较差的。相较而言，认知测验的效度（一般效度系数在 0.3—0.6 之间，好的可以达到 0.7 以上）要高于人格测验的效度（一般效度系数在 0.2—0.4）。也就是说即便是好的认知测验（如斯坦福-比奈量表），其结果的解释率也不过 70%—80%，而人格测验的解释率大约在 30%—40%。所以靠一个测验工具或者一次测试要得到好的评价结果是有难度的。如果一个测验对测试效度不提供或者虚报效度指数都是不可靠的，因此要谨慎选择与使用测试。为了提高测试效度，可以通过组合使用量表的方式加以解决。

（四）参照常模

常模就是解释的标准和依据，通常指样本群体平均达到的水平，用"平均数±标准差"（M±S）来表示。一定样本量的抽样测试就是为了建立常模。具体常模的换算与表达方式见第二章第二节以及第四章第二节。建立常模会花费比较多的人力、物力，在很多情况下，一个量表的常模都是保密的，除非授权。如果是购买使用量表，主要是购买使用版权（有常模）。有些量表或测试工具，在没有使用和抽样测试之前，所设置的标准只能是理论上的等级评定，这样的测试工具所得到的结果只能是参考，不能用作诊断分析。如果一个量表没有报告常模（购买版权），则要谨慎选择。

(五) 是否出版

一个专业的量表从编制、使用到正式推广是一个比较漫长和严谨的过程。即使是在大数据时代,编制的测验也一定要经过相应的评审(如专业团体的证明)或出版(如专业杂志、书籍中的介绍等),在专业领域得到基本的认可,使用起来才有底气和保障。如果只是几道题目,随便地划分等级,也没有经过任何的测试与评估,这样的"量表"不用也罢。所以在学校心理健康教育与辅导工作中,选择有版权或经过出版认可的量表才是可靠的。

第二节 学生认知发展测验

一、学校需要什么样的学生认知发展测验

根据对心理测验工具发展历史的分析和对学生认知发展工具的梳理,以及对于基于学生学习素养的认知发展水平的评估,采取的评价工具必须从以下几个方面综合、均衡考虑。

(一) 当前学生认知发展评价的基本维度

1. 工作记忆(数字、序列)

所谓工作记忆,是指学生在完成认知任务的过程中将信息暂时储存的系统。工作记忆可以被理解为一个临时的心理"工作平台",在这个工作平台上,学生对信息进行操作处理和组装,以帮助他们理解语言、进行决策及解决问题。可以将工作记忆理解为对必要成分的短时的、特殊的聚焦。

工作记忆是一种假设,某种形式的信息的暂时存储对许多认知技能来说是必须的(如理解、学习和推理等都需要将信息暂时存储,即工作记忆的认知技能)。认知心理学提出了有关人脑存储信息的活动方式,人脑作为一种信息加工系统,把接收到的外界信息经过模式识别后再加工处理而放入长时记忆中。

在学生的工作记忆评估中,数字广度、数字与字母的匹配、顺序记忆都可以作为重要的评估指标。

如在工作记忆测试中有一项测试叫"模糊记数":在 5×5 的格子上随机呈现1—2种颜色的点4—10个,持续1秒左右,让被试记住每种颜色点的数量,并记录反应时间。计分方法是:根据题目难度,5秒之内做对一道题得2—4分,做错得0分,共12项任务。

工作记忆的时间很短,选择正确时的反应也能显示个体的工作记忆水平和能

力。① 个体的工作记忆的加工速度随着年龄的增加在提高(即正确选择的反应时间减少)。以"模糊计数"的某题为例(同时在电脑屏幕上呈现4个红点和2个绿点,持续500毫秒,让被试选择),记录下每个年级这道题目选择正确的被试所用的反应时间(具体如图5.1所示)。

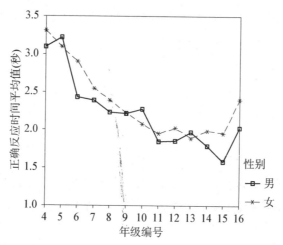

图 5.1　各年级在"模糊计数"(6个点)上选择正确的反应时间

2. 言语推理(语言、数理)

学生语言的学习和推理能力的发展,是评估其认知发展状况的主要标志。国外有许多心理学家通过实验证明,语言学习的有效性有赖于心理上的成熟。其中,福斯特的研究具有独到之处。他为了弄清楚言语—记忆水平对学习和解题的影响,把智龄作为学生能否学习的重要标志。他的实验表明,学生阅读—记忆的能力一般在智龄5岁时开始出现。不做好这方面的心理准备,阅读—记忆就不能顺利进行。

推理能力是解决问题的前提,学生是否做好推理上的心理准备,直接影响到其学习是否能顺利进行。在国外,心理学家对学生的推理能力做过很多方面的研究。有的实验认为,3—5岁的儿童已经能迁移自我发现的概念,并根据先前的经验进行推理,以运用于新问题的情境之中。这就是说,当问题的复杂性与个体的成熟水平相适应时,3岁的儿童已具备了推理的条件。有的研究者不同意这种看法,认为推理是一种比较高级的心理活动,它需要个体达到一定水平的成熟,而3—5岁的儿童还不具备这些条件。尽管对这一问题争论颇多,但有一点是一致的,那就是个体推理能力的发展

---

① 杨彦平:《工作记忆测量及Baddeley4成分模型验证》,西南大学博士后论文,2011年,第29页。

是随着年龄的递增而加强的。年龄越小,成熟水平越低,推理能力越差;相反,年龄越大,成熟水平越高,推理能力越强。

3. 知觉加工(空间、符号)

当外部刺激或信息经由感觉器官进入人的大脑时,大脑根据感觉材料的性质及储存在记忆中的原有的知识和经验,对这些材料进行加工,然后形成印象或知觉,这就是知觉加工。心理学研究发现,过去的知识、经验和现实刺激都是产生知觉所必需的。总体上说,过去的知识和经验主要是以假设、期望、图式的形式在知觉中起作用。人在知觉时,接受感觉信息的输入,在已有经验的基础上,形成关于当前刺激是什么的假设和期待。知觉信息就是在这些假设、期待的引导和规划下形成的。

知觉在加工过程中表现出几个特性:整体性、恒常性、意义性和选择性。整体性是指学生对物体整体的认识通常要快于对局部的认识;恒常性是指尽管作用于学生感官的刺激在不断地变化,但学生所知觉到的物体却保持着相当程度的稳定性;意义性是个体对事物的知觉通常是和赋予它的意义联系在一起的;选择性是个体在观察两歧图形时常常会在不同的两个图形知觉中来回转换,这说明在知觉过程中存在着竞争。

学生的知觉加工水平随着其年龄的增加在不断提升,具体包括图形识别、空间概念、矩阵推理等。

(二)学生认知发展现有的评估方法

对学生的认知评估,由于受其认知发展水平和表达能力的限制,可以根据其具体的年龄选择个别测验和/或团体测验来进行。对于6岁以下的学生基本采取的是个别测验的形式;对于6岁以上的学生可以采取团体测验与个别测验相结合的方式。另外,根据不同认知发展理论,学生的认知评估方法和测验形式受测验内容与工具的限制。

随着计算机网络和大数据的发展,对学生的认知评价可以借助计算机程序和网络,使得收集信息和开展测试的效率更加便捷。但由于受学生认知水平和测验工具的限制,网络在学生认知发展方面的评价还需要进一步完善和开发,尤其是个别测验。

二、常见的学生认知评估工具

(一)韦克斯勒测验(WISC)

本测验工具是由美国心理学家大卫·韦克斯勒(D. Wechsler)编制的[①],1949年

---

① 陈海平:《韦氏儿童智力测验第四版的修订及其对智力测验开发的启示》,《宁波大学学报(教育科学版)》2008年第30卷第6期,第37—42页。

出版后,成为继比奈量表之后,世界上应用最为广泛的个人智力与认知发展的测试量表之一,其适用对象为6—16岁的学生。韦克斯勒认为,智力是个人有目的地行动、理智地思考以及有效地应付环境的综合能力。他在量表中设计了12个分测验,用来测量学生的各种能力。这12个分测验分为言语量表和操作量表两个部分。言语量表包括常识、背数、词汇、图片排列、积木图案、拼图、译码、迷津等测验。其中译码分为译码甲和译码乙,译码甲为8岁以下的学生使用,译码乙为8岁和8岁以上的学生使用。译码测验和背数测验不是必做的,只是作为替换测验,在某一类测验因故失效时使用。每个分测验题目的编排由浅到深,言语测验和操作测验交叉进行,使整个测验生动有趣,富于变化,有利于学生使用。完成整个测验通常需要60—90分钟。2003年,美国出版了第四版,2006年,中国大陆修订了第四版(如图5.3所示),使用需要经过培训和授权。

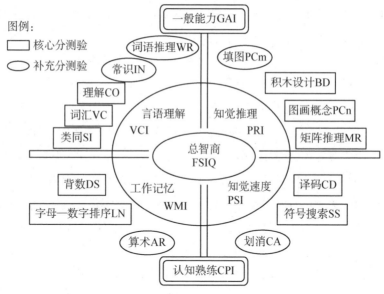

图5.2 韦氏儿童智力测验第四版(WISC‑Ⅳ)分测验

(二) K—ABC测验

考夫曼学生成套评估测验(Kaufman Assessment Battery For Children,简称K—ABC)发表于1983年,是美国心理学家考夫曼夫妇(A. S. Kaufman & N. L Kaufman)根据认知心理学、神经心理学以及临床研究的最新成果编制而成的。它反映了当代智力理论和测验编制方法的最新进展,并且该测验适用于听觉障碍、言语障碍、情绪障碍、

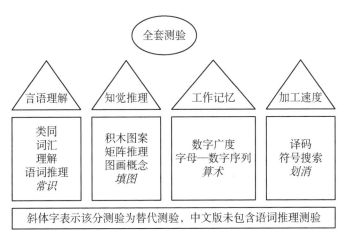

图 5.3　韦氏儿童智力测验第四版(WISC‑IV)结构

弱智及学习障碍的学生,目前已成为美国三大最受欢迎的学生认知测验之一。K—ABC测验的适用年龄范围是 2—12 岁的儿童。施测方法为主试先要根据受测者的年龄从 16 个分测验中选择 7—13 个分测验进行测试。年龄越大需要测试的分测验越多,但最多不超过 13 个。

表 5.1　K—ABC 测验的量表结构

智力加工组合量表		成就量表
继时加工量表	同时加工量表	
3. 动作模仿(2.5 岁)	1. 图形辨认(2.5—4 岁)	11. 词汇表达(2—4 岁)
5. 数字背诵(2.5—12.5 岁)	2. 人物辨认(2.5—4 岁)	12. 人地辨认(2.5—12.5 岁)
7. 系列记忆(4—12.5 岁)	4. 完形测验(2.5—12.5 岁)	13. 算术(3—12.5 岁)
	6. 图形组合(4—12 岁)	14. 猜谜(3—12.5 岁)
	8. 图形类推(5—12.5 岁)	15. 阅读发音(5—12.5 岁)
	9. 位置记忆(5—12 岁)	16. 阅读理解(7—12.5 岁)
	10. 照片系列(6—12.5 岁)	

(三) IPDT 测验

IPDT 测验(Inventory of Piaget's Developmental Tasks)是建立在皮亚杰的学生认知发展理论基础上的认知发展水平诊断工具,是由中国科学院心理研究所方富熹于 2004 年编制的。测查对象为 7—15 岁的小学生和初中生。测查内容分为 5 大问题领

域,每个问题领域包括 3—5 个子测验,共 18 个子测验。具体包括:

守恒:数量守恒、重量守恒、容积守恒、长度守恒;

表征:水平面表征、符号表征、观点表征、运动表征、投影表征;

关系:顺序关系、排列关系、传递关系;

分类:类比推理、类相交、类包含;

规律:旋转问题、角度问题、概率问题。

(四) 团体儿童智力测验(GITC)

团体儿童智力测验(the Group Intelligence Test for Children,简称 GITC)由华东师范大学的金瑜教授编制,于 1996 年发表。鉴于传统的比奈式智力测验仍有应用价值,我国的中小学对于大规模快速施行的团体智力测验有非常迫切的需求,金瑜在参考韦克斯勒儿童智力量表的结构和编制方法的基础上编制了这套量表。

GITC 适用的年龄范围是 9—18 岁的中小学生。整个测验由语言量表和非语言量表两个部分组成,共有 10 个分测验,其中常识、类同、算术、理解、词汇 5 个分测验属于语言量表,辨异、排列、空间、译码、拼配 5 个分测验属于非语言量表。该测试采用纸笔测验的方式,所有的题目均采用单项选择题的格式(即从 5 个选项中选择 1 个最恰当的作为答案(如图 5.4 所示)。

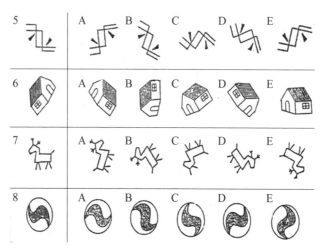

图 5.4　GITC 测验图例

测验一开始有一个总指导语,各分测验开始之前又都有一个分测验指导语,通过阅读指导语,受测者就能了解测验的要求。每个分测验的施测时间规定为 6 分钟,做完整个测验大约需用1小时20分钟。测验完毕,根据受测者的原始分数和实际年龄就可以通过查常模表来确定他的语言 IQ、非语言 IQ 和全量表 IQ。GITC 已制定了上海市区常模和全国城市常模。全国城市常模的受测者来自东北、西北、西南、华北、华中和华东6大地区的19个大中小城市。每个城市大约抽取了200名受测者,总人数为3 916人。

(五) 认知执行功能测验(The Dimensional Change Card Sort,简称 DCCS)

是由美国做国家早期教育长期追踪研究的部门提供的认知领域的测评,分为阅读、数学、科学和执行功能。在执行功能中,他们主要考察的两个指标是工作记忆和认知灵活性(working memory & cognitive flexibility)。

根据学生认知发展的特点和当前的学生认知评价的测验可以看出,没有一个统一或全面的且适合所有学生认知评价的工具。基于这一点,如果要对学生的认知发展状况进行调查,要么确定评价的维度,再借鉴使用不同的认知评价的工具,要么直接选择与本研究相对符合的评价工具,要么编制认知测验工具。前面两种情况可以提高研究效率,但针对性不强;后一种针对性强,但研究时间和成本较高。无论采取哪种评价工具,记忆和思维对于不同年龄的学生的认知发展水平都是需要的。

(六) 斯腾伯格的三元智力理论与评估

传统智力理论认为语言能力和数理逻辑能力是智力的核心,智力是整合这两者而存在的一种能力。针对这种仅徘徊在操作层面,而未能揭示智力全貌和本质的传统的有关智力的狭隘定义,研究者们从20世纪70年代开始,就从心理学的不同领域对智力的概念进行了重新的检验,其中最有影响的当属耶鲁大学的心理学家罗伯特·斯腾伯格所提出的智力的三元理论(triarchic theory of intelligence),其试图说明更为广泛的智力行为。斯腾伯格认为,大多数的智力理论是不完备的,它们只从某个特定的角度解释智力。一个完备的智力理论必须说

图 5.5　斯腾伯格像

明智力的三个方面:智力的内在成分、这些智力成分与经验的关系,以及智力成分的外部作用。这三个方面构成了智力成分亚理论、智力经验亚理论、智力情境亚理论,①具体如图5.6所示。

---

① 彭聃龄:《普通心理学》,北京师范大学出版社2012年版,第532页。

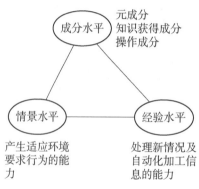

图 5.6 智力的三元理论模型

智力的三元理论为认识和测评智力提供了新的视角和思维方式,斯腾伯格从主体、外部世界和内部世界三个方面来讨论智力理论,充分考虑情境和经验水平对智力的影响,为编制较为理想的智力测验提供了一个较为适当的理论框架,并在一定程度上使得真实性、功能性这两个在传统测验中存在的缺陷得到弥补。但是斯腾伯格后续没有对情境亚理论和经验亚理论进行深入的描述和探索,如何评估个体的三元智力,目前只是停留在理念和构想层面,具体的评估方法和量表还有待进一步探究。

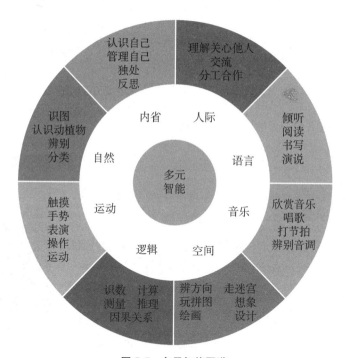

图 5.7 多元智能图谱

(七) 加德纳的多元智力理论与测试

1. 多元智能的内涵与维度

多元智能理论是由美国哈佛大学教育研究院的心理发展学家霍华德·加德纳 (Howard Gardner) 在 1983 年提出的。加德纳在研究脑部受创伤的病人时发觉到他们在学习能力上的差异,从而提出了本理论。

加德纳认为过去对智力的定义过于狭窄,未能正确反映一个人的真实能力。他认为,人的智力应该是一个量度他的解题能力(ability to solve problems)的指标。根据这个定义,他在《心智的架构》(Frames of Mind)这本书里提出,人类的智能至少可以分成七个范畴(后来增加至九个),这九个范畴的内容如下:

(1) 语言智能(verbal/linguistic)

语言智能主要是指有效地运用口头语言及文字的能力,即听说读写能力,表现为个人能够顺利而高效地利用语言描述事件、表达思想并与人交流。这种智能在作家、演说家、记者、编辑、节目主持人、播音员、律师等职业上有更加突出的表现。

(2) 逻辑数学智能(logical/mathematical)

从事与数字有关工作的人特别需要这种有效运用数字和推理的智能。他们学习时靠推理来进行思考,喜欢提出问题并执行实验以寻求答案,喜欢寻找事物的规律及逻辑顺序,对科学的新发展有兴趣。同时他人的言谈及行为也成了他们寻找逻辑缺陷的好地方,对可被测量、归类、分析的事物比较容易接受。

(3) 空间智能(visual/spatial)

空间智能是指人对色彩、线条、形状、形式、空间及它们之间关系的敏感性很高,感受、辨别、记忆、改变物体的空间关系并借此表达思想和情感的能力比较强,表现为对线条、形状、结构、色彩和空间关系的敏感以及通过平面图形和立体造型将它们展现出来的能力。能准确地感觉视觉空间,并把所知觉到的内容表现出来。这类人在学习时是用意象及图像来思考的。

空间智能可以划分为形象的空间智能和抽象的空间智能两种能力。形象的空间智能是画家的特长,抽象的空间智能是几何学家的特长,而建筑学家形象和抽象的空间智能都具备。

(4) 肢体运作智能(bodily/kinesthetic)

肢体运作智能是指善于运用整个身体来表达想法和感觉,以及运用双手灵巧地生产或改造事物的能力。这类人很难长时间坐着不动,喜欢动手创造东西,喜欢户外活动,与人谈话时常用手势或其他肢体语言。他们学习时是通过身体感觉来思考的。

这种智能主要是指人调节身体运动及用巧妙的双手改变物体的技能。表现为能够较好地控制自己的身体,对事件能够做出恰当的身体反应以及善于利用身体语言来表达自己的思想。运动员、舞蹈家、外科医生、手艺人都有这种智能优势。

(5) 音乐智能(musical/rhythmic)

这种智能主要是指人敏感地感知音调、旋律、节奏和音色等的能力,表现为个人对音乐节奏、音调、音色和旋律的敏感以及通过作曲、演奏和歌唱等表达音乐的能力。这种智能在作曲家、指挥家、歌唱家、乐师、乐器制作者、音乐评论家等那里都有出色的体现。

(6) 人际智能(inter-personal/social)

人际关系智能,是指能够有效地理解别人及其关系,以及与人交往的能力,其包括四大要素:①组织能力,指群体动员与协调能力;②协商能力,指仲裁与排解纷争能力;③分析能力,指能够敏锐察知他人的情感动向与想法,易与他人建立密切关系的能力;④人际联系,指对他人表现出关心,善解人意,适于团体合作的能力。

(7) 内省智能(intra-personal/introspective,包含 spiritual intelligence,即"灵性智能")

这种智能主要是指认识到自己的能力,正确把握自己的长处和短处,把握自己的情绪、意向、动机、欲望,对自己的生活有规划,能自尊、自律,会吸收他人的长处。会从各种回馈管道中了解自己的优劣,常静思以规划自己的人生目标,爱独处,以深入自我的方式来思考。喜欢独立工作,有自我选择的空间。这种智能在优秀的政治家、哲学家、心理学家、教师等那里都有出色的体现。

内省智能可以划分为两个层次:事件层次和价值层次。事件层次的内省指向对于事件成败的总结,价值层次的内省则是将事件的成败和价值观联系起来自审。

(8) 自然探索智能(naturalist,加德纳在 1995 年补充)

自然探索智能是指能认识植物、动物和其他自然环境的能力。自然智能强的人,在打猎、耕作、生物科学上的表现较为突出。自然探索智能应当进一步归结为探索智能,包括对社会的探索和对自然的探索两个方面。

(9) 存在智能(existentialist intelligence,加德纳进一步补充)

存在智能是指人们对生命、死亡和终极现实提出问题,并思考这些问题的倾向性与深度和广度,这种智能在文学家、哲学家与政治家等那里有出色的体现。

其实从多元智能的提出来说,其只是一种假设和实践经验的结果,如果要验证这些结构,目前还缺乏比较好的测评工具与数据支持,但对于学校心理健康教育工作者来说,它更多的是提供了一种看待与评价学生的视角,突破了传统智力测验"唯常模"的限制,但这也恰恰给多元智能评价带来了难度。

2. 多元智能的评价

关于多元智能的评价,一般有两种方式:专家评分法和自我评价法。目前多以自评式的自陈问卷为主,其中一种就是里克特式的等级问卷(如5个等级),每种智能根据其概念、特征和表现形式设计5—10道题目(如表5.2所示),然后算出每种智能的题目选项总评分,通过比较就可以看出受测试者的哪种智能比较有优势。还有一种自评方法就是给被试提供多元智能的内涵解释与具体特征,每一种智能的等级评分为1—10分,然后让被试根据对自己的了解进行自我评分,这样就可以形成一个多元智能评价的雷达图(如图5.8所示)。当然,这种自陈式的评价方式,信度与效度会比较低,只能作为学生自我了解和心理辅导与咨询中的评价参考。同时对于年龄在14岁以下的学生,多元智能的自我评价是不合适的。

表5.2 多元智能自评问卷(语言智能)示例(分值越高表现越好)

测 试 项 目	分值				
	5分	4分	3分	2分	1分
喜欢阅读各种读物					
能做好笔记,认为笔记能帮助记忆和理解					
经常通过信件或电子邮件的形式与朋友保持亲密的联系					
能简单清楚地向别人解释自己的想法					
喜欢玩字谜游戏或其他文字游戏					
喜欢外语					
喜欢参加辩论和公众演说活动					
写作能力强,能坚持写日记,并喜欢记录自己的所感所想					
能记住别人的姓名、事情发生的地点、日期或其他小事					
喜欢打油诗、押韵诗,喜欢说双关语等					
喜欢通过谈话或写作与人交流					
喜欢开玩笑、吹牛皮和讲故事					
能正确地拼写且词汇量很大					
喜欢模仿他人的声音、语言,喜欢阅读及写作					
能仔细倾听别人,并能理解、概括、分析并记住别人所说的内容					
得分:					

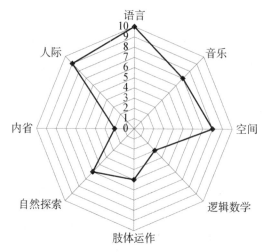

图 5.8　多元智能自我评价雷达图

(八) 智力的"PASS"模型与评估

1. "PASS"模型

智力的"PASS"模型是加拿大心理学家戴斯(J. P. Das)、纳格利尔里(J. A. Naglieri)、柯尔比(J. R. Kirby)等人在"必须把智力视作认知过程来重构智力概念"的理念的指导下，经过多年的理论和试验的研究论证而提出的。最初它只作为一种信息加工模型，随后又被描述成一种信息整合模型，直到1988年，才被认为是认知评价模型，并被作为一种智力评价的新思想和新方法。

"PASS模型"是"Plan Attention Simultaneous Succesive Processing Model"的缩写，即"计划—注意—同时性加工—继时性加工"模型，它包含了三层认知系统和四种认知过程，其中注意系统是整个系统的基础[1]，具体如图 5.9 所示[2]。

计划系统(planning)是处于最高层次的认知功能系统，从事智力活动的计划性工作，与智力的三元结构理论中的元成分相似，在智力活动中确定目标、制订策略，并且起着临近和调节作用。

注意——唤醒系统(attention-arousal)：起着激活和唤醒作用，处于心理加工的基础地位，使大脑处于合适的工作状态，影响个体对信息的加工等。

---

[1] Das, J. P., Naglieri, J. A., & Kirby, J. R. *Assessment of cognitive processes*: *The PASS theory of intelligence*. Massachusetts: Allyn & Bacon, Inc. 1994.

[2] 资料来源：Das, J·P, Naglieri, J·A& Kirby, J·R, 1994。

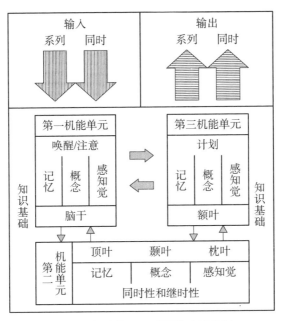

图 5.9　智力的 PASS 模型与人脑机制

编码——加工系统(encode-transform-retain)：对信息进行同时性加工和继时性加工,是智力的主要操作系统,因为智力活动的大部分"实际动作"是在该系统中进行的。

2. "CAS"："PASS"的认知评估

戴斯等人对 PASS 所包含的四个认知过程进行了归纳总结,编制出了一套标准化的测验,即戴斯-纳格利尔里(Das-Naglieri)认知评估系统,简称"DN：CAS"(Naglieri, Das, 1997),具体结构如图 5.10 所示。它可用于确定个体认知功能水平,可以用在诊断学习的优势和劣势、学习困难、注意缺陷、智力迟滞和优异等方面。该测验属于个别施测的测验,第一版适用于 5—17 岁儿童和青少年。修订后的第二版"CAS Ⅱ"拓展了年龄的跨度,施测对象为 5—18 岁儿童和青少年。CAS 测试包括四个认知加工分量表：计划、注意、同时性和继时性加工；每个分量表包含三个分测验,并以相同权重对其所含的分测验进行聚合而得出分量表分。PASS 全量表分的标准分以 100 为平均数,以 15 为标准差,即依然用离差智商来计算：IQ＝100＋15Z。测验在内容上分为言语和非言语。

(1) 计划分量表

计划分量表包含数字匹配(matching numbers)、计划编码(planned codes)和计划

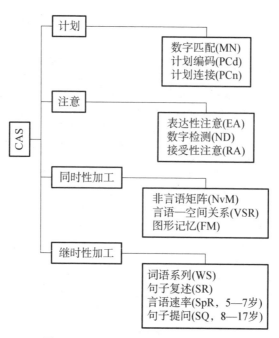

图 5.10 DN:CAS 量表的结构与分测验

连接(planned connection)三个分测验,涉及儿童运用计划,并根据需要修改计划以保证新目标与原始目标相一致的能力。"数字匹配"任务呈现给学生 3 页的数字,每页有 8 行,每行有 6 个数字。任务要求学生找出每行中两个相同的数字,并在其下画线标出。在"计划编码"任务中,学生被要求根据每页上方所给出的字母的代码,用自己的方法,在一分钟之内又快又准确地填写下方 56 个无代码的 ABCD 所对应的代码。"计划连接"测验要求学生将一系列数字或字母按正确顺序连接起来。

(2) 注意分量表

注意分量表包括表达性注意(expressive attention)、数字检测(number detection)和接受性注意(receptive attention)3 个任务,涉及对认知活动的聚焦、特定刺激的检测及抑制对分心刺激的反应。"表达性注意"分测验,它的任务要求和 Stroop 测验类似,共分为 3 个部分。第一部分要求学生读出随机排列的表示颜色的词;第二部分让学生报告出随机排列的长方形色块的颜色;第三部分给学生呈现随机排列的彩色印刷的表示颜色的词,要求学生识别出该颜色词是用什么颜色印刷的而不是说出单词(读音)。"数字检测"任务要求学生在干扰刺激中指出目标刺激。每个项目由几行数字构成,这些数字包括目标项(与刺激匹配的数字)和干扰项(与刺激不匹配的数字)。"接受性注意"测验要求儿童依照特定要求辨别成对出现的图画是否属于相同范畴。

(3) 同时性加工分量表

同时性加工分量表包括非言语矩阵(nonverbal matrices)、言语—空间关系(verbal spatial relations)和图形记忆(figure memory)三个分测验,要求儿童觉察项目各成分之间的关系,将分离的元素整合成一个使用言语或非言语内容的相互联系的完整模式或观念。"非言语矩阵"由图形补缺、类比推理和空间视觉几种形式组成,每一道测试题所使用的图形或几何元素之间存在空间组织或逻辑组织关系,要求被试对各元素间的关系进行抽象关联;"言语—空间关系"考察的是学生如何从"逻辑—语法"角度对空间关系进行理解,要求学生对所听到句子中的各物体间的位置关系进行编码;"图形记忆"将测验材料分为二维或三维几何图形,儿童的任务是识别一个镶嵌在某一更复杂的图案中的几何图形。

(4) 继时性加工分量表

继时性加工分量表包括词语系列(word series)、句子复述(sentence repetition)和句子提问(sentence question)三个分测验,要求个体理解和把握按照特定顺序呈现的信息。在"词语系列"测验任务中,主试以相同的语调、每秒一词的速度向学生呈现四至九个长度不等的单音节高频字词,然后要求学生以完全相同的顺序重复刚才听到的字词。"句子复述"测验用于测量基于词语顺序的句法结构的产生,材料为二十个没有实际意义的句子,每个句子均由颜色词组成,这样会减少同时性加工和句法意义的影响。学生的任务是复述主试口述的一系列句子。记录学生正确重复的句子数。"句子提问"测验用于测量对基于词语顺序的句法结构的理解,所用材料类似于句子复述测验,测试时由测试员朗读句子,然后问一个与句子相关的问题。

从"DN:CAS"的理论依据、模型结构、分测验及其形式和材料可以看出,"DN:CAS"并没有超越传统经典的智力测验,只是另外一种形式的测验,尤其是和韦克斯勒测验(WISC)、斯坦福-比奈测试(S-B)相比,在测验形式与计分方式上都有很大的相似性,甚至有点融合其他智力测验"优势"的嫌疑,主要的不同是在测验的内容上有所拓展,对于特殊儿童的认知评价有比较好的鉴别性。目前"DN:CAS"也在中国大陆进行了修订,并在教育与心理咨询领域开始推广使用。和韦克斯勒测验等一样,在使用前需要付费获得版权,并要经过严格的主试培训以后才有资格使用。

第三节 学生人格测验

一、认知风格测验[①]

(一) 独立型与依存型

在认知过程中,有的人谨慎仔细,有的人粗心大意;有的人被动依赖,有的人主动独立。认知风格(cognitive style)也称认知方式,是指个体在认知过程中所表现出来的习惯化的行为模式。认知风格与智力无相关或相关不显著(Riding & Pearson,1994;Riding & Agrell,1997),大多是自幼所形成的在知觉、记忆、问题解决过程中的态度和表达方式。认知风格是认知过程中的个体差异,是一个过程变量而非内容变量,具有跨时间的稳定性和跨情境的一致性,并且具有两极性和价值中立等特点。认知风格种类繁多,如场独立型和场依存型、思索型和冲动型、整体型和分析型。

场独立型和场依存型,是威特金(Witkin,1949)等在垂直视知觉的一系列研究中所发现的认知风格上的个体差异。这种差异主要表现在人们在知觉外部环境("场")时所依据的参照点的不同上。场独立型(field independent style)者在认知信息加工中倾向于依据个人的内部参照,自我与非我的心理分化程度高,对他人提供的社会线索不敏感,行为是非社会定向的。而场依存型(field dependent style)者在认知信息加工中倾向于依据外在参照,自我与非我的心理分化程度低,对他人提供的社会线索敏感,优先注意自己所处的社会人际关系。

用镶嵌图形测验(Embedded Figures Test)可以有效地测量出场独立型和场依存型的人格差异。测验图形是由一种比较复杂的图形构成的,其中隐藏着一个简单的图形(如图5.11所示)。测验时,要求被试迅速地从复杂的图形中找出简单的图形。场独立型者认知重构能力强,在认知中具有优势;场依存型者社会技能高,在人际交往中具有优势。场独立型者较善于解决需要灵活思维的问题,善于抓住问题的关键,灵活地运用已有的知识来解决问题;场依存型者在解决熟悉的问题时,不会发生困难,但让他们运用已有的知识去解决没有遇到过的问题时,往往难以应付,缺乏灵活性。在学习兴趣和职业兴趣上,场独立型的学生在未来职业的选择上喜欢从事理论研究、工程建筑、航空及艺术等工作,而场依存型的学生则喜欢社会定向的学科与职业。

[①] 黄希庭:《心理学导论》,人民教育出版社2007年版,第570—573页。

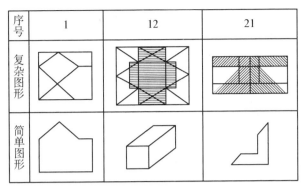

图 5.11 镶嵌图形测验图例

(二) 整体型和分析型

整体型和分析型,是由帕斯克和斯科特(Pask & Scott,1972)提出的两种认知倾向。整体型(wholist style)者倾向于用整体性的"假设—引导"策略对认知任务作出反应,分析型(analytic style)者则倾向于用"材料—引导"、逐步加工的集中策略作出反应。整体型认知者主要以一种整体性、主题式的方法进行认知和全面地概括描述。他们常常在同一时间内关注主题的几个方面,在几种不同的思维水平上同时进行学习。相反,分析型认知者则主要运用一种"操作"学习方法。他们较关注细节、程序,常常以线性结构理解信息。逐步学习,建立清晰、易于识别的信息组块以用于联系主题中的概念和构成部分,是分析型者的典型认知特征。

表 5.3 整体型者和分析型者的典型认知特征

整 体 型 者	分 析 型 者
自上而下的加工者	自下而上的加工者
整体的学习方法	局部的学习方法
同时加工	线性加工
瞬间跨越各种水平	逐步学习
理论和实践相互关联	分别学习不同的方面
指向理解	指向细节
理解性的学习偏差	操作性的学习偏差
把概念与先前的经验联系在一起	在概念内部把特征联系在一起
构建概括的描述	构建狭窄的操作程序
低辨别技能	高辨别技能

二、社会适应测验

(一) 测验的结构

中小学生的人格发展是在社会适应、社会化过程中不断完善和成长起来的,人格发展与适应是个体社会性发展的主要内容。影响个体社会化发展和社会适应的主要因素有文化背景、家庭环境、社会压力、网络媒体、同伴交往以及个体的人格特质等因素。在培养青少年的社会性发展和良好的人格适应中应充分考虑这些因素。

中学生社会适应量表是杨彦平和金瑜在2007年编制的。[①] 量表分为4个维度9个分量表:内容特质维度(3个分量表:人际关系、学习适应、日常生活)、预测控制维度(2个分量表:行为规范、情绪控制)、心理调节维度(2个分量表:环境适应、心理预期)和动力支持维度(2个分量表:心理动力、心理支持)。通过结构方程模型(SEM)分析,结构模型的各项拟合指标达到了验证性因素分析(CFA)的标准,说明量表分为4个维度9个分量表是合理的。

(二) 测验举例

通过中学生社会适应量表编制[②],发现学生的社会适应能力并不是随着年龄的增长而提高的,而是随着年级的变化出现波动。社会适应和智力如果有共同点,那就是它们二者的结构中都存在一个"G"因素(普通因素或者公因素),结构中的其他因素都与该因素密切相关,"G"因素也影响着它们发展的水平和质量。中学生的社会适应存在性别差异、年级差异和校际差异。

<blockquote>

专栏: 心理自测: 你的"情商"如何?

所谓"情商"就是指一个人恰当地处理自己情绪的能力,能够将不良的情绪(如愤怒)正确宣泄或加以控制,在日常生活中能够以积极、向上的情感面对各种挑战。下面有19道题目,从你自己平时的情绪是否乐观、向上,以及在遇到特殊情况时情绪反应是否恰当等方面测你的"情商"如何。

测试说明:你可以根据自己最近的实际情况作"1. 从不;2. 偶尔;3. 有时;4. 经常;5. 总是"的选择,将相应选项对应的数字填写在每道题目后的(　　)里。

1. 感到压力很大(　　);
2. 学习虽然苦,但能够坚持(　　);

</blockquote>

[①] 杨彦平,金瑜:《中学生社会适应量表的编制》,《心理发展与教育》,2007年第4期,第108—114页。

[②] 杨彦平:《中学生社会适应量表的编制》,华东师范大学博士论文,2007年,前言。

3. 不高兴的事对我来说很快就过去了（　　）；
4. 对现在的处境我很满意（　　）；
5. 学习使我感到压抑（　　）；
6. 一想到要完成作业就烦（　　）；
7. 经常有不开心的事发生（　　）；
8. 很容易发火（　　）；
9. 处世乐观（　　）；
10. 我不知道怎样才能找到快乐（　　）；
11. 想离家出走（　　）；
12. 生活没有多少意义（　　）；
13. 经常感到莫名的烦恼（　　）；
14. 总是害怕或担心考试（　　）；
15. 我经常通过音乐、体育等娱乐方式放松自己（　　）；
16. 我周围的很多人都是可以信赖的（　　）；
17. 我能够从家里得到安全感（　　）；
18. 我相信开心是长久的,不开心只是暂时的（　　）；
19. 我的爱好可以使我摆脱烦恼（　　）。

做完后根据表5.4算出自己在这19道题目上的总得分（　　）。

表5.4　"情商测试"计分方式

题　号	选项记分				
	1. 从不	2. 偶尔	3. 有时	4. 经常	5. 总是
2,3,4,9,15,16,17,18,19	1	2	3	4	5
1,5,6,7,8,10,11,12,13,14	5	4	3	2	1

算出你自己的总得分后,根据表5.5就可以测出自己的"情商"情况：

表5.5　情商得分与等级换算

年级	性别	评分等级（根据总得分）				
		优秀	良好	中等	一般	需改进
初中	男	90以上	84—89	56—83	42—55	41以下
	女	90以上	85—89	60—84	47—59	46以下

续 表

年级	性别	评分等级（根据总得分）				
		优秀	良好	中等	一般	需改进
高中	男	90以上	80—89	56—79	44—55	43以下
	女	90以上	81—89	57—80	45—56	44以下

三、学习适应测验

（一）学习适应测验（AAT）

学习适应测验是由华东师范大学周步成教授组织全国十多个单位，对日本教育研究所学习适应性训练研究部所编制的《学习适应性测验》进行修订后制定出的中国常模，非常适合中小学生。在本量表中包含了学习态度、学习技术、学习环境、心身健康4个分测验，所以不仅能从整体上看受试者对于学习的适应性如何，而且还可从上述4个分测验分别对其进行观察。本量表分别由5个内容量表（小学一至二年级使用）、7个内容量表（小学三至四年级使用）、9个内容量表（小学五至六年级使用）、12个内容量表（初中、高中用）所构成。每个内容量表的原始分，对照常模表，换算成标准分，然后再由标准分换算成等级。内容量表等级为5个："1"为差等，"2"为中下，"3"为中等（普通），"4"表为中上，"5"为优等。在这些内容量表中，有些内容量表在优等或中上，有些内容量表在中下或差等。从内容量表的等级，可知被试在"学习适应性测验"中哪些方面较好，哪些方面较差，辅导教师就能根据学生测验结果的好坏给予指导，等级1或等级2为差的学生，必须加强指导。

（二）学习适应量表[①]

学习适应量表（增订版）是一套可以快速、便捷、有效地了解学生学习适应性的测验工具，是由马月芝和金瑜等人在2005年参照台湾的学习适应量表，以社会学生为样本修订的（被试是小学四年级至初中三年级学生），主要测量学生的学习方法、学习习惯、学习态度、学习环境和身心适应等。该量表在修订的过程中还考虑了性别、年级、父母文化程度、家庭经济状况、家庭完整性、学校类型等对学生学习适应性的影响。

学习适应量表（上海版）有良好的信度、效度，表明了量表的可靠性和有效性，是针

---

① 马月芝：《学习适应量表（增订版）在上海地区的修订与应用研究》，华东师范大学硕士论文，2005年，第1页。

对中小学生的一套快速而有效的、用于鉴定学习适应性的测验工具,也补偿了我国现有的同类测验量表的不足,是将我国台湾地区学习适应量表(增订版)推广到大陆地区跨出的关键一步,为海峡两岸在心理与教育测验领域中的携手合作奠定了基础。

专栏:心理自测:你能够从容面对自己当前的学习任务吗?

下面有19道题目,从学习方法、学习态度和学习目标等方面反映了你当前的学习适应情况。完成试题,看自己是否有一个积极的学习态度与正确的自我评价,能否自信地面对学习任务与挑战。

测试说明:你可以根据自己最近的实际情况作"1.从不;2.偶尔;3.有时;4.经常;5.总是"的选择,将相应选项对应的数字填写在每道题目后的(　)里。

1. 我学习已经尽力了,但是成绩仍然不理想(　　);
2. 我能很容易听懂多数老师上课所讲的内容(　　);
3. 只有通过业余补课才能跟上老师的教学进度(　　);
4. 我非常羡慕那些学习好的同学(　　);
5. 很多同学愿意向我请教学习问题(　　);
6. 学习对我来说是件容易的事(　　);
7. 我有自己的学习计划和目标(　　);
8. 有学习问题我会主动请教别人(　　);
9. 做错的题目我会及时订正(　　);
10. 我能够做到课前预习和课后复习(　　);
11. 作业不会做就抄袭(　　);
12. 为学习而犯愁(　　);
13. 因作业不认真或不交而受到老师的批评(　　);
14. 喜欢现在的学习环境(　　);
15. 学习是件乏味与枯燥的事(　　);
16. 我非常讨厌每次考试(　　);
17. 老师布置的很多作业我都不想完成(　　);
18. 我很喜欢做老师给我出的题目(　　);
19. 读书没用,将来做什么才重要(　　)。

做完后根据表5.6算出自己在这19道题目上的总得分(　　)。

表 5.6　学习适应测试计分表

题　号	选项记分				
	1.从不	2.偶尔	3.有时	4.经常	5.总是
2,5,6,7,8,9,10,14,18	1	2	3	4	5
1,3,4,11,12,13,15,16,17,19	5	4	3	2	1

算出你自己的总得分后,根据表 5.7 就可以测出自己的学习适应情况。

表 5.7　学习适应得分与等级换算

年级	性别	评分等级(根据总得分)				
		优秀	良好	中等	一般	需改进
初中	男	87 以上	76—86	52—75	41—51	40 以下
	女	87 以上	79—86	57—78	46—56	45 以下
高中	男	80 以上	70—79	50—69	41—49	40 以下
	女	80 以上	71—79	53—70	44—52	44 以下

四、学生心理健康测验

(一) 心理健康诊断测验(MHT)

心理健康诊断测验(MHT)是由华东师范大学心理学系教授周步成和其他心理学科研究人员,根据日本铃木清等人编制的《不安倾向诊断测验》进行修订的,成为适应我国中学生标准化的《心理健康诊断测验》。

中学生正处在身心迅速发展的时期,他们所面临的内外压力普遍增多,适度压力可以提高个体的动机,促进学习和工作的效率,使个体适应得更好。但当前,不少压力已超过了他们所能负荷的程度,常常会引起纷扰的、不利的、危机重重的后果,这些不良后果可能包括身体的症状,焦虑、紧张、不安、抑郁、恐惧等情绪困扰,以及种种适应问题,甚至引发精神症状等。国内有些调查表明,在中学中,有不同程度的心理困扰和适应不良的学生所占比例相当高。

本测验从焦虑情绪所指向的对象和由焦虑情绪所产生的行为这两个方面进行测定。全量表由 8 个内容量表构成,把这 8 个内容量表的结果综合起来,就可以知道一个学生的一般焦虑程度;而各内容量表的结果可诊断出在个人的焦虑中,哪个方面的问题较严重。这8个内容量表包括：学习焦虑、对人焦虑、孤独倾向、自责倾向、过敏倾向、身体症状、恐怖倾向、冲动倾向。

（二）中小学生心理健康测验

中科院心理研究所王极盛于1997年编制了《中学生心理健康量表》（MSSMHS），该量表共由60个项目组成，包括10个分量表。它们分别为强迫症、偏执、敌对、人际关系敏感、抑郁、焦虑、学习压力感、适应不良、情绪不稳定、心理不平衡。

中学生心理健康量表是谭和平在1998年编制的。该量表从认知正常、情感协调、意志健全、个性完整和适应良好这5个心理健康维度来衡量中学生的心理健康水平。该量表采用量表编制原理和问卷调查分析法，编制了具有较高效度和信度的中学生心理健康量表，并随机抽取具有代表性的中学生样本（n=1 248），制定了上海常模，对开展中学生心理健康教育与素质教育具有理论和实践上的指导意义。[①]

华东师范大学缪小春、桑标教授编制了《中（小）学生心理健康量表》（2006版），该量表主要从学生的认知发展（对学习的动力与认识是否明确）、行为表现（行为规范与举止是否得体以及是否符合其年龄特点和社会要求）、情绪情感（对情绪的控制与表达是否妥当与适度）、社会适应（生活习惯、社会认知以及人际交往等调节与适应是否良好）和自我意识（对自己的认识、了解、定位、接纳是否准确、客观和积极）这5个方面来评价学生的心理发展状况。该量表小学生有50题，中学生有65题，均为自陈量表。

（三）心理卫生自评量表（SCL-90）

1. SCL-90的结构与功能

SCL-90是Symptom Check list 90的缩写，全称为"90项症状清单"，又名症状自评量表（Self-reporting Inventory），有时也叫作霍普金症状清单（HSCL，编制年代早于SCL-90，作者为同一人，HCSL最早于1954年编制），是心理学家德若伽提斯（L. R. Derogatis）于1975年编制的。该量表共有90个项目，包含有较广泛的精神病症状学内容，从感觉、情感、思维、意识、行为至生活习惯、人际关系、饮食睡眠等，均有涉及，并采用10个因子分别反映10个方面的心理症状情况。

SCL-90适用对象为16岁以上的人群，也就是适合高中生及以上的群体。

2. 计分与解释

SCL-90的每一个项目均采用5级评分制：(1)没有：自觉无该项问题；(2)很轻，

[①] 谭和平：《中学生心理健康量表的编制研究》，《心理科学》，1998年第21卷第5期，第429页。

自觉有该项症状,但对被试并无实际影响,或者影响轻微;(3)中度:自觉有该项症状,对被试有一定影响;(4)偏重:自觉有该项症状,对被试有相当程度的影响;(5)严重:自觉该症状的频度和强度都十分严重,对被试的影响严重。

这里的"影响"包括症状所导致的痛苦和烦恼,也包括症状造成的心理社会功能损害。"轻、中、重"的具体定义,由被试自己体会,不必作硬性规定。评定的时间是"现在"或者是"最近一个星期"的实际感觉。

量表作者未提出分界值,按全国常模结果,总分超过160分,或阳性项目数超过43项,或任一因子分超过2分,需考虑筛选阳性,且需进一步检查。

(1) 总症状指数

总症状指数是指总的来看,被试的自我症状评价介于"没有"到"严重"的哪一个水平。总症状指数的分数在1—1.5之间,表明被试自我感觉没有量表中所列的症状;在1.5—2.5之间,表明被试感觉有点症状,但发生得并不频繁;在2.5—3.5之间,表明被试感觉有症状,其严重程度为轻到中度;在3.5—4.5之间,表明被试感觉有症状,其程度为中到严重;在4.5—5之间表明被试感觉有症状,且症状的频度和强度都十分严重。

(2) 阳、阴性项目数

阳性项目数是指被评为2—5分的项目数分别是多少,它表示被试在多少项目中感到"有症状";阴性项目数是指被评为1分的项目数,它表示被试"无症状"的项目有多少。

(3) 因子均分

SCL-90包括10个因子,每一个因子反映出个体在某方面的症状情况,通过因子均分可了解症状分布的特点。因子均分等于组成某一因子的各项总分除以组成某一因子的项目数。当个体在某一因子的均分大于2时,即超出正常均分,则说明个体在该方面就很有可能存在心理健康方面的问题。

3. 使用建议与忠告

目前SCL-90在国内各个群体中的使用非常广泛,常模是20世纪80年代修订的,测试的信效度有较大的不确定性。还有,目前SCL-90的题目与解释在网络上基本都可以查到,对有经验的被试,结果的可靠性就存疑。另外它是负向症状测试,在多数情况下,会把被试的测试分数(症状)放大,存在较大误差。所以在学生心理健康测试中,SCL-90只是参考,最好和其他测试组合使用。

第四节 学生生涯发展测验

一、生涯评估量表(CAI)

生涯评估量表(Career Assessment Inventory,简称 CAI)是一种兴趣量表,是一种比明尼苏达职业兴趣量表更新颖且专门为非专业成人准备的兴趣问卷。它于 1975 年首次出版,在 1987 年正式使用,其模式与斯特朗职业兴趣量表(SVIB)极为相近。但 CAI 的特别之处在于,它是专为不需要大学学历或进一步专业技术训练的职业之人所设计的,特别针对具有技巧性的贸易工作者、牙科卫生师、自助餐服务员、电脑录入员等。这个问卷共有 305 个题目,内容包括 3 类,即活动、学校科目及职业名称。测验编制者还特别注意保证职业评鉴量表无文化差异之问题,并避免性别偏差。每个题目有从"非常喜欢"到"非常不喜欢"5 种选择,以小学六年级的阅读水平写成,适用于阅读能力不佳的成人。

CAI 提供 3 个主要类型的量表,包括 6 个一般主题量表、22 个同质的基本兴趣量表和 91 个职业量表。CAI 的指导手册非常完整和清晰,各种心理测量学指标也很好。除了 6 个一般主题量表外,其他各类的量表均为 CAI 所专有。

二、霍兰德职业兴趣测验

约翰·霍兰德(John Holland)是美国约翰·霍普金斯大学的心理学教授,美国著名的职业指导专家。他于 1959 年提出了具有广泛社会影响的职业兴趣理论。他认为人的人格类型、兴趣与职业密切相关,兴趣是人们活动的巨大动力,凡是具有职业兴趣的职业,都可以提高人们的积极性,促使人们积极地、愉快地从事该职业,且职业兴趣与人格之间存在很高的相关性。霍兰德认为人格可分为技能型、研究型、艺术型、社会型、企业型和常规型六种类型(如图 5.12 所示)。

霍兰德认为人格是兴趣、价值、需求、技巧、信仰、态度和学习个性的综合体。就职业选择而言,兴趣是个体和职业匹配过程中最重要的因素。职业兴趣作为一种特殊的

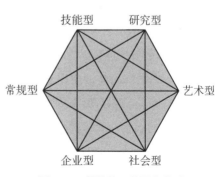

图 5.12 霍兰德 6 种职业类型

心理特点,由职业的多样性和复杂性反映出来。职业兴趣上的个体差异是相当大的,也是十分明显的。一方面,现代社会职业划分越来越细,社会活动的要求和规范越来越复杂,各种职业间的差异也越来越明显,所以对个体的吸引力和要求也就迥然不同;另一方面,个体自身的生理、心理、教育、社会经济地位、环境背景不同,所乐于选择的职业类型、所倾向于从事的活动类型和方式也就十分不同。

1991年,加蒂(Gati)针对霍兰德的正六边形模型中有关相邻职业群距离相等这一假设的局限性,提出了三层次模型。两年后,普雷迪格尔(Prediger)在霍兰德六边形模型的基础上加上了人和物维度、数据和观念维度,使职业的类型和性质有机地结合起来。美国大学考试中心在普雷迪格尔兴趣的两维基础上,将职业群体的具体位置标定在坐标图上,由此得到工作世界图。

三、职业性格测试(MBTI)

MBTI的全名是"Myers-Briggs Type Indicator",它是一种迫选型、自我报告式的性格评估工具,用以衡量和描述人们在获取信息、作出决策、对待生活等方面的心理活动规律和性格类型。

1913年,瑞士心理学家荣格(C. G. Jung)在慕尼黑国际精神分析会议上提出了内向型性格与外向型性格,揭开了现代性格类型与生涯发展研究的序幕。1921年,荣格发表了《心理类型学》(德文版),该书是公认的现代性格类型理论的奠基之作。1942年,美国的凯瑟琳·C.布里格斯和伊莎贝尔·布里格斯·迈尔斯母女在荣格理论的基础上,开发了MBTI的第一张量表——量表A。当时正值第二次世界大战,伊莎贝尔母女希望通过MBTI增进人与人之间的相互理解和相互欣赏,从而避免战争。1957年,MBTI升级到量表D,增设"词对问题"。1962年,MBTI由新泽西普林斯顿的教育测试服务机构(ETS)出版,但ETS规定它只能被用于研究领域。同年,伊莎贝尔·布里格斯·迈尔斯出版了她的研究手册,这是有关MBTI的第一个正式文献。

MBTI是当今世界上应用最为广泛的性格测试工具之一。它已经被翻译成近20种世界主要语言,每年的使用者多达200多万。据有关统计,世界前100强公司中已有89%引入了MBTI,用于员工和管理层的自我发展、提升组织绩效等各个领域。当前,在学生的职业发展与就业指导中也会用到MBTI。

MBTI把性格分析分为4个维度,每个维度上包含相互对立的2种偏好:

表 5.8　MBTI 测试的性格维度

外向 E	or	内向 I
实感 S	or	直觉 N
思考 T	or	情感 F
判断 J	or	认知 P

其中,"外向 E——内向 I"代表着各人不同的精力(energy)来源;"实感 S——直觉 N"、"思考 T——情感 F"分别表示人们在进行认知(perception)和判断(judgement)时不同的用脑偏好;"判断 J——认知 P"是针对人们的生活方式(life style)而言,它表明我们如何适应外部环境——在我们适应外部环境的活动中,究竟是感知还是判断发挥了主导作用。

4 个维度上特定偏好的组合就构成了一种特定的性格,譬如 ISTJ 代表"内向—实感—思考—判断"型性格,ENFP 则代表"外向—直觉—情感—认知"型性格。由此可知,性格一共有 16 种不同的类型,如表 5.9 所示。

表 5.9　MBTI 测试 16 种性格分类

ISTJ	ISFJ	INFJ	INTJ
ISTP	ISFP	INFP	INTP
ESTP	ESFP	ENFP	ENTP
ESTJ	ESFJ	ENFJ	ENTJ

MBTI-G 人格类型量表分为 4 个维度和 8 个因子:外倾—内倾(EI)、感觉—直觉(SN)、对事—对人(TF)、判断—认知(JP)。每一维度上两个因子的得分呈负相关。[1]

MBTI-G 人格类型量表的 EI 维度与乐群性(A)、恃强性(E)、兴奋性(F)、敢为性(H)、内外向(E)等因素呈正相关;与忧虑性(O)、独立性(Q2)、紧张性(Q4)、神经质(N)、焦虑(ANX)、疑心(HYP)和脱离现实(UNR)等因素呈负相关。

MBTI-G 人格类型量表的 SN 维度仅与忧虑性(O)呈正相关;与恃强性(E)、兴奋性(F)、敢为性(H)、幻想性(M)、内外向(E)、病态人格(PSD)、兴奋状态(HMA)等因素呈负相关。

---

[1] 顾雪英,胡湜:《MBTI 人格类型量表:新近发展及应用》,《心理科学进展》,2012 年第 20 卷第 10 期,第 1700—1708 页。

MBTI-G 人格类型量表的 TF 维度与稳定性(C)、恃强性(E)、有恒性(G)、敢为性(H)、实验性(Q1)、独立性(Q2)、自律性(Q3)等因素呈正相关；与忧虑性(O)、紧张性(Q4)、神经质(N)、焦虑(ANX)、疑心(HYP)和脱离现实(UNR)等因素呈负相关。

每一种性格类型都具有独特的行为表现和价值取向。了解性格类型是寻求个人发展、探索人际关系的重要开端。MBTI 揭示了性格类型的多样性和由此导致的不同个体之间的行为模式、价值取向的差异性；性格类型深刻影响着个体观察事物的角度、思考问题的方式、决策的动机、工作中的行事风格，乃至人际交往中的习惯与喜好；不同性格的人在相同的境遇中或者面对相同问题时往往会做出截然不同的反应。每一种性格类型都表现出独特的行为特征，为个人带来不同的能力优势与局限——怎样扬长避短，为最合适的人安排最合适的工作？每个人具有哪些能力优势与局限？怎样根据性格类型找到最佳的职业定位、规划未来的职业发展？MBTI 从性格类型入手，引导个体认识自己、理解他人，在个人发展中建立自信并相互信任，从而更富成效地开展合作，也为个人生涯铺就最佳途径。但 MBTI 的缺点在于信度不太稳定，只能用作了解个人性格的参考工具。

四、生涯价值观测试

（一）WVI(work values inventory)工作价值观量表

"工作价值观量表"(WVI)是由美国著名的生涯辅导大师唐纳德·E.舒伯研究开发的，WVI 列出了 15 种工作价值，通过让测试者对这 15 种工作价值的重要程度进行排序，对工作价值进行衡量。WVI 量表一直处于修订完善的过程中，下面列出这 15 种工作价值：

  利他助人——让你能为他人的福利作贡献的职业，提升社会服务方面的兴趣。
  美的追求——使你能够制作美丽的物品并将美带给世界的职业。
  创造发明——能使你发明新事物、设计新产品或产生新思想的工作。
  智性激发——能让你独立思考、了解事物怎样运行和发挥作用的工作。
  成就满足——能让你有一种做好工作的成功感。重视成就的人喜欢能给人以现实可见的结果的工作。
  独立自主——能让你以自己的方式去做事，或快或慢随你所愿的工作。
  声望地位——让你在别人的眼里有地位、受尊敬、能引发敬意的工作。

管理权力——允许你计划并给别人安排任务的工作。

经济报酬——报酬高,使你能拥有想要的事物的工作。

安全稳定——不太可能失业,即使在经济困难的时候也有工作。

工作环境——在怡人的环境里工作(不太冷也不太热,不吵闹也不脏乱),环境或工作的物质条件对某些工作者来说是很重要的,他们对于相应的工作条件比工作本身更加感兴趣。

上司关系——在一个公平并且能与之融洽相处的管理者手下工作,和老板相处融洽。

同事关系——能与你喜欢的人接触并共事。对某些人来说,工作中的社交生活比工作本身要重要得多。

生活方式——工作能让你按照自己所选择的生活方式生活并成为自己所希望成为的人。

多样变化——在同一份工作中有机会尝试不同种类的职能。

通过 WVI 测验,可以得出每种工作价值的分数,得分最高的 3—5 种价值就是对学生来说最重要的价值。

(二)舒伯的职业价值观测试

请仔细阅读表 5.10,并在每题前方填上 1—5 中的一个数字,代表该选项对你的重要性。其中 5 代表非常重要,4 代表很重要,3 代表重要,2 代表不太重要,1 代表不重要。

表 5.10 舒伯的职业价值观量表

分值	题号	题目	分值	题号	题目
	1	能参与救灾济贫的工作		8	能知道别人如何处理事务
	2	能经常欣赏完美的艺术作品		9	收入能比相同条件的人高
	3	能经常尝试新的构想		10	能有稳定的收入
	4	必须花精力去思考人生		11	能有清净的工作场所
	5	在职责范围内有充分自由		12	主管善解人意
	6	可以经常看到自己的工作成果		13	能经常和同事一起休闲
	7	能在社会中扮演更重要的角色		14	能经常变换职务

续 表

分值	题号	题 目	分值	题号	题 目
	15	能成为你想成为的人		38	可以发挥自己的领导能力
	16	能帮助贫困和不幸的人		39	可使你存下很多钱
	17	能增添社会的文化气息		40	有好的保险和福利制度
	18	可以自由地提出新颖的想法		41	工作场所有现代化设备
	19	必须不断学习才能胜任		42	主管能采取民主的领导方式
	20	工作不受他人干涉		43	不必同事有利益冲突
	21	常觉得自己的辛劳没有白费		44	可以经常变换工作场所
	22	能使你更有社会地位		45	工作常让你觉得如鱼得水
	23	能够分配调整他人的工作		46	常帮助他人解决困难
	24	能常常加薪		47	能创作优美的作品
	25	生病时能有妥善照顾		48	常提出不同的处理方案
	26	工作地点光线通风好		49	需对事情作深入分析研究
	27	有一个公正的主管		50	可以自行调整工作进度
	28	能与同事建立深厚的友谊		51	工作结果受到他人肯定
	29	工作性质常会变化		52	能自豪地介绍自己的工作
	30	能实现自己理想		53	能为团体拟定工作计划
	31	能够减少别人的苦难		54	收入高于其他行业
	32	能运用自己的鉴赏力		55	不会轻易被解雇或裁员
	33	常需构思新的解决方法		56	工作场所整洁卫生
	34	必须不断地解决新的难题		57	主管的学识和品德让你敬佩
	35	能自行决定工作方式		58	能够认识很多风趣的伙伴
	36	能知道自己的工作绩效		59	工作内容随时间变化
	37	能让你觉得出人头地		60	能充分发挥自己的专长

通过表 5.11 计算出每个价值观维度的得分，得分越高，该价值观越强烈。

表 5.11 舒伯的职业价值观量表记分和解释

得分	对应题目	职业价值观	得分	对应题目	职业价值观
	1、16、31、46	利他助人		9、23、39、54	经济报酬
	2、17、32、47	美的追求		10、24、40、55	安全稳定

续表

得分	对应题目	职业价值观	得分	对应题目	职业价值观
	3、18、33、48	创造发明		11、25、41、56	工作环境
	4、19、34、49	智力激发		12、26、42、57	上司关系
	5、20、36、50	独立自主		13、27、43、58	同事关系
	6、21、36、51	成就满足		14、28、44、59	多样变化
	7、21、37、52	声望地位		15、29、45、60	生活方式
	8、22、38、53	管理权力			

（三）霍兰德职业价值观问卷

这一部分测验列出了人们在选择工作时通常会考虑的9种因素（见所附工作价值标准）。测试时让被试在其中选出最重要的两项因素，并将其填入下方相应的空格上。

附：**工作价值标准：**

1. 工资高、福利好；

2. 工作环境（物质方面）舒适；

3. 人际关系良好；

4. 工作稳定有保障；

5. 能提供较好的受教育机会；

6. 有较高的社会地位；

7. 工作不太紧张、外部压力少；

8. 能充分发挥自己的能力特长；

9. 社会需要与社会贡献大。

最重要：_____；次重要：_____；最不重要：_____；次不重要：_____。

（四）施瓦茨价值观量表（Schwartz Values Surve）

施瓦茨价值观量表是由谢洛姆·施瓦茨（Shalom H. Schwartz）等人（1992，1994，1995）编制的，其试图描绘出一个世界范围的价值观地形图（geography of values），将各个文化标识在相对应的位置上（mapping cultural groups）。他的研究包括57项价值观，用以代表自我超越、自我提高、保守、对变化的开放性态度这4个维度和10个普遍的价值观动机类型，并揭示它们之间的结构关系（如表5.12和图5.13所示）。

表 5.12 施瓦茨价值观维度与类型

维度	动机类型	内容
自我超越	普通性	指为了所有人类和自然的福祉而理解、欣赏、忍耐、保护。例如：社会公正、心胸开阔、世界和平、智慧美好的世界、与自然和谐一体、保护环境、公平。
	慈善	指维护和提高那些自己熟识的人们的福利。例如：帮助、原谅、忠诚、诚实、真诚的友谊。
自我提升	权力	指社会地位与声望、对他人以及资源的控制和统治。例如：社会权力、财富、权威等。
	成就	指根据社会的标准，通过实际的竞争所获得的个人成功。例如：成功的、有能力的、有抱负的、有影响力的等。
	享乐主义	指个人的快乐或感官上的满足。例如：愉快、享受生活等。
保守	传统	指尊重、赞成和接受文化或宗教的习俗和理念。例如：接受生活的安排、奉献、尊重传统、谦卑、节制等。
	遵从	指对行为、喜好和伤害他人或违背社会期望的倾向加以限制。例如：服从、自律、礼貌、给父母和他人带来荣耀。
	安全	指安全、和谐、社会的稳定、关系的稳定和自我稳定。例如：家庭安全、国家安全、社会秩序、清洁、互惠互利等。
乐于改变	自我定向	指思想和行为的独立——选择、创造、探索。例如：创造性、好奇、自由、独立、选择自己的目标。
	刺激	指生活中激动人心、新奇的和具有挑战性的事物。例如：冒险、变化的和刺激的生活。

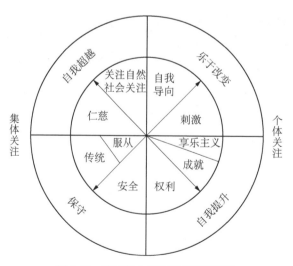

图 5.13 施瓦茨人类价值观框架模型

评价中可以为四个维度设计不同的题目,类似表 5.11 一样计算出相应维度的得分,哪个维度得分高,就是哪种价值观占主导。施瓦茨价值观量表其实是一种生命与生活价值观,是生涯与职业价值观的基础。

五、其他生涯评估技术

(一) 罗伊职业选择评估

成功的生涯评估与规划要求大量的知识和技能。20 世纪 40 年代,心理学家安妮·罗伊(Anne Roe)开始研究科学家和艺术家的生涯行为。通过多年的研究,她提出职业选择理论:认为可以用十二个因素来解释一个人的职业选择过程,这十二个因素又可归为四个不同的类别(Roe & docsou.com, 1990)。她对这些因素进行了排序,形成了一个字母子公式,罗伊的公式看起来有点难懂,但能帮助个体更充分地理解自己的职业生涯决策。以下就是罗伊的职业选择公式:

罗伊职业选择 $= S[(eE+bB+cC)+(fF, mM)+(lL+aA)+(pP \times gG \times tT \times iI)]$

其中:S=性别,E=一般经济状态,F=朋友,同伴群体,M=婚姻状况,B=家庭背景,种族,C=机遇,L=一般的学习和教育,A=后天习得的特殊技能,P=生理特征,G=认知或特殊天赋能力,T=气质和个性,I=兴趣和价值观。

在以上公式中,罗伊使用小写字母来表示校正系数,用十二个大写字母表示一般因素,每个因素在特定的时间点和独特的环境中会受到个人独特品质的影响,每个人的公式都是独特的,只有 S(性别)因素前面没有校正系数,同时它也是唯一一个影响其他十一个因素的一般因素。罗伊将这些因素(除 S 因素外)分为四组:第一组包含的因素人们无法控制,而后三组中所包含的因素以遗传和后天经验为基础。一个人在某种程度上可以选择自己的经验、兴趣、技能。

罗伊的分析有助于理解为何职业生涯发展和职业选择是如此艰难。解决职业生涯问题和进行职业生涯决策是一个复杂的任务,但只要有时间、动机和努力,就能发展技能,提高学生的认知能力,了解自己的兴趣、价值观、技能,了解职业知识,认识职业世界,从而提高职业生涯的决策技能并学会控制自己的职业生涯。表 5.13 就是罗伊的职业分类系统,将职业分为八个门类,每一个门类又从低到高分为六个层次。

表 5.13 罗伊的职业分类系统(1984)

层次\分类	1. 专业及管理(高级)	2. 专业及管理(一般)	3. 半专业及管理	4. 技术	5. 半技术	6. 非技术
Ⅰ 服务	社会科学家、心理治疗师、社会工作督导	社会行政人员、社工人员	社会福利人员、护士	技师、领班、警察	司机、厨师、消防员	清洁工人、门卫侍者
Ⅱ 商业交易	公司业务主管	人事经理、营业部经理	推销员、批发商、经销商	拍卖员、巡回推销员	小贩、售票员	送报员
Ⅲ 商业组织	董事长、企业家	银行家、证券商、会计师	会计秘书	资料编纂员、速记员	出纳、邮递员、打字员	
Ⅳ 技术	发明家、高级工程师	飞行员、工程师、厂长	制造商、飞机修理师	锁匠、木匠、水电工	木匠(学徒)、起重机驾驶员、卡车司机	助手杂工
Ⅴ 户外	矿产研究员	动植物专家、地质学家、石油工程师	农场主、森林巡视员	矿工、油井钻探工	园丁、农民、矿工、助手	伐木工人、农场工人
Ⅵ 科学	医师、自然科学家	药剂师、兽医	医务室技术员、气象员、理疗师	技术助理		非技术性助手
Ⅶ 文化	法官、教授	新闻编辑、教师	记者、广播员	一般职员	图书馆管理员	送稿件人员
Ⅷ 演艺	指挥家、艺术教授	建筑师、艺术评论员	广告艺术工作员、室内装潢师、摄影师	演艺人员、橱窗装潢师	模特儿、广告绘制员	舞台管理员

当前在学校推进的生涯教育和综合素质评价中,可以参考罗伊的生涯分类系统,让学生了解自己的生涯取向,并对未来职业有初步的选择意识和倾向。

(二)生涯平衡轮评估法[①]

生涯平衡是指一个人的精力与时间是有限的,可以将自己学习、生活中的重要事件进行分类,然后进行分类评估,做到扬长补短、平衡发展。可以通过圆形图的方式加以显示和自我评估,如图 5.14 所示:将一个人生涯面临的问题分为 8 个维度,如健康、

---

① 古典主编:《生涯规划师》,江苏凤凰科学技术出版社 2016 年版,第 115 页。

家庭、娱乐休闲等,如果圆的半径是10(等级分数),可以根据8个维度将圆分成8个扇形,然后根据当下自己对各维度的达成度或满意度进行打分(0—10分),每个维度得几分(如6分),就可以在本维度扇形上涂上半径为几(如6)的扇形颜色(每个维度可以涂不同颜色),直到8个扇形的颜色都涂满为止。这样就可以清晰地看出受测试的人对哪个维度满意(扇形半径大,如>6),对哪个不满意(扇形半径小,如<5),如图5.15所示。

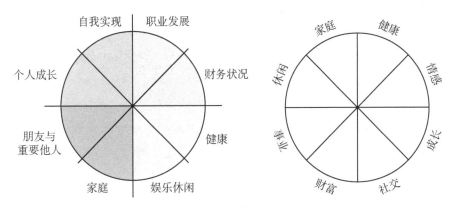

图 5.14　生涯平衡轮维度与图例

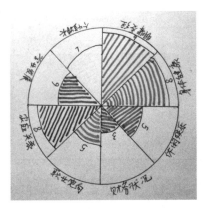

图 5.15　生涯平衡轮手绘评价图

当前生涯平衡轮评估法可以通过手工涂画的方式(如图5.15所示)完成,也可以设置小程序在电脑上完成。这种可视化的评价方式会让学生更加有参与度。

生涯平衡的维度不一定是8个,可以是6个或9个,具体的维度也可以让学生自己选择或设定。

(三) 因素加权评估法

1. "加权×排序"评估法(R×P评估)

在生涯选择、定位与价值观澄清中,都有很多因素可供学生作参考,也需要学生作一定的取舍。在这种情况下,通过各因素"排名×权重"的方法,就可以作相对清晰的评估与判断。具体的做法是:

(1) 排序(rank,用R表示)

将所有影响生涯选择的因素按照重要性进行排序(如从10到1),越重要的排序数字越大(如10),越不重要的排序数字越小(如2或1)。一般情况下,有几个因素(如N个),最高排名就是几(如N)。

(2) 加权(power,用P表示)

加权就是按照各个因素的影响力给其赋予一定的数值,影响力越大,赋值就越大,反之就越小。如果影响力差不多,赋值可以相等。

下面就以生涯价值观的选择作示例:

表5.14 生涯价值观选择"R×P"分析法

生涯价值观因素(6个)	价值观排序(R)	价值观加权(P)	P×R	价值观选择
稳定	5	3	15	3
地位	4	5	20	2
发展	6	6	36	1
经济	3	4	12	
压力小	1	2	2	
人际	2	3	6	

通过表5.14的R×P运算评估,可以看出在生涯价值观的6个因素中,表格中所显示的"发展"、"地位"和"稳定"是受测试者比较看重的。

2. 生涯角色的贡献度评估

根据舒伯的生涯彩虹理论(1953年),依照年龄将每个人的人生阶段与职业发展进行匹配。从纵向(时间轴线)来看,将生涯发展阶段划分为"成长"、"试探"、"建立"、"保持"和"衰退"5个阶段;从横向来看,在每一个阶段,每个人承担的角色不同。所以舒伯从生活广度、生活空间和时间维度来看生涯发展,并提出了著名的生涯彩虹图(如图5.16所示[①])。在生涯彩虹图中,纵向层面(半圆)代表的是生涯发展过程,横向层面(每一条彩虹)代表生活空间,由一组职位或角色组成,分成:子女(只要父母在成人也可以是孩子)、学生(应该理解为学习者)、休闲者、公民、工作者、持家者(无论是否结婚或有孩子,只要是养家糊口的角色都包括在内)6个不同的角色。

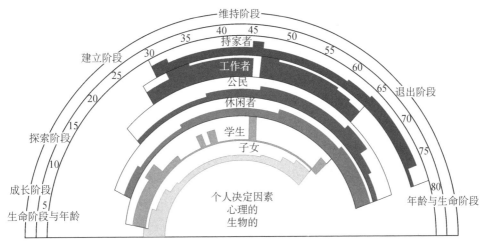

图5.16 舒伯的生涯彩虹图

那么怎么去评估每个人在某个生涯发展阶段的角色贡献度呢?可以通过"角色时间比例"(简写P)×"角色满意度的方式"(简写S)计算出。因为每个人在生命不同的时期,每个角色的时间分配比例不同(角色时间的百分比),而且对每个角色的满意度也不同(由高到低),二者相乘得到:

$$角色贡献度 = P \times S$$

具体的计算方式见表5.15。比如这6个角色的比例加起来是100%,不同年段的学生根据自己的实际情况分配角色的时间比例,也根据自己在每一个角色的自我表现进行满意度打分(1—10之间,分数越高就越满意),二者相乘就可以计算出角色贡献度。若以高中学生为例,其主要任务是学习(学习者比例),没有完全独立,需要家人的支持(孩子比例),休闲的时间比较少(休闲比例),但有空时也做家务,减少父母的负担

---

① 沈之菲:《生涯心理辅导》,上海教育出版社2000年,第61页。

(持家者比例),在学校和社会上也会遵纪守法,主动做志愿者服务等,尽公民的责任(公民比例),如果有可能会在节假日做点勤工俭学(工作者比例),所以高中生学习者和子女的角色比例会多一些,而持家者与工作者的角色比例相对少一些。

表5.15 生涯角色贡献度"P×S"计算法

生涯角色(6个)	角色%(P)	角色满意度(S)	角色贡献度 P×S	贡献度排序
子女	20%	9	1.8	2
学生	40%	10	4	1
休闲者	15%	6	0.9	3
公民	10%	8	0.8	4
工作者	5%	2	0.1	6
持家者	10%	3	0.3	5

从表5.15可以看出,作为高中生,在生涯角色贡献度方面,学生与子女的角色最高,而持家者与工作者最低,这是正常的,因为高中生以学业为重,工作与持家的贡献度低是正常的,如果反过来则说明存在问题。

(四)矩阵评估法

1. "SWOT"法

"SWOT"也是一种矩阵组合分析法,这4个字母分别指:S(strengths)是优势、W(weaknesses)是劣势、O(opportunities)是机会、T(threats)是威胁。"SWOT"法起初用于企业竞争战略规划分析,现在拓展应用到个人生涯规划、团队发展以及个人发展的分析与评估中。一个人"能够做的"(即组织的强项和弱项)和"可能做的"(即环境的机会和威胁)之间是有机组合的。假设通过"SWOT"法来作个体生涯发展的分析与评估,可以参考表5.16。

表5.16 "SWOT"分析矩阵参考

	优势(S)	劣势(W)
内部环境 (S/W)	1. 学生的个性特长和兴趣爱好; 2. 学业优势,研学旅行社会实践经历; 3. 个人的志向目标与成长动机等。	1. 个性弱点(耐力差,拖延); 2. 缺乏自信与相关学习经历; 3. 做自己不擅长的事等。

续 表

	机会(O)	威胁(T)
外部环境 (O/T)	1. 国家政策支持; 2. 社会经济与家庭支持; 3. 良好的人际关系与他人的帮助等。	1. 人际关系与社会支持差; 2. 所处的教育环境不利; 3. 政策扶持面临取消等。

在生涯"SWOT"评估中,可以让学生按照表5.16的矩阵列出自己的S、W、T和O,看能否S＞W以及O＞T,这样学生就能够明显地评估自己在生涯发展中存在的问题和面临的选择。在具体的改进中依然利用"SWOT"法,具体见表5.17。

表 5.17 "SWOT"生涯促进改进法

内部环境分析 内部环境评估	列出自己的优势(S) 1. …… 2. …… 3. ……	估计自己的劣势(W) 1. …… 2. …… 3. ……
挖掘自己存在的机会(O) 1. …… 2. …… 3. ……	S×O策略 发挥优势 利用机会	W×O策略 克服劣势 利用机会
找到自己面临的威胁(T) 1. …… 2. …… 3. ……	S×T策略 利用优势 回避威胁	W×T策略 减少劣势 避开威胁

在表5.17中,学生可以通过S、W、T和O这四个因素的"S×O"、"W×O"、"S×T"以及"W×T"四种组合来找到自己的突破点,这也是用评价认识自我与促进自我发展的一种比较好的方式。

2. 职业分类矩阵

"物以类聚,人以群分。"在生涯的发展与选择中,个体往往关注与自己生活经验、社会环境和教育经历有关的职业,将其作为重要的发展方向。在职业的分类与评估中,有不同的方式,但可以通过简单的二位矩阵,对学生的职业倾向有一个大致的评估和了解,如图5.17所示。

通过图5.17的职业分类矩阵,可以让学生在生涯发展的自我评价中,在四个象限或四个方向(共八个维度)找到适合自己的位置,开展自我探索,然后根据这个位置点,去探索和发现可能对应的专业和工作类型,唤醒职业发展意识,培养生涯发展动力,激

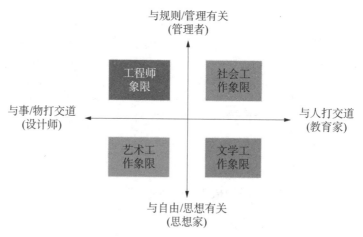

图 5.17 职业分类矩阵图

发自我成长潜力。

3. 生涯选择矩阵

在学生的生涯发展指导与评估中,根据霍兰德的生涯发展理论,一个人在选择职业或确定生涯定位时,会从兴趣、能力和价值观三个维度去思考,如果这三维度都能满足是最好的生涯状态,如果只满足其中两个或一个,个体在生涯发展中会遇到困惑或瓶颈期,如图 5.18 的"生涯的三叶草模型"所示。[①]

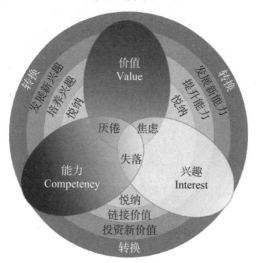

图 5.18 生涯的三叶草模型

---

① 古典主编:《生涯规划师》,江苏凤凰科学技术出版社 2016 年版,第 79 页。

在图 5.19 中,如果一个人从事的职业或事业,他喜欢(兴趣)和有能力去做,但价值不大,长时间下去就会产生失落感,需要做的是"投资新价值";如果做的事情或事业自己喜欢(兴趣)而且有价值,但是能力不够,就会产生焦虑感,需要通过学习提升能力;如果自己从事的职业或事业,有能力做而且感觉有价值,但缺乏兴趣,就会产生厌倦感,需要发展与培养对该领域的兴趣。所以通过"生涯的三叶草模型",可以让学

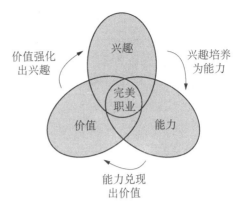

图 5.19 生涯的三叶草转换模型

生对自己的能力、兴趣与价值观进行自我探索与评估,找到自己的优势,同时发现不足,提升能力,培养兴趣以及用能力兑现价值。

在"能力—兴趣—价值"的自我评估中,可以参考表 5.18。将"能力—兴趣—价值"3 个要素进行两两组合,同时每个要素从"高低"两个方面进行评估,就会出现表 5.18 的 3 对组合矩阵 12 个区域,3 个"双高"区域(1、5、9 打"√"的区域)是要重点关注和发展的,3 个"双低"区域(4、8、12 的斜线区域)是要重点预防和不要涉猎的,其他 6 个区域就是可以转化、储存、提升与关注的区域。这 12 个区域,在评估过程中可以让学生将对应和能够想到的职业(专业或学科)填入,然后相互交流,通过自我评估与小组讨论分享,可以对学生的生涯规划与自我了解有比较好的强化和推进,真正做到用测评(评价)促进学生发展。

表 5.18 "能力—兴趣—价值"高低矩阵组合

能力×兴趣		能力		能力×价值		能力		兴趣×价值		兴趣	
		高	低			高	低			高	低
兴趣	高	择优区 1√	潜力区 2	价值	高	目标区 5√	培养区 6	价值	高	奋斗区 9√	观察区 10
	低	储能区 3	排除区 4		低	谨慎区 7	忽略区 8		低	坚守区 11	冰河区 12

在类似表 5.18 的矩阵评估中,除了将因素两两组合外,也可以将三个因素进行组合,如在个人的成长中,智商高(IQ:认知水平)、情商高(EQ:人际交往水平)以及

逆商高(AQ:抗挫折力强)的"三高"群体无论是在与人合作还是个人成长中,都是比较出色的,可以通过IQ(X轴)、EQ(Y轴)和AQ(Z轴)的组合来进行自我分析与评估(如图5.20所示)。

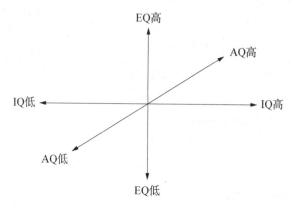

图 5.20 IQ、EQ、AQ 组合矩阵

第五节 家庭与亲子关系测试

一、亲子关系心理测试量表

亲子关系是影响学生生活、学习与心理健康的重要因素。① 在学生的人际关系中,除了师生、同伴关系外,亲子关系是最直接、最亲密的关系。良好的亲子关系能促进学生的健康发展,相反,如果亲子关系不和谐,甚至是敌对和冲突的,那对学生的成长是起阻碍和反作用的。

专栏: 测试: 你和父母的关系如何?

测试说明:你可以根据自己最近的实际情况作"1.从不;2.偶尔;3.有时;4.经常;5.总是"的选择,将相应选项对应的数字填写在每道题目后的(　　)里。

1. 我经常和父母交流自己的想法(　　);

2. 家对我来说是温暖的(　　);

---

① 骆风、陈秋梅、刘惠良:《家长心理健康、亲子关系及其对子女心理健康影响的调查研究》,《教育研究与实验》,2011年第6期,第93—96页。

3. 我爱我的家人(　　);

4. 有困难我会得到父母的帮助(　　);

5. 我和父母之间是平等的(　　);

6. 父母为我感到骄傲(　　);

7. 父母批评或指责我(　　);

8. 我的很多想法在父母看来很幼稚(　　);

9. 父母给我的压力很大(　　);

10. 我喜欢和父母待在一起(　　);

11. 父母对我干涉太多,比较烦他们(　　);

12. 我感到父母根本不了解或理解我(　　)。

做完后根据表5.19算出自己在这12道题目上的总得分。

表5.19　亲子关系测试题目计分表

题　号	选项记分				
	1.从不	2.偶尔	3.有时	4.经常	5.总是
1,2,3,4,5,6,10	1	2	3	4	5
7,8,9,11,12	5	4	3	2	1

学生算出总得分后,根据表5.20就可以测出自己的与父母的关系情况。

表5.20　亲子关系测试得分与等级换算

年级	性别	评分等级(根据总得分)				
		优秀	良好	中等	一般	需改进
初中	男	43以上	38—42	33—37	23—32	22以下
	女	44以上	39—43	35—38	26—34	25以下
高中	男	41以上	35—40	30—34	23—29	22以下
	女	42以上	37—41	32—36	26—31	25以下

二、家庭教育风格量表

家庭教育方式或教育风格对学生的心理健康影响比较大。在学校心理辅导工作中,除了了解学生的心理健康现状外,还要了解家长的教育方式和教育风格。所谓家

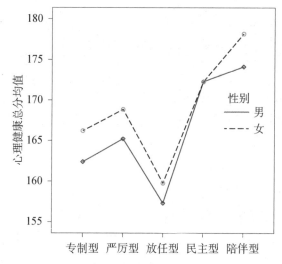

图 5.21　家庭教育方式对学生心理健康的影响

庭教育风格就是指家长在教育孩子的过程中所采取的教育理念、方式与方法等,或者说用何种心态去和孩子沟通,解决孩子成长中的问题。不同的家庭教育方式对亲子关系的建立、亲子冲突的化解以及家庭情感支持等都有很大的影响。所以学校心理辅导同时要注重家庭心理健康教育的指导。

测试1：家庭教育方式测试[①]

问学生："李斌同学很喜欢拆装一些小东西,有一次他独自在家,把家里的闹钟拆开了,这时,他爸爸突然回来了……"假如你是李斌,你的父亲看到你这种行为会怎样? 请你选一项：

1.很生气,训斥我一顿;2.警告我以后别再做这样的事;3.无所谓,反正都已经拆开了;4.赞许,并加以鼓励;5.陪着我一起做,并给我讲解相关知识。

问家长："李斌同学很喜欢拆装一些小东西,有一次他独自在家,把家里的闹钟拆开了,这时,他爸爸突然回来了……"假如您是李斌的父亲,看到李斌这种行为会怎样? 请您选一项：

1.很生气,训斥他一顿;2.警告他以后别再做这样的事;3.无所谓,反正都已

---

① 上海市教育科学研究院 2015 年调查结果。

经拆开了;4.赞许,并加以鼓励;5.陪着他一起做,并给他讲解相关知识。

分析:这是一道情景投射题目,目的是了解和测试家长教育孩子的方式。可以参照的解释结果是:1.专制型教育方式;2.严厉型教育方式;3.放任型教育方式;4.民主型教育方式;5.理解型(或陪伴型)教育方式。

测试2: 家庭教育风格测试

问学生: 有一天你答应父母晚上9点前回家,却无故晚了1个小时,也没有事先打电话,你父母的反应会是……?

A. 这么晚才回来!你又到哪里去了?又去跟谁混了?(接下来便拳脚相加);

B. 回来就好,回来就好,下次这么晚的话我们去接你;

C. 瞪了我一眼,不置可否;

D. 你已经超过了所说的回家时间,发生了什么事呢?说清楚。

问家长: 您的孩子有一天答应晚上9点前回家,却无故晚了1个小时,也没有事先打电话给您,您的反应会是……?

A. 这么晚才回来!你又到哪里去了?又去跟谁混了?(接下来便拳脚相加);

B. 回来就好,回来就好,下次这么晚的话我们去接你;

C. 瞪了他一眼,不置可否;

D. 你已经超过了所说的回家时间,发生了什么事呢?说清楚。

分析:这也是一道情景投射题目,目的同样是了解和测试家长的教育风格。可以参照的解释结果是:A控制型家长:对孩子的一切都要管控,总是对孩子不放心;B放任型家长:认为孩子有自己的想法,任其发展,可以不闻不问;C忽视型家长:认为只要给孩子提供基本的生活,他的成长和家长关系不大;D权威型家长:时刻提醒孩子要长幼有序,不允许孩子冒犯家长,觉得孩子永远长不大,要对家长言听计从。

当然家庭对孩子的影响与教育是一个长期的过程。以上极端的家庭教育方式和风格会比较少。家长对孩子的教育受知识、情景、情绪和理念的影响,不能一概而论。

三、家庭教育氛围测评

在学生的心理成长过程中,家庭的支持与良好的家庭氛围十分关键,即家长能否为孩子创设安全、民主、温馨、和谐与向上的心理环境,家庭成员之间能否相互有效地沟通与支持,使孩子获得积极、健康的成长很关键。

在学校心理健康教育工作中,如果能够理解学生的家庭成长氛围与环境,对有效开展家庭教育和亲子辅导,提高个别辅导的成效以及探讨家庭环境对孩子的影响程度等,都有着积极的意义,可以从以下几个维度评价学生的家庭教育氛围。

(一) 亲子沟通方式

美国积极心理学家丹尼尔·曼认为,影响人际关系最核心的要素是沟通方式,即沟通的态度是积极的还是消极的,另外就是沟通与交流的最终结果是建设性、有效的还是破坏性、无效的(如图5.22所示)。可以将"交流态度"与"交流结果"2个沟通维度组合成4个象限的沟通矩阵。在家庭关系或亲子关系中,最需要的是"智慧型"与"支持型"沟通模式,最忌讳的是"打击型"沟通模式。

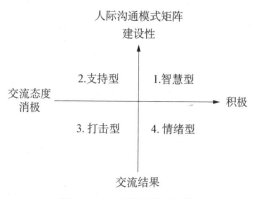

图 5.22 人际沟通模式矩阵

(二) 教育陪伴与支持

时间是一个永恒的变量,亲子之间每天有固定的时间进行交流,或者家长能在家里陪孩子学习,给予情感上的支持,都是家庭环境中的重要因素。同时,当孩子面对压力时家长能够积极地觉察并给予疏解,协助孩子树立明确的生涯目标都是必要的家庭支持因素。

(三) 教育环境的创设

孩子的家庭学习需要一个相对固定的地方(书桌或书房),能够有共同学习的家庭氛围,家长有自己的学习爱好,为孩子树立学习的榜样,创建学习型家庭环境,这是对孩子的一种无形的支持与影响。

(四) 教育理念

教育理念是意识或认知层面的,是对教育目的与孩子成才以及教育方式的一种理解或态度,受个体文化与个人经历影响比较大。良好的教育观念应该是把孩子看成独立成长的个体,尊重教育规律和孩子的意见,不是按照家长的意愿决定孩子的发展与成长方向。

(五) 家校沟通

家长能够积极主动地与学校沟通,了解学校的相关要求以及孩子在学校的表现,在教育理念与目标方面能够与学校保持基本一致,家校协同,促进孩子的健康成长,让家校教育的效应叠加,这是非常必要的。

表5.21就是家庭教育氛围的评价问卷(标准参考评价:划分等级评价),是针对中小学生家长的,问卷共有5个维度,每个维度有5道题目,每个题目有5个选项(单选):1.完全不符合;2.比较不符合;3.一般;4.比较符合;5.完全符合。让家长根据自己的实际情况作出选择。

表5.21的问卷可以用作家长的家庭氛围创设的自我评估(见后面评分说明),也可以用作学校在了解家长家庭教育方式、教育理念等方面信息时的调研。

表5.21 家庭教育氛围评价问卷(中小学生家长)

维度	编号	题 目	选项(1—5)
亲子沟通	1	和孩子交流时我总能心平气和。	
	2	我和孩子几乎无话不谈。	
	3	孩子愿意和我交流他(她)的想法。	
	4*	孩子总是对我报喜不报忧。	
	5	我和孩子能够平等地进行对话。	
陪伴支持	6	我平均每天能够单独陪伴孩子半小时以上。	
	7	当孩子遇到困难时第一时间会想到我。	
	8	哪怕孩子学习落后我也会鼓励他(她)。	
	9	我能够敏感地觉察到孩子的情绪变化。	
	10	注重孩子的劳逸结合与学习效率。	
教育环境	11	为了给孩子树立榜样我也有新的学习目标。	
	12	当孩子学习时我也会看书。	
	13	尽量给孩子一个安静、放松的学习环境。	

续表

维度	编号	题 目	选项(1—5)
	14	为了孩子的学习我取消了很多应酬。	
	15	家给了孩子最好的依靠。	
教育理念	16	我认同孩子是独立的成长个体,与年龄无关。	
	17*	我认为读书是孩子自己的事情,与家长无关。	
	18	学无止境,家长也要不断学习。	
	19	我觉得孩子有自己的成长规律,不能拔苗助长。	
	20	当做与孩子有关的决定时总能倾听他(她)的想法。	
家校沟通	21	能定期通过不同方式向老师了解孩子在学校的情况。	
	22	从来不缺席孩子的家长会。	
	23	当孩子碰到学习生活上的问题时会及时向学校了解情况。	
	24	不会当着孩子的面议论孩子的老师。	
	25	尽可能在教育理念上与学校保持一致。	

计分说明:加"*"的第 4 和第 17 题是反向计分,即选"1、2、3、4、5"分别计"5、4、3、2、1"分,其余 23 道题为正向计分,即选哪一项,就得几分。25 道题的总分在 25—125 分之间。可以参考以下的得分标准作分析。

(1) 如果总分在 25—50 分之间,则家庭教育氛围"不太好"。说明家长不大注意与孩子的沟通,平时无暇顾及孩子的学业与在校表现,让孩子"自然"发展,教育理念比较滞后,需要不断地提升和改进教育方法与策略。

(2) 如果总分在 51—75 分之间,则家庭教育氛围"一般"。说明家长意识到家庭教育的重要性,也尽可能地陪伴孩子,只是感到力不从心或无从下手。家长需要不断地从自身的学习与成长中给孩子做示范和榜样。

(3) 如果总分在 76—100 分之间,则家庭教育氛围"良好"。说明家长具有较好的教育方法与策略,与孩子和睦相处,平等相待,能得到孩子的信任,给孩子营造了良好的成长环境与氛围。

(4) 如果总分大于 100 分,则家庭教育氛围"非常好"。说明家长非常注重对孩子的生涯设计与交流,教育理念与方法得当,家校沟通与协调高效,能够平等、冷静地处理孩子成长中的各种问题,为孩子的发展创设了和谐、民主的环境。

很多心理测评量表、调查问卷以及测评工具都是特定时空下的产物,不可能适用于所有的情况。要开展有针对性的调查研究与评估,除了引用经典和专业的问卷或量表外,还要根据学校心理健康教育的需求,编制个性化的评估问卷与评价体系,这才是长久的,具体编制技术见第七章中的相关论述。

第六节 心理投射测试

一、罗夏墨迹测试

（一）图片构成

罗夏墨迹测试是由瑞士精神科医生、精神病学家罗夏（Hermann Rorschach）创立的，国外有时将其称为"罗夏墨迹测验"（Rorschach Inkblot Method）或"罗夏技术"，或简称为"罗夏"，国内也有多种译名，如罗夏测验、罗夏测试和罗沙克测验等。罗夏测验因利用墨渍图版而又被称为墨渍图测验，现在已经被世界各国广泛使用。罗夏墨迹测试是最著名的投射法人格测验。罗夏测

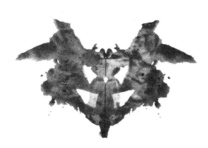

图 5.23　罗夏墨迹图之一

验是由10张经过精心制作的墨迹图构成的。这些测验图片按一定的顺序排列，其中5张为黑白图片（1,4,5,6,7），墨迹深浅不一，2张（2,3）主要是黑白图片，加了红色斑点，3张（8,9,10）为彩色图片。这10张图片都是对称图形，且毫无意义（如图5.23①）。

（二）具体施测

罗夏墨迹测试的目的是为了诱导出被试的生活经验、情感状况、个性倾向等。被试在不知不觉中会暴露自己的真实心理，因为他在讲述图片上的故事时，已经把自己的心态投射入情境之中了。

在测试中，主试的提问很简单，例如："这看上去像什么？""这可能是什么？""这使你想到什么？"

或者主试对被试说："我给你看10张卡片，一次一张。卡片上印有墨迹图形，你看每一张卡片时，告诉我，你在卡片上看到了什么，或者你认为卡片上的墨迹图形是什么东西。每一张卡片看的时间没有限制，当你看完一张卡片时，请告诉我。"

主试要记录：

1. 被试反应的语句；
2. 每张图片从出现到被试开始给出第一个反应所需的时间；

---

① 杨东，吉沅洪著：《实用罗夏墨迹测验》，重庆出版社2008年版，第19—20页。

3. 被试各反应之间较长的停顿时间;

4. 对每张图片作出反应总共所需的时间;

5. 被试的附带动作和其他重要行为等。

以下是来访者或被试容易出现的一些反应模式:

1. 人体:完整的人体、人体结构的一部分;虚构或神话中完整的人体、虚构的或神话中人体的一部分。

2. 某种动物:完整的动物、动物结构的一部分;虚构或神话中完整的动物、虚构或神话中动物的一部分。

3. 抽象的回答或反应:如害怕、发怒、忧伤、开心等。

4. 回答为英文字母或阿拉伯数字,如 A,8 等。

5. 其他:回答是人或动物的解剖,如骨盆、头盖骨等。

(三) 测试过程

1. 自由反应阶段。即自由联想阶段,在这一阶段,主试向被试提供墨渍图,一般的指导语是"你看到或想到什么,就说什么"。应避免一切诱导性的提问,只是记录被试的自发反应。主试不仅要尽量原原本本地记录被试的所有言语反应,而且也要对他的动作和表情给予细心的注意和记录。此外,要测定和记录呈现图版之后到被试作出第一个反应的时间,以及对这一张图版反应结束的时间。

2. 提问阶段。这是确认被试自由反应阶段所隐藏的想法的阶段,主试以自由联想阶段的记录材料为基础,通过提问,清楚地了解被试的反应利用了墨渍图的哪些部分,以及得出回答的决定因素是什么。

3. 类比阶段。这是针对提问阶段尚未充分明白而采取的补充措施。主要是询问被试对某个墨渍图作出反应时所使用的决定因素,是否也用于对其他墨渍图的反应,从而确定被试的反应是否有某个决定因素的存在。

4. 极限测验阶段。当主试对被试是否使用了某些部分和决定因素还存在疑虑时,进行确认。在测验过程中,主试以记号对各种反应进行分类,并计算各种反应的次数,以便在绝对数、百分率、比率等方面进行比较。

(四) 罗夏墨迹图的解释参考

作为典型的投射测试,它的解释是比较难的,很难形成解释的常模,一般都是根据临场经验,作为了解来访者人格特质的参考。以下一些解释只是临床经验的参考。

完成罗夏墨迹测试一般需要 20—30 分钟,被试反应过快,可能是躁狂症;反应过慢,则可能是抑郁症;若慢了很多,此人容易生病(隐匿性抑郁);非常慢则要预防他自杀的可能性。运动反应多,有创造力,情感稳定,内向;彩色反应多,感情丰富多变,灵巧机敏。在回答总数方面,正常人对 10 张图片能作出 17—27 个回答,回答总数多但质量差为躁狂症;总数多质量也高,多为内向者;回答总数少但质量高,多为抑郁症患者;总数少且质量差,多提示有脑器质疾病,如脑瘤,或属智力痴呆者。动物反应少的基本上是专门艺术家;而动物反应过多(70%—100%)是非常刻板的学究;动物反应在 20%—35%,表示被试心情好;占 50%—75%则可断定为心境压抑。在分析过程中还要注意以下几点:

1. 注意负面信息:血腥、色情与暴力;
2. 故事的逻辑性与连贯性;
3. 想象的丰富性与创造性;
4. 联想的经验性、职业性或文化性;
5. 结果的保守性与开放性;
6. 适合临床与个别测试;
7. 每张图片的思考时间不要超过 2 分钟。

二、主题统觉测验

H. A. 默里于 1935 年为性格研究编制了一种测量工具——主题统觉测验(Thematic Apperception Test,简称 TAT)。全套测验有 30 张黑白图片和 1 张空白卡片。30 张黑白图片是比较模糊的人物图片,其中有些是专用于男人、女人、男孩和女孩中的某一群体的,有些是共用的。

图片内容多为一个或多个人物处在模糊背景中,意义隐晦。施测时根据被试的性别以及是儿童还是成人(以 14 岁为界),取统一规定的 19 张图片和 1 张空白卡片进行测试(如图 5.24①)。

图 5.24 TAT 投射测试图片之一

---

① 吉沅洪:《图片物语》,华东师范大学出版社 2010 年版,第 1 页。

此方法属于投射技术。测验时让被测验者根据图片内容按一定要求讲一个故事。被测验者在讲故事时会将自己的思想感情投射到图画中的主人公身上。默里提出的方法是要从故事中分析一系列的"需要"和"压力"。他认为,需要会派生出压力,而且正是由于需要与压力控制着人的行为,人格的形成和发展才会受到影响。因此,通过主题统觉测验,可以反映一个人的人格特点。后来在此基础上又衍生出了投射技术中的结构技法。临床医学家还用这种测验结果进行病理分析。

让被试看一张图片,然后据此讲个故事,故事的叙述应该包含四个基本维度:

1. 图片描述了一个怎样的情境;
2. 图片中的情境是怎样发生的;
3. 图片中的人物在想什么;
4. 结局会怎样。

主题统觉测验的原理是让被试给意义隐晦的图片赋予更为明确的意义。从表面上看,这一赋予意义的活动是绝对自由的,比如在指导语中,主试就鼓励被试进行无拘无束的想象和自由随意的讲述,故事情节愈生动愈戏剧性愈好。但是实际上,默里相信被试在这个过程中会不自觉地根据自己潜意识中的欲望、情绪、动机或冲突来编织一个逻辑连贯的故事,这样,研究者就可以对故事内容进行分析,捕捉蛛丝马迹,从而了解被试特定的内心世界。这一整个过程就是分析过程。默里还提出了六个角度对这种分析进行指导。

1. 故事的主角身份。被试往往会认同故事中的主角(通常故事人物中总有一个与被试的年龄、性别、身份地位相仿的),进而把自己的内心欲望或冲突等人格特征投射在主角身上。反过来,研究者从故事主角是隐士还是领袖,是个有优越感的人还是一个罪犯之类的信息出发来探测被试的人格特征。

2. 主角的行为倾向。分析时应注意主角的行为,行为若有非常突出的特点,甚至仅仅是提到的次数多,就可能说明被试此种动机倾向十分强烈。默里曾指出,行为中反映出如屈辱、成功、控制、冲突、失意之类的特征,几乎都可以按其在叙述过程中的强烈性、持续性、重复次数以及在故事内容中的重要性,将之标识在一个五点量表上。

3. 主角的环境力量。尤指人事的力量,或者是图片上本没有的由被试自己想出来的人和物。在故事中,这些环境力量的表征物对主角所产生的影响,如拒绝、伤害、失误等,也可以根据其强度将之标识在五点量表上。

4. 结局。指主角力量和环境力量经过相互作用,经历了困难和挫折之后的成乎、败乎、乐乎、悲乎之类的结果。

5. 主题。主题是故事主角的内部动机力量,欲求与外部环境力量的相互作用及其结局。主题可以是简单的,也可以是复杂的,但每个具有特定意义的故事的主题是解释的主要依据。

6. 趣味和情操。指故事人物的喻指,如老妇喻指母亲,主角为正面人物还是反面人物,诸如此类。默里的分析方法意在评估个体的人格特征,而一次全面的分析费时甚长,往往需要4—5个小时才能评定一份记录,这是典型地把TAT当作一个测验来使用的情况。有的研究人员实际上是把TAT当作采集当前研究所关心的个人资料的工具,因此若想考察个体的攻击性倾向,则主要留意故事中攻击性行为的表征,若想考察个体的焦虑程度,就主要捕捉故事中与焦虑有关的内容,此时采用的图片也就不一定限于TAT所提供的了。但是不论怎么使用,基本的原理都是一样的。

三、房树人测验
(一) 房树人测验的发展

房树人测验,又称屋树人测验,它开始于约翰·巴克(John Buck)的"画树测验"。约翰·巴克于1948年发明了此方法,受测者只须在三张白纸上分别画上屋、树及人就完成测试了。而动态屋、树、人分析学则由罗伯特·C.伯恩(Robert C. Burn)在1970年发明,受测者会在同一张纸上画上屋、树及人。这三者有互动作用,例如从屋与人的位置与距离可以看出受测者与家庭的关系,所以这两种分析学多数时候会结合使用。

"房树人测验"相对来说方法多种多样,在测验的形式上又有许多变通。例如:有的简单要求被测者画出房、树、人,有的要求被测者在画完房、树、人后,再用蜡笔对画进行涂抹上色,还有的要求画性别相反的两个人物;另有一种综合性"房树人测验"(或称统合性"房树人测验"),要求被试在同一张纸上画上房、树、人来进行测试。总而言之,"房树人测验"不仅是一种人格测验,有时也是一种智力测验。在精神卫生领域它可以动态地掌握病人病情的变化,并且能激发病人的创造力,甚至通过绘画,能起到治疗的作用。通过多次绘画达到治疗目的的方法此后逐步发展成心理治疗中的绘画疗法。

HTP测验是由美国心理学家约翰·巴克(1948年)率先在美国《临床心理学》杂志上系统论述的。20世纪60年代,日本引进了HTP测验并加以推广应用。学者们在临床实践中发现,分三次描绘三张图形对被测者的心理压力较大,尤其不适合于那些精力不足、情感淡漠、注意力不集中的精神病患者,于是将"房子、树、人"三项合画于一张纸之中,不仅可大大减轻被测者的负担,扩大测验对象,提高成功率,而且能简捷有效地探测被测者的人格特征。这就是统合型 HTP 测验——Synthetic House-Tree-Person Technique。

(二) 适用范围

1. 该测验既可以用于群体测试,又可以用于个体测验;

2. 它可以作为有关精神健康的普查筛选工具,以此筛选出群体中的心理不良者;

3. 它还可以用于门诊临床以及住院患者的心理诊断,为心理咨询提供有关人格方面的信息;

4. 此外还可用于调解夫妇关系和亲子关系,成为治疗和矫正青少年不良心理问题的手段之一;

5. 利用其艺术疗法的作用,促进精神病人的康复。

(三) 测试优点

1. 具有主动性、构成性、非言语性的特点,避免反应内容在言语化过程中变形,从而更具体地了解被测者的人格特征,捕捉到难以言表的心理冲突。

2. 能初步了解被测者的智力水平,它不像 WAIS 测验那样有诸多的局限性,并且不易造成心理创伤体验。

3. 再度测验不会导致练习效果,有利于反复施测,追踪观察。

(四) 测试方法

1. 测试前的准备:准备测验纸、A4 纸,没有橡皮擦的铅笔一支。

2. 要求被试:

(1) 画好的线条不可以用橡皮擦擦掉,但可以重画;

(2) 画完一部分或整幅图画后,不能重画;

(3) 想怎么画就怎么画,但必须有房、树、人;

(4) 画人的时候,不可以画火柴人;

(5) 画画时不可以用尺子;

(6) 构思的时间最好不要超过五分钟。

(五) 测验指导语

首先让被测者填写姓名、年龄等一般资料,然后把测验纸放在被测者面前,指着[A]的方框告诉被测者:"请拿铅笔,认真地画一个房屋,画任何结构的房屋都可以,只要你努力地画,就可以了。如果觉得画得不满意,可以修改,在时间上没有特别限制,只要你认认真真地画就可以了。"

被测者中有中年、老年,还有儿童,有时候他们会提出"我不是画家,在学校念书的时候也没有学过绘画",从而对该测验表现出抵制。在这种情况下,作为测验者,要明确地告诉他们,"房树人测验"不是一个有关艺术能力的测验,在绘画的时候,并不要求你画得跟画家一样,只要使他们能够认真地配合,顺利进行描绘就行。当有的被测者提出要求用尺子时,要明确告诉他们,画这些画不能使用尺子等工具,请采用手描的方式进行。

对于"统合性房树人测验",测验工具为 8 开或 A4 规格的白纸、带橡皮的 2B 铅笔(也可选择蜡笔)或普通 2B 铅笔及 1 块橡皮。

测试指导语为:

请用铅笔在这张白纸上任意画一幅包括房子、树木、人物在内的画;想怎么画就怎么画,但要求你认真地画;不要采取写生或临摹的方式,也不要用尺子,在时间方面没有限制,也允许涂改;画完后请写上自己的性别、年龄、文化程度、职业。

(六) 对测验的记录

在测验的过程中,要求测验者进行以下记录:首先,要记下绘画时间,从指导语结束到被测者开始描画的时间,一幅画画完所需的时间等。其次,被测者在描绘房、树木、人时要正确地记录其画画的顺序,如先画房顶,然后画墙壁,再画门、窗等。最后,被测者在描绘过程中,可能会提出某些问题或自言自语地进行解释,如"这是房顶,这是墙壁,这有一个窗"等,也需要进行记录。总之,要严密地观察被测者在绘画过程中是连续性描绘还是停顿性描绘。描画过程中情绪状态怎样,是平稳的,还是烦躁的;是心安理得的,还是烦恼的;对绘画是配合的,还是抵制的。

(七) 举例分析

图 5.25 是一位 12 岁(小学 5 年级)男学生的"房树人"作品。当时该学生感觉学习压力大,功课经常推迟上交,学习成绩下降明显(由班级中上下降到偏下)。在做了 2 次咨询后,愿意画图,最后就完成了图 5.25。

基本分析与评估:

1. 房子:房子代表家庭与亲子关系。该图中房子的结构稳定与完整,说明亲子关系尚可,但比较疏远(人在房子外面)。房子上的瓦片排列密集,可能是情绪紧张与焦虑的体现。烟囱是房子的附属品,说明压力与情绪需要得到释放。

图 5.25 "房树人"投射测试举例

2. 树：如果代表来访者的学习状态与生涯目标，说明还是比较清晰和稳定的（树干与地面基本垂直），只是缺乏动力。树上有果实（来访者说是苹果），树枝比较稀疏，线条不够均匀流畅，说明对自己的要求很高，只是力不从心。

3. 人：正面，但比较矮小。如果代表自己，说明来访者对自己的状态能够接受，但缺乏认同感，有点自卑和无所适从。人处在房子与树之间，说明面临着学校（学习）与家长（要求）的双重压力。

在与来访者的后续沟通交流中发现，面临小学毕业，父母经常让他补课，布置很多作业，缺乏休息与娱乐的时间，自己感觉很累，不想读书，也不明白读书最终是为了什么，感到迷茫和压力，想逃避。可见"房树人测验"与心理咨询结合，还是能够投射出来访者的心理状态的，但还是存在一定误差，要谨慎使用。

（八）HTP 测试的不足

1. 解释的主观性与主试专业性之间的博弈

HTP 测试虽然操作简单，但是在使用、解释和分析的过程中，由于缺乏相应的常模参考，又受测试者当时测试心境的影响，测试的准确性会存在误差；另外，在测试与分析过程中，主试的经验、专业能力与测试目的（或取向）不同，对被试 HTP 作品的分析也会存在很大的差异。所以，不可以用 HTP 测试作诊断与筛查，只能将其作为咨询与辅导过程中的参考。

2. 可能受绘画技法的影响

HTP 测试不太适合年龄太小的学生（如小学低年级以下的）。另外 HTP 测试受被试绘画能力、理解能力与绘画经验的影响比较大，通过一次测试去分析解释作品背后的心理特征存在一定的风险。所以在测试过程中,要了解被试的文化背景与绘画经验。不是每一个人都适合做 HTP 测试的。

3. 暗示与学习效应对测试、绘画结果的影响

如果主试与被试没有建立比较信任的咨访关系,或者在被试不知道测试目的的情况下,被试容易产生一定的防御心理,测试的真实性就会被掩盖。同时,在测试过程中,如果被试有过测试的经验(如其他绘画测试)和学习的经历(如自己喜欢心理测试),结果也会产生误差。

4. 分析中可能被过度解读

其实一幅 HTP 作品,只是被试在一定时空状态下的反应,受测试的环境、时间、当时的心态以及主试的暗示等影响,对一幅绘画内容比较丰富的 HTP 作品,就有可能由于主试和被试的好奇心而被过度解读,这是必须要加以防范和注意的。

四、情绪涂鸦心理评估

(一) 表达性心理咨询

表达性艺术治疗(Expressive Art Therapy)是借助音乐、绘画、舞蹈、戏剧、角色扮演等方式以舒缓、化解情绪的一种治疗技术。

表达心理咨询指借助表达性媒材(绘画、音乐、舞蹈、叙事)来释放来访者的情绪、压力以及发现其问题症结的一种咨询技术。在当前,表达性心理咨询受人本主义、精神分析等的影响比较大,在学校心理健康教育工作中也经常用到。而情绪卡牌与情绪涂鸦是常见的表达性心理咨询的方式。

(二) 情绪卡牌与评估

情绪卡或情绪卡牌就是将与情绪有关的形容词做成卡片或卡牌(一词一卡,如图 5.26 所示),让受测者在个别或团体辅导中,选出与自己当下情绪状态有关的词,并说出这种情绪和什么事(人)有关,对自己有怎样的影响,自己当时是如何处理的,这些经历对自己有什么启发和借鉴等(也是一种投射的咨询方式),具体咨询流程如图 5.26 所示。

当然,也可以通过情绪词表的方式让学生选择。在图 5.27 中,让学生通过已选好的情绪词的数量(积极词与消极词的比例)以及每个情绪词的强烈程度(如由低到高,可以让学生从 1—10 进行自我打分),将消极情绪词的等级和积极情绪词的等级分别相加,由此就可以对学生的情绪状态作基本的评估,从而看出学生的哪种情绪状态占

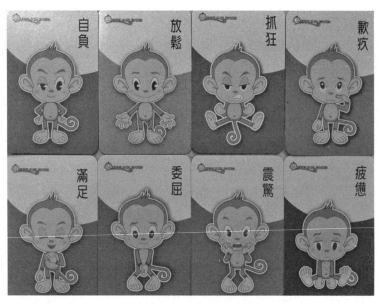

图 5.26 彰化师大高淑贞教授设计的情绪卡

生活、学习中的情绪

消极情绪（品质） 积极情绪（品质）
- □ 无助、焦虑、内疚　　□ 浪漫、开心、愉快
- □ 愤怒、自责、担心　　□ 平静、自在、知足
- □ 悲伤、压抑、厌倦　　□ 喜悦、兴奋、自豪
- □ 沮丧、失望、恐惧　　□ 阳光、欣喜、幸福
- □ 自私、小气、阴险　　□ 自信、乐观、希望
- □ 圈套、狭隘、算计　　□ 坚毅、感恩、责任

○ 什么事
○ 时间、地点、人物
○ 如何处理
○ 启发

图 5.27 情绪词(卡)的使用流程参考

主导，并采取进一步的辅导对策。

（三）情绪涂鸦与评估

情绪涂鸦，顾名思义就是让学生（或来访者）根据当时的情绪状态在无意识状态下将自己的情绪感受用纸笔随意涂画下来，咨询师或学校心理教师根据自己的专业知识

与辅导经验,与当事人一起对涂鸦作品进行分享、交流。

1. 情绪涂鸦的原理

绘画或涂鸦提供给咨询师一个协助个案参与自我表达的工具,也给人们一个进入治疗的机会,透过绘画人们得以恣意地描绘自己的感觉、冲突和期望。咨询师和个案间以及个案和自己的艺术作品间的关系,形成改变的催化剂。咨询师建构一个温暖和支持的环境,提供给个案一条释放挫折、攻击、恐惧或困惑的道路;个案则借由生动地呈现这些感受,面对、公开并学习控制它们。在绘图的过程中,个案开始感觉到拥有较多的情绪控制感,逐渐开始为自己着想,并得到较好的自我认同。事实上,绘图会开启一扇自我探索的门,以非口语的方式透露许多个人问题。一般而言,儿童的天性是喜欢使用艺术媒材,加上他们尚无法使用复杂的语言,因此透过艺术自然真实的流露,可以协助他们解决内在的冲突。在整个绘图或涂鸦的过程中,咨询师当然会期待个案分享他们的内在世界,但在治疗初期,邀请个案绘图但不强迫他们,可能会让个案更有自由感,有助于其日后的发展。在治疗过程中咨询师最好保持被动的、客观的观察者角色。在整个治疗过程中,有几个重要的点要注意。

当儿童利用铅笔、蜡笔、黏土等艺术媒介进行创作时,他们正在进行一种表露性、体验性和游戏性的活动,而且这样的过程是充满创意和象征的,这些绘画或涂鸦的内容都是他们的故事或他们的故事的一部分。儿童创作的过程是将他们在环境中,以及和环境的互动以视觉的方式呈现在画面上,他们可以用艺术媒介安全地去探索他知觉中的环境变动。绘画涂鸦一般有以下几个阶段:

(1) 鼓励自发与幻想(Encouraging spontaneity and fantasy);

(2) 鼓励成长(Encoureging growth);

(3) 提供治疗性改变的舞台(Providing a platform for therapeutic change);

(4) 阐释和建立关系(Interpreation and relationship building);

(5) 解决冲突(Resolving conflicts);

(6) 运用不同的艺术媒介(Using alternative art media);

(7) 情感转移的表达(Expressions of transference);

(8) 修通过程(Working-through process);

(9) 咨询结束(Ending therapy)。

2. 情绪涂鸦的流程

在情绪涂鸦之前首先要与学生建立基本的信任或辅导(咨访)关系。然后告知学生涂鸦的基本要求,学生清楚之后就可以在空白的纸张(16开或A4大小)上,选几个能够反映自己当下状态的情绪词(或者由老师指定几个情绪词)涂鸦绘画作品(一个词对应一张涂鸦作品)。每个词组涂鸦的时间可以限制也可以不限制(但都要记录完成的时间)。所有的情绪词涂鸦结束后就可以让涂鸦者对自己的作品进行表达、分享和讨论。通过这种方式,可以降低涂鸦者的心理防御,一方面可以释放其压力,另一方面通过对涂鸦作品的表达与分析,心理教师(或咨询师)可以了解涂鸦者的情绪状态。

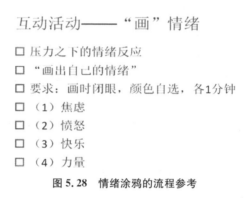

图5.28 情绪涂鸦的流程参考

3. 情绪涂鸦评估

情绪涂鸦评估就是依照涂鸦图形的线条、颜色、面积、布局以及象征意义等进行分析和评价的过程(具体分析参考表5.22)。

表5.22 情绪涂鸦评估分析参照表

评估角度		评估内容	评估参考	评价图例
涂画时间		用时的长、短	用时越长情绪越强烈	图q×1,图q×2
涂画颜色		使用颜色的多、少	用色越多情绪越丰富	图q×3,图q×4
线条	浓度	线条的淡、浓	线条越浓情绪越强烈	图q×5,图q×6
	疏密	线条的疏、密	线条越密情绪越强烈	图q×7,图q×8
	粗细	总体线条的粗、细	线条越粗情绪越强烈	图q×9,图q×10
	曲直	线条是直还是曲	曲线越多情绪越强烈	图q×11,图q×12
	连续性	连续还是断裂	线条越连续情绪越强烈	图q×13,图q×14
	缠扰性	线条间重叠交叉	重叠越多情绪越强烈	图q×15,图q×16

续 表

评估角度		评估内容	评估参考	评价图例
构图	面积	涂画占的比例	涂画面积越大情绪越强烈	图q×17,图q×18
	重心	图形在哪个位置	越靠近重心情绪越强烈	图q×19,图q×20
意义化		内容抽象、具象	绘画越抽象情绪越强烈	图q×21,图q×22
		反向象征	越反向越不强烈,如用黑色表示喜悦,越浓越不喜悦。	

表5.22中的图例分析参考如下。

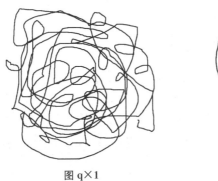
图q×1

图q×2

从线条的走向与多少来看,图q×1应该比q×2用时要多,说明图q×1所表达的情绪比图q×2的要强。

图q×3　　　　　　　　图q×4

从线条用的颜色(实践操作中采用不同颜色)多少来看,图q×3应该比q×4用时要少,说明图q×3所表达的情绪比图q×4的要弱。

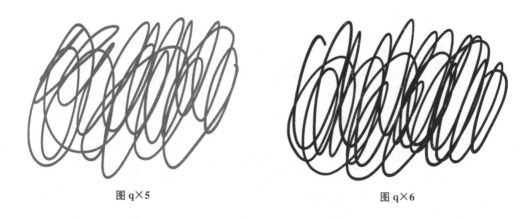

图 q×5　　　　　　　　　　　　图 q×6

从线条的用色浓淡来看,图 q×5 应该比 q×6 用色要淡,说明图 q×5 所表达的情绪比图 q×6 的要弱。

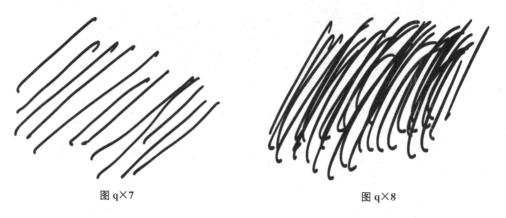

图 q×7　　　　　　　　　　　　图 q×8

从线条的疏密来看,图 q×7 比图 q×8 的线条要稀疏很多,说明图 q×7 所表达的情绪比图 q×8 的要弱。

图 q×9　　　　　　　　　　　　图 q×10

从线条的粗细来看,图 q×9 比图 q×10 的线条要细很多,说明图 q×9 所表达的情绪比图 q×10 的要弱。

图 q×11　　　　　　　　　　　　　　　图 q×12

从线条的曲直来看,和图 q×12 相比,图 q×11 的线条都基本是直的,说明图 q×11 所表达的情绪比图 q×12 的要弱。

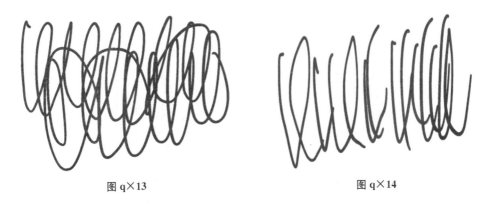

图 q×13　　　　　　　　　　　　　　　图 q×14

从线条涂画的连续性看,图 q×13 是连续的,而图 q×14 的线条基本都是断开的,说明图 q×13 所表达的情绪比图 q×14 的要强烈。

图 q×15　　　　　　　　　　　　　　　图 q×16

从线条涂画的重叠与交叉性看,图 q×15 的线条基本是不交叉的,而图 q×16 的线条几乎都是交叉重叠的,说明图 q×15 所表达的情绪比图 q×16 的要弱。

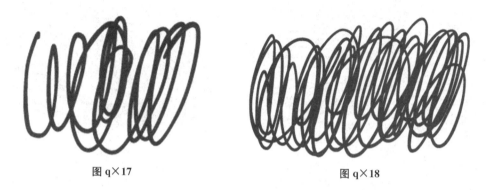

图 q×17　　　　　　　　　　　　图 q×18

从线条涂画的面积大小来看,图 q×17 涂画的面积明显要比图 q×18 的面积小很多(不到其三分之一),说明图 q×17 所表达的情绪比图 q×18 的要弱。

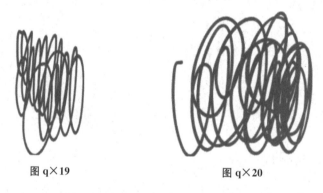

图 q×19　　　　　　　　　　　　图 q×20

从线条涂画位置的重心看,图 q×19 重心明显偏左,而图 q×20 的线条基本在纸张的中心位置,说明 q×19 所表达的情绪比图 q×20 的要弱。

图 q×21　　　　　　　　　　　　图 q×22

从线条的涂画意义性或具象性来看(如涂画"悲伤"),图 q×21 很具象(有哭脸和眼泪),而图 q×22 很抽象,几乎看不出在画什么,说明 q×21 所表达的情绪(如"悲伤")比图 q×22 的要弱。

4. 情绪涂鸦的评估建议

(1) 指导语很重要

在涂鸦过程中,一开始要使学生或来访者处于比较放松的状态,告诉他"根据你的实际感受,将你的情绪涂画出来,想怎么画就怎么画,在时间、用色与画法等方面都没有限制,你画好了就告诉我",不要给来访者太多暗示,鼓励他们将最真实的感觉画出来。

(2) 评估是表达的副产品

其实情绪涂鸦的主要目的是让来访者放松心灵、释放压力与表达情绪,是一种辅导的手段。评估是在辅导与情绪涂鸦表达之后的副产品,不能为了评估而涂鸦,而忽视了涂鸦的辅导与疗愈的功能。

在情绪涂鸦过程中可以采用以下几种方式,具体如表 5.23 所示:

表5.23 情绪涂鸦的8种组合方式(眼睛×用色×用手)

用色要求 用眼用手		涂鸦用色			
		单色		多色	
用眼要求		睁	闭	睁	闭
涂鸦用手	左手	左手—单色—睁眼	左手—单色—闭眼	左手—多色—睁眼	左手—多色—闭眼
	右手	右手—单色—睁眼	右手—单色—闭眼	右手—多色—睁眼	右手—多色—闭眼

从表 5.23 可以看出,在涂鸦过程中,为了减少涂鸦过程中学生的防御性与单调性,在用手上,可以用左手,也可以用右手,涂鸦的颜色可以是一种也可以是多种,在涂画过程中可以睁眼画,也可以闭眼画,这样就形成了 8 种组合方式。无论何种组合方式,在涂鸦过程中,学生都是放松的。

(3) 涂鸦评估只是参考而非诊断

表5.22 的情绪涂鸦评估参考不是绝对的,只是一些涂鸦评估维度的参考,不能用一幅学生"信手涂鸦"的作品,随便作分析,更不能作诊断。在团体辅导、心理活动课程以及个别咨询中都可以使用涂鸦的方式,一方面增加趣味性,另一方面增强学生的自我探索与觉察的意识。

（4）注意情绪表达的正向与负向

情绪的表达有强烈低弱之分，也有正向与负向之分。所以在情绪涂鸦过程中，除了了解学生的某种情绪的强弱程度之外，更要让学生能够接纳和处理消极的情绪，同时激发学生的健康积极的情绪。

（5）整体分析，注意防御

虽然表5.22中有不同的涂鸦举例和分析，但在具体的辅导与咨询过程中，碰到的涂鸦作品可能是"千奇百怪"的，不能"断章取义"和"一叶障目"，要从整体视角去了解，同时主动与来访者或涂鸦者沟通，注重作者对作品所赋予的意义。另外，由于受年龄、绘画技法以及文化的影响，并不是每个人都适合做涂鸦表达、分析与评估的，特别是心理防御特别强的来访者，这时可以通过其他表达性咨询的方式加以探索。

总之，儿童可以利用艺术的媒介将他们个人的故事呈现在他们的作品中。更具治疗意义的是可以使他们实现在实际生活中未能满足的需求，或改变事情的结局，以符合他们内心的期望，其实这样的过程都是在引导儿童将他们的内在世界透过绘图投射出来。利用纸笔图画引导儿童创作的过程，力求同时达成以下几个目标：

① 引导儿童通过对图画内容的描述，将他们意识中或潜意识中的故事投射性地讲出来；

② 引导儿童将内在压抑或强烈的情感表露出来；

③ 引导儿童亲身感受绘图的创作过程和咨询师的回应，提升儿童的自尊感，让他们觉得有能力感。

通常要儿童（尤其是较低年级及有适应困扰的儿童）做抽象层次的口语表达是不容易的，而透过一个儿童自行创作的作品，然后看着作品引导儿童讲出作品中的故事则会比较容易，但也不是完全没有困难。因此，研究者在此应提出一个简要的方式来引导儿童讲述作品的故事内容。若儿童无法建构出一则完整的故事，则建议利用引导式的访谈来引导儿童讲出故事内容。

第六章 教师心理测试

第一节 教师职业发展测试

一、教师职业倦怠测试

(一) 关于职业倦怠

教师是职业倦怠的高发人群。职业倦怠是职业压力的一种,指在职业环境中,由对长期的情绪紧张源和人际关系紧张源的应激反应而表现出的一系列心理、生理综合征。教师身上表现出的职业倦怠感对学生的成长和发展有巨大的消极影响,[①]并影响教师现有知识、技能水平的正常发挥,造成原本紧缺的教育资源的隐性流失和浪费。

(二) 教师职业倦怠量表

王国香等[②]在2003年对《教师职业倦怠量表》进行了修编。《马斯拉奇职业倦怠调查普适量表》(Maslach Burnout Inventory General Survey,简称 MBI-GS)在国际通用,经过多次反复验证,具有很高的信度和效度。该问卷共有16个题目,包括:情绪耗竭(共5题)、去个性化(共5题)和职业效能(共6题)3个维度。量表采用7点自评方式,计分方式为0—6分:"从不"为0分,"一年中有几次或更少"为1分,"一个月一次或更少"为2分,"一个月中有几次"为3分,"一个星期一次"为4分,"一个星期中有几次"为5分,"每天"为6分,分值越高则说明职业倦怠越强。计分中间数为3分,均分3分以下者表示职业倦怠较轻微,3—5分者表示职业倦怠比较严重,5分以上者表示职业

[①] 赵玉芳,毕重增:《中学教师职业倦怠状况及影响因素的研究》,《心理发展与教育》,2003年第1期,第80页。

[②] 王国香,刘长江,伍新春:《教师职业倦怠量表的修编》,《心理发展与教育》,2003年第3期,第82—86页。

倦怠非常严重。

专栏：您是否有职业倦怠？

说明：以下 10 道题目请根据您的实际情况选择"是"或"否"。

1. 我常在工作一整天后，感到精疲力尽。

2. 我对工作经常感到负荷很重，耗尽心神。

3. 我觉得我工作得太辛苦了。

4. 我觉得我的工作耗尽了我的精力。

5. 我常对教育学生或班级管理感到精疲力尽。

6. 整天和学生在一起的工作确实让我感到疲劳。

7. 直接面对学生的工作给我太大压力。

8. 我觉得当老师是一件很累的事情。

9. 我觉得与刚开始当老师时相比，自己现在变得越来越放不开，越来越患得患失了。

10. 有时候我觉得自己快要没有能量去面对教学和学生工作了。

结果：以上题目若有 6 道及以上回答"是"则说明有职业倦怠（参考）。

（三）教师职业倦怠测试

第一部分：指导语与题目

请您根据自己的感受和体会，判断以下这些描述是否符合您工作中的实际情况，然后选择一个数字，填入最后一列"您的选择"中，以代表该句子的内容与您的情况符合的程度。

表 6.1　教师职业倦怠测试题目与选项

题号	题　目	完全不符合	比较不符合	有点不符合	不确定	有点符合	比较符合	完全符合	您的选择
1.	我非常疲倦。	1	2	3	4	5	6	7	
2.	我担心教育教学会影响我的情绪。	1	2	3	4	5	6	7	
3.	我常常感到筋疲力尽。	1	2	3	4	5	6	7	
4.	一天的教学任务结束后，我感到疲劳至极。	1	2	3	4	5	6	7	

续表

题号	题 目	完全不符合	比较不符合	有点不符合	不确定	有点符合	比较符合	完全符合	您的选择
5.	最近一段时间,我有点抑郁。	1	2	3	4	5	6	7	
6.	我不关心同事或学生的内心感受。	1	2	3	4	5	6	7	
7.	我的同事或学生经常抱怨我。	1	2	3	4	5	6	7	
8.	我抱着玩世不恭的态度开展工作。	1	2	3	4	5	6	7	
9.	我经常责备我的同事。	1	2	3	4	5	6	7	
10.	我经常拒绝同事的要求。	1	2	3	4	5	6	7	
11.	我不能有效地解决教学中的问题。	1	2	3	4	5	6	7	
12.	我不能通过自己的教学有效地影响自己的学生。	1	2	3	4	5	6	7	
13.	我不能创造轻松活泼的工作氛围。	1	2	3	4	5	6	7	
14.	即使解决了工作中的问题,我也不会很兴奋。	1	2	3	4	5	6	7	
15.	我不认为自己完成了很多有意义的工作任务。	1	2	3	4	5	6	7	

第二部分:计分与解释

根据表6.2,将每个维度的5道题目的得分加起来(每道题选哪一项就得几分),就可以按照等级分数得出测试老师在本维度上的职业倦怠程度。

表6.2 教师职业倦怠各维度对应题目与解释

维度	标准	解释
(1) 情绪耗竭 (题目1、2、3、4、5)	<25分(无情绪耗竭)	您在工作中情绪饱满,比较热情和有干劲,待人态度也比较友好,大家和你在一起很愉快。很少有不开心的事情在工作、生活中发生。希望您继续保持这一状态,以乐观的心态去努力工作。
	超过25分(有情绪耗竭)	您在当前的工作中存在情绪上的紧张感、焦虑感和抑郁感,这种负面情绪已经影响到您的工作或生活。在工作中碰到压力与挫折时比较敏感。如果您能够意识到这一点并加以调整,您的工作情绪会往积极方面发展的。
(2) 去个性化 (题目6、7、8、9、10)	<11分(无人际紧张)	您在工作中人际关系比较和谐,能够积极应对和处理各种人际冲突,大家对您也比较认可与信任。继续加油,用您的乐观、热情与亲和力去感召周围的人。

续 表

维度	标准	解 释
	超过11分（有人际紧张）	您在平时的工作中存在一定的人际紧张感，在有些场合或和有的团队成员有一定的人际冲突，个性比较冲动或固执，容易引起他人的误解，与他人的沟通也不是很融洽。如果能够换位思考，多听取他人的建议和意见，您会因为"和而不同"赢得更多的朋友。
（3）去成就感（题目11、12、13、14、15）	<11分（成就感尚可）	您的工作成就感比较高，在与同事的交流、合作中您能够体现个人的价值和能力。希望您继续保持这样的状态，将个人的奋斗目标和团队的成长结合在一起，您会发展得更远更持久。
	超过16分（成就感低）	您目前在工作中的成就感比较低，碰到问题容易逃避而不是主动面对，对自己从事的工作的认同感与价值感较低，工作的效率也不像以前那样高。您需要提升自己的工作效能，从主观和客观两方面分析出现的问题，用行动替代纠结，用包容代替抱怨，您会发现工作还是非常美好的。
（4）职业倦怠总体评价	零倦怠者（3个因素均不超过高分临界值）	总体上您当前的职业状态很好，职业的认同感、价值感都比较高，在工作中锻炼了自己的能力，体现了自己的专业价值，希望您继续保持。
	轻度倦怠者（3个因素有1个超过高分临界值）	总体上您当前的职业状态保持得比较好，只是在某些方面出现了一点问题，这在您的以上3个分量表中有所体现，如果您能够加以注意，您的职业成就感和愉悦感会增加的。
	中度倦怠者（3个因素有2个超过高分临界值）	总体上您当前的职业状态出了点问题，但只是在某些方面出现了一点问题，这在您的以上3个分量表中的2个中有所体现，希望您能够加以注意，在这2个方面进行调整和改进，以提高您的工作效能。
	高度倦怠者（3个因素都超过高分临界值）	总体上您当前的职业状态不是很理想，在情绪焦虑、人际关系的处理以及工作的成就感等方面感到费心和纠结。希望您能够引起注意，在这几方面进行调整和改进，以提高您的工作效能。

二、教师的职业压力测试

（一）压力及其表现

压力（stress）是指个体在日常的社会工作、学习与生活中面对问题、任务或要求超出自我心理预期和应对方式时所产生的一种反应。压力有客观压力（如工作任务要求与时间限定等），也有主观压力或心理压力（自我对客观环境或刺激的认知判断和反应),一般更多的是指心理压力或精神压力。心理压力总的来说有社会、生活和竞争三个来源。压力过大、过多会损害身体健康。适当的压力可以激发人的动力,并使人保持警醒的状态,有利于动机水平和潜能的发挥。压力过低或过高都不利于个体的成长,就像经济学中的库兹涅茨曲线(Kuznets curve),又称倒 U 字形曲线(inverted U curve)或库兹涅茨倒 U 字形曲线假说,如图 6.1 所示。

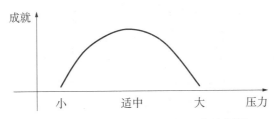

图 6.1 压力与成就的关系图(倒 U 字形曲线)

(二) 压力源与评估

教师的压力主要来自教学[①],如工作负担重、休息时间少等,见表 6.3。

表 6.3 教师的主要压力源

教师的压力源	认同的百分比	压力排名	教师的压力源	认同的百分比	压力排名
人际关系	5.0		领导要求	18.3	5*
工作负担	40.0	1*****	孩子教育	11.7	
休息少	40.0	1*****	家长要求	19.2	4**
家庭负担	14.2		培训考核	5.8	
身体健康	13.3		要评职称	12.5	
社会要求	24.2	3***	个人发展	30.0	2****
升学率	40.0	1*****	其他	1.7	

教师在面对工作压力时会有一个调整和再适应的过程,不是遇到压力就会出问题。压力出现时个体首先会动用资源和调节机制进行应对,同时寻求心理支持和发展动力,如果这 4 个方面都能够满足,个体就能适应压力;如果没有这些机制,个体就会适应不良甚至是过劳死,如图 6.2 所示。

---

① 杨彦平,上海市**区教师心理发展状况调查,2010 年。

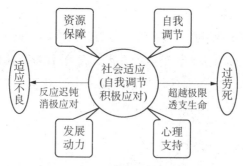

图 6.2　压力之下的社会再适应模型

教师的压力源是否会造成工作与社会适应不良,可以参考社会适应评量表,即霍姆斯和拉厄(Holmes & Rahe,1967)编制的一个应激评定量表。该应激量表指出,人的应激(stress)主要由 43 种不同的事件造成(见表 6.4 和表 6.5),所有这些事件包含着个人生活的种种变化,要求人适应这些变化。在这 43 种不同的事件里,个体在过去 1 年总共碰到其中的多少个事件,则将过去 1 年碰到的所有应激事件的应激程度数值全部加起来(每个事件后面都有相应的分值),所得总和是个体过去 1 年总的应激数值。

生活事件对心理感受的影响或应激程度除了取决于生活事件的特征外,还受制于个体对事件的认知评价及应对方式。国内外研究表明心理外控性(认为事件的发生是由外部环境因素所决定的)强的人易发生抑郁、焦虑等精神和行为问题。[①]

在 20 世纪 70 年代,美国心理学家对各类生活事件对人产生的压力进行了等级分析。若压力最大是 100,那配偶死亡带给人的压力是最大的,即对个体的影响最大。具体如表 6.4 所示。

表 6.4　美国社会适应评量表

事件	压力指数	事件	压力指数
配偶死亡	100	夫妻不和	35
离婚	73	中量贷款	31
夫妻分居	65	子女离家	29

---

① Kobasa, S. C. Stressful life events, personality and health: an inquiry into hardness. J of Personality and Social Psychology, 1979, 37(1): 1–11.

续 表

事件	压力指数	事件	压力指数
拘禁	63	司法纠纷	29
家庭成员死亡	63	个人有突出成就	28
外伤或生病	53	妻子开始工作或离职	26
结婚	50	生活条件变化	25
解雇	47	个人饮食改变	24
复婚	45	与上级发生矛盾	23
退休	45	搬家	20
家庭成员患病	44	转学	20
怀孕	40	娱乐改变	19
性的问题	39	宗教活动改变	18
调换工作	39	过圣诞节	12
经济状况改变	38	轻微违法行为	11

由于文化的差异,以上生活事件对个体的影响不一定适合我国,但可以作为教师压力事件的参考。中国台湾学者在20世纪80年代结合台湾的情况,也制定了中国台湾地区的"生活压力事件评量表",具体如表6.5所示。

表6.5 中国台湾地区"生活压力事件评量表"[①]

事件	压力指数	事件	压力指数
配偶死亡	100	家庭人数有重大改变	45
家庭成员死亡	77	个人有杰出成就	45
牢狱之灾	72	孩子离家出走	44
离婚	68	负债超过年薪的10倍	44
身体有重大疾病	61	好友离世	43
事业上有重大改变	60	性的障碍	43
夫妻分居	56	怀孕	42

---

① 王以仁、林淑玲、骆芳美:《心理卫生与适应》,台湾心理出版社股份有限公司1997年版,第205页。

续 表

事件	压力指数	事件	压力指数
家属健康有重大改变	55	复婚	41
负债没还或抵押被没收	53	行为改变	40
工作被解雇	53	夫妻经常吵架或产生矛盾	40
经济状况发生重大改变	51	家庭增加了新成员	40
结婚	50		

根据疾病的发生与应激程度的相关研究,霍姆斯和拉厄把过去1年中个人因所受的应激事件而产生的应激程度数值的150或更高的数值定为生活转折点。如果这1年的生活中应激总值在150—199之间,那么下一年个体患病的可能性为37%;若分值在200—299之间,则患病的可能性为51%;若分值在300以上,则患病的可能性为79%。也就是说,应激总分值越大,患病的可能性也越大。

从上面2个生活事件评价量表可以看出,无论是国外还是国内,家庭变故对个体的影响都是最大的。

总之,尽管不同的人对压力有不同的感受,但压力源一般来自外在环境、心理因素和人际关系3个方面。

(三) 教师的压力评估

教师的压力或压力指数也可以通过如下的问卷进行评估。

第一部分:指导语和题目

以下是关于您生活、工作中的一些问题。请根据您最近一个月的实际感受在"1.根本不符合;2.不太符合;3.一般;4.比较符合;5.非常符合"中作出相应的选择。

1. 办公室同事之间很少沟通;
2. 本部门的工作氛围不是很融洽;
3. 办公室总是有人搬弄是非;
4. 得不到领导的认可;
5. 做事经常孤军奋战;
6. 很少与家人沟通;

7. 对家人有愧疚感；

8. 对目前的住房不满意；

9. 有家庭矛盾和烦恼；

10. 下班后不想急着回家；

11. 看不到自己的发展前景；

12. 没有时间发展自己的爱好；

13. 单位中跳槽的人很多；

14. 部门领导很少关心我的发展；

15. 对当前的工作前景缺乏信心；

16. 经常失眠；

17. 感到疲劳；

18. 经常吃药；

19. 经常担心自己的身体健康状况；

20. 做事感到力不从心；

21. 看到工作就烦；

22. 喜欢和人争辩；

23. 睡眠多梦早醒；

24. 不喜欢接受有挑战性的工作；

25. 不喜欢热闹的地方；

26. 感到工作索然无味；

27. 没有什么值得开心的事情；

28. 容易伤感；

29. 经常想到是否有天堂；

30. 会莫名其妙地发火；

31. 工作拖拉；

32. 做工作经常临时抱佛脚；

33. 工作缺乏计划性；

34. 周末也不能静心；

35. 自己办公的地方杂乱无章。

第二部分：压力测试维度与计分

社会生活：人际压力第 1—5 题，家庭压力第 6—10 题，发展压力第 11—15 题。

个性特点：身体压力第 16—20 题，焦虑情绪第 21—25 题，抑郁情绪第 26—30 题，工作表现第 31—35 题。

具体计分：

各题选"1—5"分别计分"0.2，0.6，1，1.5，2"。每个指标 5 道题的总分在 1—10 之间。

个性、社会生活以及压力综合指数 3 个维度的总分计算：

个性维度总分＝5 个个性指标的总分相加/5

社会生活维度总分＝5 个社会生活指标的总分相加/5

压力综合指数＝(个性维度总分＋社会生活维度总分)/2

各维度的压力指数越高，说明这方面的压力越大，对心理健康越不利，超过 7 分就要注意调节和积极应对了。

三、教师的主观幸福感测试

主观幸福感(Subjective Well-Being，简称 SWB)主要是指人们对其生活质量所作的情感性和认知性的整体评价。在这种意义上，决定人们是否幸福的并不是实际发生了什么，关键是人们对所发生的事情在情绪上所作出的解释，以及在认知上进行的加工。与 PWB 这一概念一样，主观幸福感日益受到重视。SWB 是一种主观的、整体的概念，同时也是一个相对稳定的值，它评估的是个体在相当长一段时期内的情感反应和生活满意度。

随着教师工作环境的变化，追求职业的价值感和幸福感也是教师工作应有的内涵。国内关于主观幸福感的测验主要是由山东大学邢占军教授主编的《中国城市居民主观幸福感量表》[①]，有关教师的主观幸福感量表多数还在研究之中。

专栏：您是否感到幸福？

根据自己的实际感受回答"是"或"否"：

1. 对自己当前的生活状态很满意；

[①] 邢占军：《中国城市居民主观幸福感量表简本的编制》，《中国行为医学科学》，2003 年第 12 卷 06 期，第 703—705 页。

2. 能够坦然面对生活与工作的波澜;

3. 现在的社会大环境还是充满正能量的;

4. 自己在专业发展上每年都有进步;

5. 对自己的奋斗目标非常清晰;

6. 我是一个容易自我满足的人;

7. 自己是一个充满活力的人;

8. 不喜欢盲目竞争和攀比;

9. 和周围多数人的关系处理得良好;

10. 家对我来说是温暖的。

结果:以上题目5道及以上回答"是"则说明在主观上是幸福的(参考)。

第二节 教师心理健康与人格测试

一、教师心理健康测试

2010年,俞国良等[1]编制了针对我国的《教师心理健康评价量表》,并对来自北京、河北、江苏、山东、山西、青海、浙江7个省市的1819名教师进行了测试。《教师心理健康评价量表》由自我、社会、工作和生活4个分量表构成。经检验,《教师心理健康评价量表》具有良好的信度和效度,可以在今后的相关研究中作为了解教师心理健康状况的测量工具使用。同时,研究还发现幼儿园、小学、初中和大学的教师同时存在发展性问题和适应性问题,而高中教师只存在适应性问题,没有发展性问题。

另外,在国内很多群体的心理健康测试中,也会参照SCL-90(心理卫生自评量表),具体见第五章第三节的介绍。不过在使用SCL-90进行教师的心理健康测试时,要与其他量表结合使用,否则测试结果会存在较大的误差,因为SCL-90是负性测试,常模与题目有30多年没有修订,信度与效度有待进一步考证。

二、教师人格测试

人格(personality),在心理学中是一个非常复杂的概念,是指个体在对人、对事、对己等方面的社会适应中行为上的内部倾向性和心理特征,表现为能力、气质、性格、需

---

[1] 俞国良,金东贤,郑建君:《教师心理健康评价量表的编制及现状研究》,《心理发展与教育》,2010年第3期,第295页。

要、动机、兴趣、理想、价值观和体质等方面的整合,是具有动力一致性和连续性的自我,是个体在社会化过程中形成的独特的心身组织。整体性、稳定性、独特性和社会性是人格的基本特征。

教师的人格一般指在教育工作中在与学生沟通时所具有的稳定的心理特质与行为风格,其对教师的专业发展、师生关系、心理健康有着很大的影响。常见的与教师人格有关的测试有16PF(卡特尔16种人格测试)、MMPI(明尼苏达多项人格测验)以及EPQ(艾森克人格问卷)等。

(一) EPQ 测试

1. EPQ 简介

艾森克人格问卷(Eysenck Personality Questionnaire,简称 EPQ)是英国伦敦大学心理系和精神病研究所艾森克教授(Hans Jurgen Eysenck,1916-1997)编制的,艾森克教授搜集了大量有关非认知方面的人格特征,通过因素分析法归纳出三个互相成正交的维度,从而提出了决定人格的三个基本因素:内外向性(E)、神经质(又称情绪性,N)和精神质(又称倔强、讲求实际,P),人们在这三方面的不同倾向和不同表现程度,便构成了不同的人格特征。

内外向性维度是荣格根据精神动力学理论提出来的。艾森克以实验室和临床依据为基础,研究 E 因素与中枢神经系统的兴奋、抑制的强度之间的相关,以及 N 因素与植物性神经的不稳定性之间的相关。艾森克认为遗传不仅对 E 和 N 因素有强烈影响,而且也与 P 因素有关。艾森克认为,正常人也具有神经质和精神质,高级神经的活动如果在不利因素的影响下向病理方面发展,神经质会发展成神经症,精神质会发展成精神病。因此,神经质和精神质并不是病理的,不过有些精神病和罪犯是在前者的基础上发展起来的。

艾森克认为,人格是由行为和行为群有机组织而成的层级结构。最低层是无数个具体反应,是可直接观察的具体行为;较高层是习惯性反应,它是具体反应经重复后被固定下来的行为倾向;再高一层是特质,是一组习惯性反应的有机组合,如焦虑、固执等;最高一层是类型,是由一组相关特质有机组合而成的,具有高度概括的特征,对人的行为具有广泛的影响。

艾森克通过对人格问卷资料的因素分析研究,确定了人格类型的三个基本维度。根据外倾性维度可以把人格分为外倾型和内倾型,根据情绪稳定性可以把人格分为情绪型和稳定型,根据心理变态倾向可以把人格分为精神失调型和精神整合型。相对于其他以因素分析法编制的人格问卷而言，EPQ涉及的概念较少，施测方便，有一定的信度和效度。

EPQ经多年发展修订，在1975年被定名为EPQ，分成人（16岁以上）和儿童两种形式（本章量表为成人形式）。EPQ由四个分量表组成：N量表（调查神经质，1952年编制）、E量表（调查内外向，1959年编制）、L量表（效度量表，1964年编制）、P量表（调查精神质，1975年编制）。它是一种自陈量表前三个量表代表人格结构的三种维度，它们是彼此独立的，L是效度量表，代表作假的人格特质，也代表社会性朴实、幼稚的水平。L虽与其他量表有某些相关，但它本身却代表一种稳定的人格功能。

这些量表是根据艾森克的多维个性理论建立的，每一个量表代表一个维度，但是N（神经质）和E（性格内外向）可以组合成四个象限，用以分析人的四种气质类型，如图6.3所示：

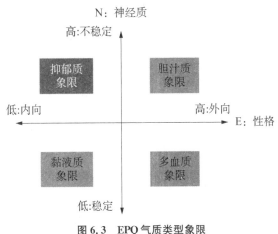

图6.3 EPQ气质类型象限

气质（temperament）是人格特质的一部分，表现的是一种稳定的动力特质。气质是表现在心理活动的强度、速度、灵活性与指向性等方面的一种稳定的心理特征。人的气质差异是先天形成的，受神经系统活动过程的特性所制约。

巴甫洛夫认为有四种典型的高级神经活动类型，即活泼的、安静的、不可抑制的、弱的，分别与希波克拉底的四种气质类型相对应，四种气质类型即四种典型的高级神经活动类型的行为表现。除了这四种典型的类型外，还有许多中间类型。巴甫洛夫学派的观点得到后继者的进一步发展，如捷普洛夫和涅贝利岑等主张研究神经系统的各种特性及其判定指标；梅尔林主张探讨神经系统特性与气质的关系，强调神经系统的几种特性的组织是气质产生的基础;还有人将气质归因于体质、内分泌腺或血型的差异,但气质的生理基础仍无法确定。

表6.6 四种气质类型的特点

气质类型	神经系统的基本特点	高级神经活动类型	优点	不足
多血质	强、平衡、灵活	活泼型	变通、热情	善变、缺少毅力
胆汁质	强、不平衡	兴奋型	主动、勇敢	冲动、偏激
黏液质	强、平衡、不灵活	安静型	执着、稳重	犹豫、固执
抑郁质	弱	抑制型	敏捷、创新	敏感、脆弱

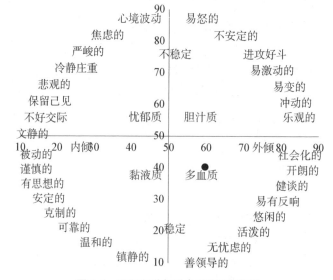

图6.4 EPQ四种气质类型关键词解释

EPQ的计分方式依然采取原始分数换算标准分的方式:

T＝50＋10Z(50是平均分,10是标准差)

在P量表得分高的人(T分),个性特征为独身主义,对人冷漠,喜欢恶作剧,有进攻性,残忍,对人抱有敌意,感觉迟钝。

E分高的人外向,E分低的人内向。

N分极高代表情绪不稳,N分极低代表情绪过于稳定。

L分高表明回答多掩饰,测试结果不太可靠。

EPQ在大量的被试身上应用后的结果表明:各量表记分以E最高,N次之,L再次之,P 最低;P、E、N 记分随年龄增长而降低,L 记分的变化与之相反;儿童被试各量表的年龄记分与成人大致相反。EPQ 具有较高的效度和信度,用它测得的结果已得到多种心理实验研究的证明。①

EPQ 所测得的结果可同时得到多种实验心理学研究的印证,因此它也是验证人格维度理论的根据之一。艾森克人格问卷是目前在医学、司法、教育和心理咨询等领域应用得最为广泛的问卷之一。

2. 题目与指导语

艾森克人格问卷(EPQ)成人式

请回答下列问题,回答问题时不必过多思考,符合时在( )内答"是",不符合时在( )内答"否"。

1. 你是否有广泛的爱好?( )
2. 在做任何事情之前,你是否都要考虑一番?( )
3. 你的情绪时常波动吗?( )
4. 当别人做了好事,而周围的人认为是你做的时候,你是否感到洋洋得意?( )
5. 你是一个健谈的人吗?( )
6. 你曾经无缘无故地觉得自己"可怜"吗?( )
7. 你曾经有过贪心使自己多得额外的物质利益吗?( )
8. 晚上你是否小心地把门锁好?( )
9. 你认为自己活泼吗?( )
10. 当你看到小孩(或动物)受折磨时是否感到难受?( )
11. 你是否常担心你会说出(或做出)不应该说或做的事?( )
12. 若你说过要做某件事,是否不管遇到什么困难都要把它做成?( )
13. 在愉快的聚会中你是否通常尽情享受?( )
14. 你是一位易被激怒的人吗?( )
15. 你是否有过自己做错了事反倒责备别人的时候?( )
16. 你喜欢见陌生人吗?( )

---

① 杨春洗等主编:《北京大学法学百科全书·刑法学》,北京大学出版社 2001 年版,第 169 页。

17. 你是否相信参加储蓄是一种好办法?(　　)
18. 你的感情是否容易受到伤害?(　　)
19. 你是否服用有奇特效果或是有危险性的药物?(　　)
20. 你是否时常感到"极其厌烦"?(　　)
21. 你曾多占多得别人的东西(甚至一针一线)吗?(　　)
22. 如果条件允许,你喜欢经常外出(旅行)吗?(　　)
23. 对你所喜欢的人,你是否为取乐而开过过头的玩笑?(　　)
24. 你是否常因"自罪感"而烦恼?(　　)
25. 你是否有时候谈论一些你毫无所知的事情?(　　)
26. 你是否宁愿看些书,也不想去会见别人?(　　)
27. 有坏人想要害你吗?(　　)
28. 你认为自己"神经过敏"吗?(　　)
29. 你的朋友多吗?(　　)
30. 你是个忧虑重重的人吗?(　　)
31. 你在儿童时代是否总是听从大人的吩咐而毫无怨言?(　　)
32. 你是一个无忧无虑、逍遥自在的人吗?(　　)
33. 有礼貌爱整洁对你很重要吗?(　　)
34. 你是否担心将会发生可怕的事情?(　　)
35. 在结识新朋友时,你通常是主动的吗?(　　)
36. 你觉得自己是个非常敏感的人吗?(　　)
37. 和别人在一起的时候,你是否不常说话?(　　)
38. 你是否认为结婚是个束缚,应该废除?(　　)
39. 你有时有点自吹自擂吗?(　　)
40. 在一个沉闷的场合,你能给大家增添生气吗?(　　)
41. 慢腾腾开车的司机是否使你讨厌?(　　)
42. 你担心自己的健康吗?(　　)
43. 你是否喜欢说笑话和谈论有趣的事情?(　　)
44. 你是否觉得大多数事情对你而言都是无所谓的?(　　)
45. 你小时候有过对父母鲁莽无礼的行为吗?(　　)
46. 你喜欢和别人打成一片,整天相处在一起吗?(　　)

47. 你失眠吗？（   ）
48. 你饭前必定先洗手吗？（   ）
49. 当别人问你话时,你是否能对答如流？（   ）
50. 你是否在有富裕时间时喜欢早点动身去赴约会？（   ）
51. 你经常无缘无故感到疲倦和无精打采吗？（   ）
52. 在游戏或打牌时你曾经作弊吗？（   ）
53. 你喜欢紧张的工作吗？（   ）
54. 你时常觉得自己的生活很单调吗？（   ）
55. 你曾经为了自己而利用过别人吗？（   ）
56. 你是否参加的活动太多,已超过自己可能分配的时间？（   ）
57. 是否有那么几个人时常躲着你？（   ）
58. 你是否认为人们为保障自己的将来而精打细算、勤俭节约所费的时间太多了？（   ）
59. 你是否曾想过去死？（   ）
60. 若你确知不会被发现时,你会少付给人家钱吗？（   ）
61. 你能使一个联欢会开得成功吗？（   ）
62. 你是否尽力使自己不粗鲁？（   ）
63. 一件使你为难的事情过去之后,是否使你烦恼好久？（   ）
64. 你曾否坚持要按照你的想法去办事？（   ）
65. 当你去乘火车时,你是否最后一分钟到达？（   ）
66. 你是否容易紧张？（   ）
67. 你常感到寂寞吗？（   ）
68. 你的言行总是一致吗？（   ）
69. 你有时喜欢玩弄动物吗？（   ）
70. 有人对你或你的工作吹毛求疵时,是否容易伤害你的积极性？（   ）
71. 你去赴约会或上班时,曾经是否迟到过？（   ）
72. 你是否喜欢在你的周围有许多热闹和高兴的事？（   ）
73. 你愿意让别人怕你吗？（   ）
74. 你是否有时兴致勃勃,有时却很懒散不想动弹？（   ）
75. 你有时会把今天应该做的事拖到明天吗？（   ）

76. 别人是否认为你是生气勃勃的?（　　）

77. 别人是否对你说过许多谎话?（　　）

78. 你是否对有些事情易性急生气?（　　）

79. 若你犯有错误时你是否愿意承认?（　　）

80. 你是一个整洁严谨、有条不紊的人吗?（　　）

81. 在公园里或马路上,你是否总是把果皮或废纸扔到垃圾箱里?（　　）

82. 遇到为难的事情你是否拿不定主意?（　　）

83. 你是否有过随口骂人的时候?（　　）

84. 当你乘车或坐飞机外出时,你是否担心会发生碰撞或出意外?（　　）

85. 你是一个爱交往的人吗?（　　）

3. 计算每个维度的原始得分

以上85道选择题做好后,根据表6.7来换算各维度的原始得分(P、E、N、L分别代表4个分量表,表格中的数字是题号)。具体的计算方式是:如果每道题选的"是"或"否"与表6.7中一致,就得1分,不一致就计0分,最后将每个维度的原始总分算出来(应该在0—24分之间),然后将原始分数根据表6.8换算成T分数。

表6.7　EPQ各维度原始得分计分表

P		E		N		L	
是	否	是	否	是	否	是	否
19	2	1	26	3		12	4
23	8	5	37	6		31	7
27	10	9		11		48	15
38	17	13		14		68	21
41	33	16		18		79	25
44	50	22		20		81	39
57	62	29		24			45
58	80	32		28			52
65		35		30			55
69		40		34			60

续表

P		E		N		L	
是	否	是	否	是	否	是	否
73		43		36			64
77		46		42			71
		49		47			75
		53		51			83
		56		54			
		61		59			
		72		63			
		76		66			
		85		67			
				70			
				74			
				78			
				82			
				84			
12	8	19	2	24	0	6	14
20		21		24		20	

在表 6.8 中，左右两栏就是通过表 6.7 的分数算出的原始分数，然后每一行就是该原始分数对应的 4 个量表的 T 分数（分男、女）。

表 6.8　EPQ 原始分数的标准 T 分转化表

原始分	P		E		N		L		原始分
	男	女	男	女	男	女	男	女	
24					80	78			24
23					78	76			23
22					76	74			22
21			75	79	74	72			21

续 表

原始分	P		E		N		L		原始分
	男	女	男	女	男	女	男	女	
20	93	100	73	77	72	69	62	73	20
19	90	96	71	74	69	67	60	70	19
18	87	93	68	72	67	65	58	67	18
17	84	90	66	69	65	63	56	64	17
16	81	86	64	67	63	61	55	62	16
15	78	83	62	65	61	59	53	59	15
14	75	79	59	62	59	57	51	56	14
13	72	76	57	60	56	54	50	53	13
12	68	73	55	57	54	52	48	50	12
11	65	69	52	55	52	50	46	47	11
10	62	66	50	52	50	48	44	44	10
9	59	62	48	50	48	46	43	42	9
8	56	59	46	48	46	44	41	39	8
7	51	56	43	45	43	42	39	36	7
6	50	52	41	43	41	39	37	33	6
5	47	49	39	40	39	37	36	30	5
4	44	46	37	38	37	35	34	27	4
3	40	42	34	35	35	33	32	24	3
2	37	39	32	33	33	31	30	22	2
1	34	35	30	31	30	29	29	19	1
0	31	32	27	28	28	26	27	16	0
原始分	男	女	男	女	男	女	男	女	原始分
	20		21		24		20		

根据4个量表的T分就可以得出一个人的EPQ测试的剖面图,如图6.5所示。

在P、N、E、L这4个分数中,首先要看L(测谎分)的T分数,如果超过60,尤其是超过70时,其他3个维度的解释就不准确,因为被试在测试中采取了"回避"的态度或存在作假的可能。另外根据E和N的得分也可以得出被试的气质类型。

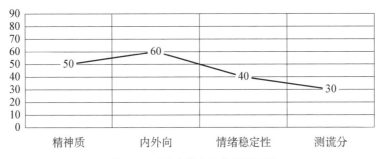

图 6.5　EPQ 各维度 T 分剖面图例

取两个量表 T 得分的平均数 50 为坐标原点，E、N 两个维度在 50 原点相交就得出了类似图 6.6 的气质类型象限，被试的坐标点落在哪个象限就是哪种气质类型。然后根据气质类型对被试的人格特质进行相应的分析和评估，但不能绝对化，尤其是当坐标点落在坐标原点(50,50)上，或落在 E、N 两根轴线上时，解释就要慎重。

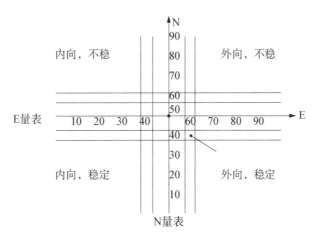

图 6.6　根据 EPQ 的 E、N 维度得分推出个人的气质类型

艾森克理论的许多观点得到了研究证据的支持。但是近年来，多数人认为人格的五因素模型可以更好地描述人格结构。如表 6.9 所示，五因素模型包括五个维度，这五个维度非常宽泛，因为在每个维度中都包含许多特质，这些特质有各自独特的内涵，但都有一个共同的主题。[1]

---

[1] （美）理查德·格里格：《心理学与生活(第 16 版)》，人民邮电出版社 2015 年版，第 384 页。

表 6.9 人格的五因素模型与维度解释

五因素	各因素的两极定义
外向性	（健谈的、精力充沛的、果断的）——（安静的、有保留的、害羞的）
和悦性	（有同情心的、善良的、亲切的）——（冷淡的、好争吵的、残酷的）
公正性	（有组织的、谨慎的、负责的）——（马虎的、轻率的、不负责任的）
情绪性	（稳定的、冷静的、满足的）——（焦虑的、不稳定的、喜怒无常的）
创造性	（有创造性的、聪明的、开放的）——（简单的、肤浅的、不聪明的）

（二）教师的心理资本测试

1. 什么是心理资本

心理资本，简称 PCA（Psychological Capital Appreciation），由美国著名学者路桑斯（Luthans）于 2004 年提出，是指个体在成长和发展过程中表现出来的一种积极心理状态，是超越人力资本和社会资本的一种核心心理要素，是促进个人成长和绩效提升的心理资源。[1]

心理资本至少包含以下几个方面：

希望：一个没有希望、自暴自弃的人不可能创造价值；

乐观：乐观者把不好的事归结到暂时的原因，而把好事归结到持久的原因，比如自己的能力等；

韧性：从逆境、冲突、失败、责任和压力中迅速恢复的心理能力；

主观幸福感：自己心里觉得幸福，才是真正的幸福；

情商：顾及自己和他人的感受、进行自我激励、有效地管理自己情绪的能力；

在心理评测领域，心理资本包括 4 个核心要素：自我效能，成功的信心；希望，意志和途径；乐观，现实且灵活；韧性，复原与超越。[2]

2. 心理资本问卷

针对表 6.10 中的题目，请根据自己的实际情况在：（1）非常不符合；（2）不符合；（3）有点不符合；（4）有点符合；（5）符合；（6）非常符合之间作选择。

---

[1] ［美］路桑斯（Luthans, F.）等著，李超平译：《心理资本》，中国轻工业出版社 2008 年版，第 10 页。
[2] 柯江林、孙健敏、李永瑞：《心理资本：本土量表的开发及中西比较》，《心理学报》，2009 年第 41 卷第 9 期，第 876 页。

表6.10 心理资本问卷题目、选项与维度

题　　目	选项(1—6)	维度	计分方向
1. 我相信自己能分析长远的问题,并找到解决方案。		自我效能	正
2. 与管理层开会时,在陈述自己工作范围之内的事情方面我很自信。		自我效能	正
3. 我相信自己对学校发展的讨论有贡献。		自我效能	正
4. 在我的工作范围内,我相信自己能够设定明确的目标/目的。		自我效能	正
5. 我相信自己能够与学校外部的人联系,并讨论问题。		自我效能	正
6. 我相信自己能够向一群同事陈述信息。		自我效能	正
7. 如果我发现自己在工作中陷入困境,我能想出很多办法摆脱出来。		希望	正
8. 目前,我在精力饱满地完成自己的工作目标。		希望	正
9. 任何问题都有很多的解决方法。		希望	正
10. 眼前,我认为自己在工作上相当成功。		希望	正
11. 我能想出很多办法来实现我目前的工作目标。		希望	正
12. 目前,我正在实现我自己设定的工作目标。		希望	正
13. 在工作中遇到挫折时,我很难从中恢复过来,并继续前行。		韧性	反
14. 在工作中,我无论如何都会去解决遇到的难题。		韧性	正
15. 在工作中如果不得不去做,可以说,我也能独立应战。		韧性	正
16. 我通常对工作中的压力能泰然处之。		韧性	正
17. 因为以前经历过很多磨难,所以我现在能挺过工作上的困难时期。		韧性	正
18. 在我目前的工作中,我感到自己能同时处理很多事情。		韧性	正
19. 在工作中,当遇到不确定的事情时,我通常期盼最好的结果。		乐观	正
20. 如果某件事情会出错,即使我明智地工作,它也会出错。		乐观	反
21. 对自己的工作,我总是看到事情光明的一面。		乐观	正
22. 对我的工作未来会发生什么,我是乐观的。		乐观	正
23. 在我目前的工作中,事情从来没有像我希望的那样发展。		乐观	反
24. 工作时,我总相信"黑暗的背后就是光明,不用悲观"。		乐观	正

3. 计分与解释

计分：如果是正向计分，选择(1)(2)(3)(4)(5)(6)分别计1、2、3、4、5、6分；如果反向计分，选择(1)(2)(3)(4)(5)(6)分别计6、5、4、3、2、1分。把每个维度相应题目的选项得分及总分算出来，然后根据表6.11、表6.12就可以看出被试心理资本的高低。

表6.11 心理资本问卷常模参考

原始分	自我效能	希望	韧性	乐观	心理资本
平均数 M	25.43	24.2	24	24.71	98.5
标准差 S	4.93	5.1	4.13	6.07	30

表6.12 心理资本问卷的等级评估描述

常模分	M−2S]	(M−2S, M−S]	(M−S, M]	(M, M+S]	(M+S, M+2S]	(M+2S
等级描述	非常低	很低	较低	较高	很高	非常高

（三）教师的情绪智力测试

1. 情绪智力

情绪智力(Emotional Intelligence)有时会被认为是情商，这个概念是由美国耶鲁大学的萨罗维(Salovey)和新罕布什尔大学的迈耶(Mayer)提出的。它是指个体能监控自己及他人的情绪和情感，并识别、利用这些信息指导自己的思想和行为的能力。

情绪智力包括一系列相关的心理过程，这些过程可以概括为三个方面：准确地识别、评价和表达自己和他人的情绪；适应性地调节和控制自己和他人的情绪；适应性地利用情绪信息，以便有计划、有创造性地激励行为。

情绪智力作为人类社会智力的一个组成部分，是人们对情绪进行信息加工的一种重要能力。情绪智力有很大的个体差异。情绪智力高的个体可能能更深刻地意识到自己和他人的情绪和情感，对自我内部体验的积极方面和消极方面更开放。这种意识使他们能对自己和他人的情绪做出积极的调控，从而维持自己良好的身心状态，与他人保持和谐的人际关系，有较强的社会适应能力，在学习、工作和生活中取得更大的成功。因此，培养和发展人们的情绪智力对全面提高人的素质具有重要的意义。

人们对"情商"的提法存在着分歧和争议,情商能否和智商一样进行定量测量还有待进一步研究。但是,有关情绪智力是决定人们成功的重要因素的思想正逐渐被人们所接受。[1] 2000年,由巴昂(Bar-On)主编的《情绪智力手册》出版,它标志着情绪智力研究进入了一个新的阶段。

2. 情商(Emotional Quotient)

1995年,心理学家兼《纽约时报》科学专栏作家出版的《EQ》一书,荣登世界各国畅销书的排行榜,在全世界掀起了一股EQ热潮,使得EQ一词走出心理学的学术圈,走入人们的日常生活。

情商通常是指情绪商数,简称EQ,主要是指人在情绪、意志、耐受挫折等方面的品质。[2] 戈尔曼和其他研究者认为,情商是由自我意识、控制情绪、自我激励、认知他人情绪和处理相互关系这五种特征组成的。[3]

3. 情商测试

第一部分:指导语与题目

指导语:亲爱的朋友,以下题目是关于您在学习、工作、生活中的情绪表达与表现的问题,全都是选择题,请根据您的实际情况,选择一个和自己最切合的答案。请不要漏选,谢谢您的配合。

1. 我有能力克服各种困难:A 是的　B 不一定　C 不是的。

2. 如果我到一个新的环境,我要把生活安排得:A 和从前相仿　B 不一定　C 和从前不一样。

3. 一生中,我觉得自己能达到我所预想的目标:A 是的　B 不一定　C 不是的。

4. 不知为什么,有些人总是回避或冷淡我:A 不是的　B 不一定　C 是的。

5. 在大街上,我常常避开我不愿打招呼的人:A 从未如此　B 偶尔如此　C 有时如此。

6. 当我集中精力工作时,假使有人在旁边高谈阔论:A 我仍能专心工作　B 介于A和C之间　C 我不能专心且感到愤怒。

---

[1] 彭聃龄:《普通心理学》,北京师范大学出版社2012年版,第560页。
[2] 情商高的8个标志:喜欢交新朋友能控制坏情绪,人民网·生命时报,2013年12月16日。
[3] 李锡元:《管理沟通》,武汉大学出版社2006年版,第75页。

7. 我不论到什么地方,都能清楚地辨别方向:A 是的 B 不一定 C 不是的。

8. 我热爱所学的专业和所从事的工作:A 是的 B 不一定 C 不是的。

9. 气候的变化不会影响我的情绪:A 是的 B 介于 A 和 C 之间 C 不是的。

10. 我从不因流言蜚语而生气:A 是的 B 介于 A 和 C 之间 C 不是的。

11. 我善于控制自己的面部表情:A 是的 B 不太确定 C 不是的。

12. 在就寝时,我常常:A 极易入睡 B 介于 A 和 C 之间 C 不易入睡。

13. 有人侵扰我时,我:A 不露声色 B 介于 A 和 C 之间 C 大声抗议,以泄己愤。

14. 在和人争辩或工作出现失误后,我常常感到震颤,精疲力竭,而不能继续安心工作:A 不是的 B 介于 A 和 C 之间 C 是的。

15. 我常常被一些无谓的小事困扰:A 不是的 B 介于 A 和 C 之间 C 是的。

16. 我宁愿住在僻静的郊区,也不愿住在嘈杂的市区:A 不是的 B 不太确定 C 是的。

17. 我被朋友、同事起过绰号、挖苦过:A 从来没有 B 偶尔有过 C 这是常有的事。

18. 有一种食物使我吃后呕吐:A 没有 B 记不清 C 有。

19. 除去看见的世界外,我的心中没有另外的世界:A 没有 B 记不清 C 有。

20. 我会想到若干年后会有什么使自己极为不安的事:A 从来没有想过 B 偶尔想到过 C 经常想到。

21. 我常常觉得自己的家庭对自己不好,但是我又确切地知道他们的确对我好:A 否 B 说不清楚 C 是。

22. 每天我一回家就立刻把门关上:A 否 B 不清楚 C 是。

23. 我坐在小房间里把门关上,但我仍觉得心里不安:A 否 B 偶尔是 C 是。

24. 当一件事需要我作决定时,我常觉得很难:A 否 B 偶尔是 C 是。

25. 我常常用抛硬币、翻纸、抽签之类的游戏来预测凶吉:A 否 B 偶尔是

C 是。

26. 为了工作我早出晚归,早晨起床我常常感到疲惫不堪:A 是　B 否。

27. 在某种心境下,我会因为困惑陷入空想,将工作搁置下来:A 是　B 否。

28. 我的神经脆弱,稍有刺激就会使我战栗:A 是　B 否。

29. 睡梦中,我常常被噩梦惊醒:A 是　B 否。

30. 工作中我愿意挑战艰巨的任务:A 从不　B 几乎不　C 一半时间　D 大多数时间　E 总是。

31. 我常发现别人好的意愿:A 从不　B 几乎不　C 一半时间　D 大多数时间　E 总是。

32. 我能听取不同的意见,包括对自己的批评:A 从不　B 几乎不　C 一半时间　D 大多数时间　E 总是。

33. 我时常勉励自己,对未来充满希望:A 从不　B 几乎不　C 一半时间　D 大多数时间　E 总是。

第二部分:选项计分与等级解释

各选项计分办法,见表 6.13:

表 6.13　情绪智力测试各维度题目与计分方式

题目编号	选项与计分					总分区间
	A	B	C	D	E	
第 1—9 题:情绪管理	6	3	0			0—54
第 10—16 题:情绪控制	5	2	0			0—35
第 17—25 题:情绪认识	5	2	0			0—45
第 26—29 题:情绪困扰	0	5				0—20
第 30—33 题:自我激励	1	2	3	4	5	4—20
情商总分						4—174

总计为_____分。

第三部分:计分解释

A. 总体解释

(1) 分数在 45 分及以下:弱

您的情绪管理水平还需要提升。在平时的生活中您常常不能控制自己的情绪,您极易被自己的情绪所影响。很多时候,碰到不顺心的事情您容易被激怒、动火、发脾气,这需要引起您的警惕——这会影响到您的事业和个人发展。对于此,我们建议您积极地敞开自己的胸怀,多与他人沟通,遇到困难和紧急的事时保持头脑冷静,使自己心情开朗,正如富兰克林所说:"任何人生气都是有理的,但很少有令人信服的理由。"

(2) 分数在46—89分:一般

您的情绪管理能力不太高,需要继续努力提升。比如对于生活或工作中的某一件事,您不同时候的情绪与行为表现可能不一,即情绪变化和波动比较大。由此会影响到您的心情和与他人的相处。如果不加以注意可能会变成一种不好的行为习惯,因此您需要多加注意并努力去改变它。在碰到困难与挑战时,在与同事或他人沟通时,要提醒自己,能否换个角度考虑问题,或者平复一下自己的情绪,让自己慢下来,结果会好很多。

(3) 分数在90—135分:良好

您的情绪管理能力比较好。现实中您给人的感觉是一个快乐、积极向上和容易接近的人。在碰到困难和有压力的事情时不易恐惧担忧。对于工作,您热情投入、敢于负责、讲究效率。您为人更是正义正直、具有人文关怀精神,应该努力保持。但您面临的问题是长时间的全情投入,有时会感觉精力被透支,情绪被压制。必要时您也要放慢脚步,与伙伴或团队成员分享成果或压力,共同进步。

(4) 分数在136分及以上:优秀

您的情绪管理能力很强,即您很善于把控情绪、察言观色,懂得怎么与他人交往,或者如何在工作交往中获得他人的青睐,是一个受欢迎的人。正是您的这一优势和自己的情绪智慧,使您在事业发展中比别人更容易获得先机和得到重用。需要注意的是,有时候"洋洋得意"会让您"麻痹大意",成为他人"嫉妒"的目标。所以"淡然"、"低调"和"谦和"是给您的必要的忠告。总之,在工作中热情的态度需要保持,谦虚乐观的工作风格也需要彰显,加油。

B. 个人情商图谱计算表(P分:0—100)

表 6.14 情绪智力各维度标准分数换算表

原始总分数段	Z分数	P分数	等级分数	情绪管理（原始分数）	情绪控制（原始分数）	情绪认识（原始分数）	情绪困扰（原始分数）	自我激励（原始分数）
4—19	−4	0—10	1	0—4	0—3	0—4	0—1	4—5
20—30	−3	11—20	2	5—8	4—6	5—8	2—3	6—7
31—44	−2	21—30	3	9—13	7—8	9—11	4—5	8—9
45—64	−1	31—40	4	14—20	9—13	12—17	6—8	10—11
65—84	0	41—50	5	21—27	14—17	18—22	9—10	11—12
85—104	1	51—60	6	28—32	18—20	23—26	11—12	13—14
105—124	2	61—70	7	33—36	21—23	27—29	13—14	15—16
125—134	3	71—80	8	37—40	24—25	30—32	15—16	17—18
135—155	4	81—90	9	41—47	26—31	33—39	17—18	19
156—174	5	91—100	10	48—54	32—35	40—45	19—20	20

备注：分数越高越好，除了"情绪困扰"负向测试外（分数越高，越不困扰），其他都是正向测试。

第七章 问卷与量表编制技术

第一节 问卷编制技术

在学校心理健康教育或教育科研工作中,经常会使用问卷或心理测验量表对学生的学习、生活、社会适应、人际关系、人格发展等展开调查、分析或评估,以便有针对性地开展心理辅导或教育研究工作。编制合适与具有针对性的问卷或量表会让这些工作更加有成效。

一、问卷及其构成

(一)问卷的概念

问卷(questionnaire)就是按照一定的问题和教育需求,对学生发展中的某个问题进行结构化的聚焦,设计相关的题目或选项以进行调查的工具,即研究者就自己感兴趣的问题设计一定的题目,选定专门的对象进行调查,如学生心理压力调查、学习兴趣调查问卷等。

(二)问卷的组成部分

一份正式的调查问卷一般包括以下三个组成部分:

第一部分:前言。主要说明调查的主题、指导语、调查的目的、调查的意义、调查者(或研究机构)、调查日期以及向被调查者表示感谢等。

第二部分:正文。这是调查问卷的主体部分,一般设计若干问题要求被调查者回答,分为单选、多选或简单填空与问答题等。

第三部分:附录。这一部分可以对被调查者的有关情况进行登记,为进一步的统计分析收集资料。

二、问卷的设计

(一)调查问卷设计的方式

可以分为以下两种形式:

1. 封闭式提问,即在每个问题后面给出若干个选择答案,被调查者只能在这些备选答案中选择自己的答案。如"你认为当前学生迷恋电脑游戏的比例:(1)10%以下;(2)11—25%;(3)26—35%;(4)35%以上"。

2. 开放式提问,就是允许被调查者用自己的话来回答问题,像简单题、填空题等,如"影响您学业水平提高的主要原因是(_____)"。由于采取这种提问方式会得到各种不同的答案,不利于资料的统计分析,因此在调查问卷中不宜使用过多。

(二)问卷设计的原则

1. 相关原则——调查问卷中除了少数几个提供背景的题目外,其余题目必须与研究主题直接相关。

2. 简洁原则——调查问卷中每个问题都应力求简洁而不繁杂、具体而不含糊,尽量使用简短的句子,每个题目只涉及一个问题,不能兼问。违反这一原则的例子如:"你是否赞成在学校开展心理辅导课和心理主题教育课?"

3. 礼貌原则——调查问卷中尽量避免涉及个人隐私的问题,如收入来源、是否单亲家庭等;避免那些会给调查对象带来社会或学习压力的问题,以免使调查对象感到不满。

4. 方便原则——调查问卷中的题目应该尽量方便调查对象进行回答,不会使调查对象浪费过多笔墨,也不要让调查对象觉得无从下手,花费很多时间思考。

5. 定量准确原则——调查问卷中如果要收集数量信息,则应注意要求调查对象答出准确的数量而不是模糊或大概的数量。例如,"您最近一次数学测验的分数大概是多少"和"平时和您交往的大概有多少人",前者不能够获得学生数学测验的准确分数,而后者则无法得到这样的信息。

6. 选项穷尽原则——调查问卷中题目提供的选择答案应在逻辑上是排他的,在可能性上又是穷尽的。例如在家长问卷中提问"您的最后学历是什么",备选答案有"A 中专　B 本科　C 硕士研究生"三个,显然没有穷尽学历类型。有的题目应提供中立或中庸的答案,例如"不知道"、"没有明确态度"等,这样可以避免调查者在不愿意表态或因不了解情况而无法表态的情况下被迫回答。

7. 拒绝术语原则——调查问卷中应避免大量使用技术性较强的、模糊的术语及行话,应让调查对象能读懂题目。违反这一原则的例子,如在家长问卷中提问:"您认为您孩子的气质属于哪一种类型?"

8. 适合身份原则——调查问卷中题目的语言风格与用语应该与调查对象的身份相称,因此在编拟题目之前,研究者要考察调查对象群体的情况。如果对象身份多样,则在语言上应尽量大众化;如果调查对象是儿童、少年,则用语要活泼、简洁、明快;如果调查对象是专家、学者,则用语应该科学、准确,并可适当地运用专业语言。

9. 非导向性原则——调查问卷中所提出的问题应该避免隐含某种假设或期望的结果,避免在题目中体现出某种思维定式的导向。例如:"作为家长,您认为家庭教育能够更好地促进学生的健康成长吗?"

(三) 问卷的具体设计

1. 指导语的撰写

感谢语。如:各位受访者大家好!(或"感谢您阅读这份调查问卷",或"对您给予这一调查活动的帮助表示诚挚的感谢!")

调查目的说明语。如:此卷是为了解当前教师的生活、工作现状而设计的。

指导提示性语言。如:请您仔细阅读此调查问卷,在您认可的项目后的□内打"√",或者将您的选项填在括号内。

2. 确定问卷的结构

问卷编写举例:生活适应性调查

确定问卷的结构:生活习惯、生活态度、生活压力、生活目标。

题目的分类:可按照题目性质与计分方式来分类。

按题目性质:

(1) 主观。如"你觉得每天的睡眠足吗?"

A 很足　B 比较足　C 一般　D 不太足　E 不足

(2) 客观。如"你每天睡眠的时间大约几小时?"

A 8小时以上　B 7—8小时　C 6—7小时　D 6小时　E 不足6小时

按计分:

(1) 类别题(不可计分,自变量),如:性别、班级、学校区域等。

(2) 等级题目(可以计分),如:你对当前的生活状态满意吗?

A 不满意　B 不太满意　C 一般　D 比较满意　E 满意

此类题目可以计分累加以便区分个体差异。如 10 道类似的题目累加分数应在 10—50 之间,平均分为 30(临界点)。

表 7.1　问卷题目的类型与计分方式举例

题目类型	主观	客观
可计分	你对当前的发展状态满意吗?(同类的题目尽量多)	你每天工作的时间平均为几个小时(此类题目尽量少)
不可计分	你喜欢什么岗位的工作?(除非统计需要,一般不要)	您住在哪个区域?(可以适当加入,统计需要)

3. 确定作答时间、题目数量、比例和计分等级
4. 编制题目(简练、准确)

　　如,生活习惯:"你每天都按时起床吗?"

　　A 很少　B 有些时候　C 一般　D 多数是　E 每天是

　　如,生活态度:"你同意只要努力生活就会发生变化吗?"

　　A 不同意　B 有点不同意　C 基本同意　D 比较同意　E 同意

　　如,生活压力:"你感到当前的生活有压力吗?"

　　A 很重　B 比较重　C 一般　D 比较轻　E 很轻

　　如,生活目标:"你想过 5 年后自己的生活状态吗?"

　　A 没想过　B 很少想　C 一般　D 有时想　E 经常想

5. 整理问卷:

结构指导语、基本信息、正题、落款单位和时间、读题(是否通顺、有无错别字等)。

(四) 问卷设计的注意事项

1. 题目有针对性,明确设计目的。
2. 题目设计的技巧(正问与反问)。

如比起问:"看到同桌成绩比你好你嫉妒吗?"不如问:"看到同桌成绩比你好你会恭喜他/她吗?"

3. 问卷的答题时间不宜过长(10分钟至30分钟左右)。

4. 设计完问卷让同行先看看,挑毛病。

5. 小样本试验后做信度检验(一致性系数要高于0.7);防止地板效应(大家都选低分选项)和天花板效应(大家都选高分选项)。

(五) 问卷的编制流程

1. 明确调查的目的与对象

问卷设计一定是针对特定的对象和群体的,通过问卷调查的方式来了解相应的问题或现状,从而寻找解决对策。如学校要对不同的学生群体或家长、教师的相关状况进行了解,有关学生的学习压力、课业负担、学习态度,家长的教育观念、亲子关系以及教师的职业倦怠、生存方式和教学风格等,都可以通过设计一定的问卷调查来了解。

2. 确定问卷的内容与结构

在确定好调查对象与调查目的后,要根据调查的目的和要求来确定问卷的内容,内容要围绕调查的主题,不一定要大而全,但是要选择典型和有代表性的,调查问题要考虑到调查时间和调查对象的"忍受力"(问题不宜太长)。为了保证问卷具有针对性,可以将内容划分为若干个维度,让问卷设计更经济。如关于学生的学习负担调查,可以从主观负担与客观负担两个方面进行设计。

3. 题目与选项的编制

当问卷的对象、主题、结构和内容确定后,就可以根据问卷的结构来编制题目,题目可以是选择题(单选或多选)和开放题(论述题或简答题),无论是何种题目,每道题目都只聚焦调查的某一个点,同时,题目的表达方式尽可能简单、客观与中立,让阅读和答题的人看着比较舒服,能够将自己的真实想法表达或选择出来。在题目的编制过程中,主观题与客观题、选择题与开放题尽可能都涉及,避免作答过程中的反应心向(由于问卷题目选项和结构过于单一,被试会找到一定的"规律",会作出某种固定的选择,而非按照自己的真实状况填写)。

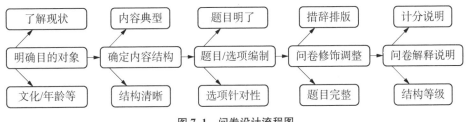

图 7.1 问卷设计流程图

4. 问卷的修饰与调整

在问卷初步设计完成之后,要从调查的主题、指导语、题目、选项以及落款和时间等方面进行检查,看看有没有错别字、重复的题目、遗漏的题目、充满歧义表达的题目(一个题目中有两个或多个点,让被试选择时左右为难)以及引起被试不适的题目等,如果有,都要进行调整和修改。为了避免一个人的阅读盲区与阅读惯性,问卷设计者在问卷设计出来后可以让同行在阅读之后"挑刺"或提出修改建议。必要时在问卷正式应用前,可以找相应的调查对象来阅读,让其提出意见和修改建议。

5. 计分与解释的建议

一般问卷设计者与问卷调查报告的完成者最好是同一个人(或一个研究小组),这样在处理数据、撰写报告时就比较流畅。但是为了分工协作,或者便于存档、研究和交流,一个完整的问卷应该还要有题目结构的说明和统计建议,如果是里克特式问卷结构(选项是等级式的)和不同题目选项的累加计分,还要对正向与反向计分的题目进行说明。

问卷的整个设计过程是一个不断完善和调整的过程,看起来是几道或几十道"简单"的题目,但是从查阅文献、熟悉调查对象、确定调查目的,一直到问卷定稿和完成调查,既考验问卷编制者的智慧,也考验调查者和被试的耐心,只有实行"闭环"的调查与研究方式,才可能获得比较理想和客观的调查结果。

三、问卷设计、调查分析举例

(一) 问卷设计

本部分要交代问卷设计的目的、标题、指导语、题目等,要具备一个完整的问卷所必需的要素,并通过适当途径选择样本(调查对象)开展调查。此处以 2020 年新型冠状病毒肺炎疫情期间对学生心理状态的调查为例。

作为学生，寒假疫情时期，你的心理状态如何？

当前新型冠状病毒肺炎疫情在各地流行，全国上下在全力防控。面对这样从未有过的疫情，每个人的心理变化是不同的。为了防止疫情扩散，全国各地都延长了寒假时间。那么在寒假疫情时期，你的状态怎么样？请完成以下题目，最后会给你一个分析参考（匿名，你的信息会被保密）。

以下问题全是单选题，请根据您的实际情况选择。

1. 你的性别：(1)男；(2)女。

2. 你的年级：(1)小学1—3年级；(2)小学4—6年级；(3)初中1—2年级；(4)初三；(5)高中1—2年级；(6)高三；(7)大一至大三；(8)大四；(9)研究生。

3. 你寒假疫情期间主要在哪里：(1)上海；(2)湖北；(3)其他地方。

4. 你期待开学吗？(1)非常期待；(2)很期待；(3)一般；(4)现在挺好；(5)不期待。

5. 待在家里你和家人的关系变得？(1)更加融洽；(2)比较融洽；(3)和原来一样；(4)不太融洽；(5)更加紧张。

6. 疫情对你的学习状态有负面影响吗？(1)非常大；(2)比较大；(3)一般；(4)不大；(5)没有。

7. 疫情对你的身体健康有影响吗？(1)非常大；(2)比较大；(3)一般；(4)不大；(5)没有。

……

感谢你的参与！

××心理健康教育研究中心

2020年2月16日

（二）调查结果统计与分析

本部分内容着重交代调查的方式（途径）、对象、人数以及基本的结论等，下面就是"疫情时期学生心理状态"问卷调查报告的例举。

在写报告之前首先要根据问卷事先确定的结构将调查的数据按照数据库的格式要求输入，以便进行基本的统计分析。在问卷调查中常用的统计方法是统计每道题目各个选项的百分比。如以上面问卷的第5题为例："待在家里你和家人的关系变得？

(1)更加融洽;(2)比较融洽;(3)和原来一样;(4)不太融洽;(5)更加紧张。"可以在SPSS 和 EXCEL 里计算统计结果,借助柱状图或饼状图进行直观的呈现,并加以简单的文字进行表述,如图 7.2 所示。

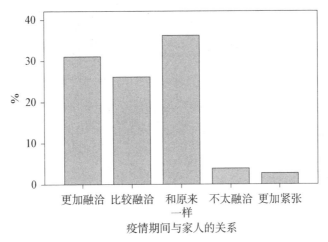

图 7.2 疫情期间的亲子关系变化

通过图 7.2 可以看出,这次寒假疫情期间的"居家隔离",让孩子与家长有了更多共同相处的时间和空间,对加强亲子沟通和密切亲子关系非常重要。长时间的亲子相处,使得亲子关系变得比较和谐。有近三分之一的学生认为,疫情期间与家长的关系更加和谐了,近一半的学生表示和原来一样。可见假期长时间与家长的相处,增进了亲子的沟通和了解,改善了亲子关系。

另外一种常见的统计方法是"交叉分析"或"连列分析",即把两个问题的选项进行矩阵交叉和百分比的分析。如上面第 5 题的 5 个选项的百分比虽然很清楚,但是每个选项中男女各占多少却不清楚,这就需要把问卷中第 1 题"性别"2 个选项(男女)和第 5 题的 5 个选项进行交叉分析。在 SPSS 软件"分析—描述性统计—交叉表"菜单里进行操作(如图 7.3 所示),在弹出"交叉表"操作框后,将左边选项的"性别"选项拖到"行",将"家人关系"选项右拖到"列",点击"确定"(如图 7.4 所示):

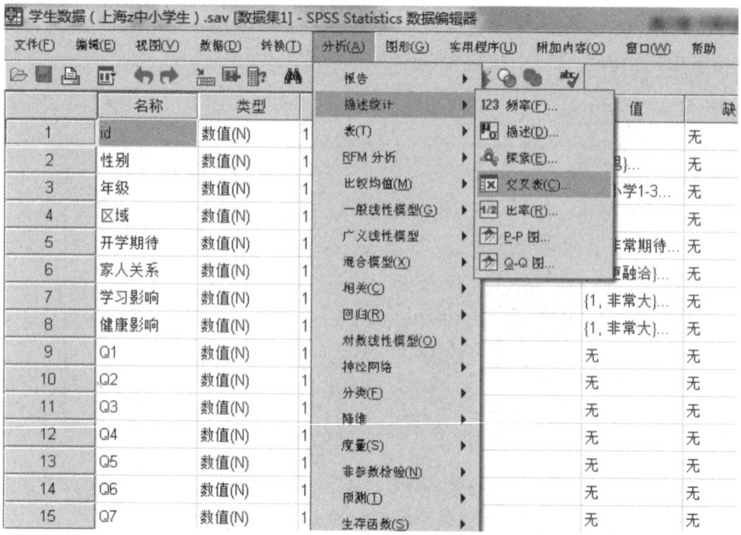

图 7.3 SPSS 交叉分析菜单

图 7.4 SPSS"交叉表"操作框

在完成了图 7.3 和图 7.4 的操作后就会出现表 7.2 的结果：

表 7.2　行(性别)与列(家人关系)的交叉分析

			性别 * 家人关系 Crosstabulation					
			家人关系					Total
			更加融洽	比较融洽	和原来一样	不太融洽	更加紧张	
性别	男	Count	1 290	1 089	1 427	173	132	4 111
		% within 性别	31.4%	26.5%	34.7%	4.2%	3.2%	100.0%
	女	Count	1 460	1 223	1 781	171	106	4 741
		% within 性别	30.8%	25.8%	37.6%	3.6%	2.2%	100.0%
Total		Count	2 750	2 312	3 208	344	238	8 852
		% within 性别	31.1%	26.1%	36.2%	3.9%	2.7%	100.0%

由表 7.2 就可以清楚地看出以上问卷第 5 题的 5 个选项男女各占多少百分比，就能进行进一步的比较分析，发现男女之间是否存在差异(表 7.2 是 SPSS 导出的原始表格，为了美观可以在表格样式和排版上做进一步的编辑)。

有了通过问卷调查获得的数据和明确了统计软件和方法后，就可以撰写问卷调查报告了，以下就是问卷调查报告的范例。

1. 调查的对象

2020 年 2 月 16—20 日，笔者与某教育科技合作(公益)，对上海的 8 852 名中小学生(男生 4 111 人，女生 4 741 人)、616 名家长(男生家长 305 人，女生家长 311 人)、1 020 名教师(公办 803，民办 191，其他 26)通过在线网络问卷做了疫情期间的心理状态调查。以下就是本次网络问卷的调查结果。

2. 调查的结果

总体上疫情对学生的心理健康影响不大，但分学段来看，随着年级的提升，疫情的影响程度增加，尤其是对初三和高三的毕业班学生影响明显。见图 1、图 2 的分析。

由图 1、图 2 可以看出，随着年级的提升，疫情对学生的心理影响增加，学生的危机感加大，尤其是对毕业班的学生(初三和高三的学生)，疫情期间心理状态"不好"的比例分别是 4.5% 和 5.4%，高于平均比例 3%。所以疫情期间或疫情后需

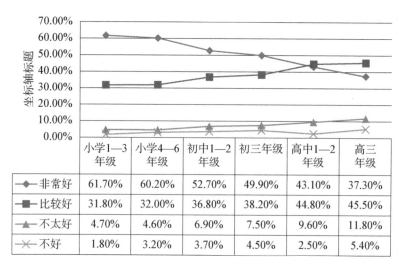

图1 不同学段学生疫情时期的心理状态

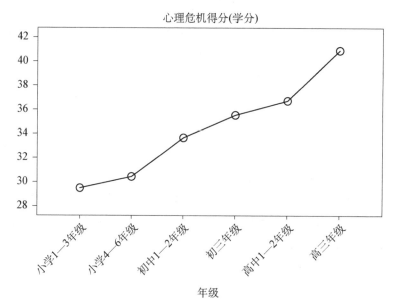

图2 不同年段学生心理危机的得分

要加强毕业班和高年级学生的心理危机干预。

……

3. 调查的结论

通过以上的调查分析可以看出,延后开学时期,家长、学生和教师的心理状态比较平稳,受疫情影响不是很大,假期拨打各区心理热线进行咨询的数量也比较稳定。但是随着疫情的好转和最终学生返校,学习进度压缩带来的压力和疫情过后的心理适应的双重挑战,会使部分学生和教师出现相应的心理问题,要提前应对与预防。

4. 对策建议

加强"后疫情"和"疫情后"心理健康教育与危机干预。学生的心理危机与面临的真正挑战是在"后疫情"和"疫情后"。根据心理危机的发生规律,学生的心理危机应该是在国家宣布疫情控制、学生可以返校以及返校后出现。[①] 市区心理健康教育服务机构要制定疫情后期学生心理辅导手册,各学校要成立心理危机应对小组,设计好开学第一课,同时在正式开学前一周引导学生做好生活作息、心态调节等方面的准备,为全面、有序地开学打好基础。

(完成时间:2020 年 2 月 20 日)

第二节　量表编制技术

一、量表与心理测验

(一)量表与问卷的区别

很多时候,一般的心理辅导工作者会把问卷与量表混淆,认为二者差不多,甚至是一样,其实二者的差别还是很大的,具体见表7.3。

表 7.3　问卷与量表的区别

特性	问卷	量表
结构	随意、开放	固定
记分	百分比、集中度	等级记分
解释	主观经验	参照常模
可靠性	难以把握	信度与效度
编制	自己设计或参照	标准化(记分、解释等)

---

① 陈雨萌:《当疫情结束,才是心理问题高发期》,人文清华系列讲座和在线课程的官方宣传平台,2020.2.28。

续表

特性	问卷	量表
对象	自己选定	符合测试要求(样本)

(二) 什么是量表

量表指的是能够使事物的特征数量化的数字的连续体。制定量表的单位和参照点不同,编制出的量表就不同;不同的量表具有不同的测量水平,其测量的精度也不同。心理测评量表是指用专门设计的测量表量化测验心理的一种测评方法。[①]

量表是指有一定结构和解释标准(常模)的研究被测试者某些个性特点的测试工具,如智力测验、心理健康测验、社会适应性测试等。具体来说,量表是根据某种理论或概念,确定一定的测评维度,设计相关的题目,依据相关的指标和参照标准(常模),对被试(被调查者,如学生等)的某些心理特征进行调查、评价和分析的测评工具,有时可以理解为"测验"。

(三) 量表的基本特征

编制一个心理测验量表首先要依据一定的理论,从一个概念出发,确定要测试的心理品质的结构,设置具体化的情境与指向,细化测试题目;其次通过初测、实测和再测等抽样测试;最后确定常模。

1. 基于某个固定群体或对象

一般量表会针对学生、成人等固定群体,因此年龄(或年级)、性别是量表需要考虑的两个基本的统计学指标。

2. 基于一定的常模解释

一般使用的智力测验和心理健康测验量表的常模(参照标准),是基于一定地区或国家的文化与时代特色等背景而制定的,具有文化和时代指向性。由于文化的差异,国外的测验或量表不能直接翻译使用。

3. 用于评价和分析学生的某个心理特性

每个心理测试的量表都是基于一定的理念或概念,对学生或个体的某个心理特质作出结构性的评价,而不是笼统地测试某个方面,如瑞文测试主要评估5.5岁到70岁个体的图形推理能力,16PF 是测试 16 岁以上人的人格发展状况等。

[①] 心理测评系统中科博爱心理产品[EB/OL]. http://chanpin.chinesepsy.org

4. 是一个标准化的测验

一个科学、规范的量表在解释、计分和指向方面都是有严格规定的,使用的范围和对象也是有严格规定的,从而确保测试的信度与效度。

二、量表的基本要素

一个有效的心理测验,不管它是什么类型的测验,都必须具备以下几个基本要求(具体的列举见第四部分:量表的编制技术)。

(一) 标准化(tandardization)

标准化是指心理测验应有固定的测验内容、测验方法以及统一的答案和分数处理方法。心理测验的目的是评估人的心理行为的差异,了解人的心理变化,因此它必须建立标准化的程序和方法,且符合客观、准确、经济、实用的原则。

(二) 信度(reliability)

信度是指测验的可靠性或稳定程度。它是心理测验稳定性水平的表征。没有信度的测验量表,就好比一把橡皮筋尺,测验的结果会随着测验者掌握的松紧而产生不同的变化,人们无法了解其正确与否。因此,一个可靠的测验必须具有较高的信度。检验测验量表的信度,一般常用"相关系数",即以相关系数的大小表示测验信度的高低,如用重测相关来检验一个测验的信度,就是用一测验对同一组被测验者前后测验两次,求出两次得分的相关系数,就是这一测验的信度系数。除此之外,也可用分半相关或等值相关的方法求得信度系数。

信度也指一个测验工具在对同一对象的几次测量中所得结果的一致程度。它反映了测量工具的可靠性和稳定性。在相同情况下,同一受试者在几次测量中所得成绩变化不大,则说明该测量工具性能稳定,信度高。

(三) 效度(validity)

效度是指测验的准确性或真实性程度。它是心理测验能否确实测到其所要测的心理特征或功能的表征。如果一个测验测得的不是所要测的东西,就无法解释测验结果的真实意义,就不能说这个测验是有效的测验。检验心理测验的效度,一般多采用相关系数或因素分析的方法。[①]

效度也能反映辅助工具的有效性、正确性。如测量一个人的智力,如果选用的工

[①] 徐俊冕等编:《医学心理学》,上海医科大学出版社1995年版,第98页。

具不是一种公认的智力测验量表,而是某门功课的考题,这样经过几次测量,虽然得分可能一致(信度高),但得到的却是一个人掌握某门功课的知识而不是智力情况(尽管二者有些关系)。所以想对一个人的心理品质进行测量,首先要选用具有效度的工具。

信度和效度是判断一个测量工具好坏的两项最基本的指标。信度、效度很低或只有高信度而无效度的测验都会使测量结果严重失真,不能反映想测东西的本来面目。因此,每个心理测验工具编制出来后都要进行信度和效度检验(结构效度一般用相关系数来衡量),只有这两项指标都达到一定标准后才能使用。

(四)常模(norm)

常模是指测验的参照分数,是解释测验结果的依据。一个从被测验者那里获得的测验分数能说明什么意义,必须有常模比较才能了解。心理测验的常模是通过标准化的程序建立起来的。常模有年龄常模、百分等级常模、标准分常模等,用于测验时,要根据实际需要选用适合的常模。

常模一般是测验取样的平均值,即正常样本的平均成绩。有了常模,才能判断一个人的测验成绩是正常还是异常。由于人的心理现象复杂,所受影响因素众多,所以每一种心理测验工具都要建立自己的常模,甚至同一量表在不同国家、地区或不同时代应用,都要重新修订,建立新的常模。

建立常模首先要选择具有代表性的样本,也称为标准化样本,它是建立常模的依据。取样原则一般是依据测验对象按人口实际分布情况分层取样,并且要有相当的数量。标准化样本的来源应该和测验的使用范围一致。如果样本选得不合适,必然会影响常模的参考价值,最后导致测试失真。其次是对标准化样本进行测量。所使用的工具也应和最后实际应用的工具一致。测量得出的结果还要进行统计学处理。

三、编制量表的基本规范

(一)明确编制与使用的目的

任何测验量表或测验都是有目的和对象的,都不是凭空产生的。如世界上第一个儿童智力测验比奈-西蒙智力测验,当时就是比奈受法国教育部的委托,为鉴别出那些在小学入学时存在学习困难的儿童,以便对他们实行差异化与个性化教育而编制的。所以在编制者编定量表时,他一定会思考两个最基本的问题:测试对象是谁?量表要测什么?一般量表主要有调查、筛查、诊断和发展性评估等功能。

（二）量表是有时空限制的

任何测验都是一定时空的产物，即编制量表时会根据一定的理论假设，选择当时的样本（测试对象）建立相应的常模（平均数±标准差），以此为标准去衡量对应的个体在某方面的心理发展水平。如 1949 年第一版韦克斯勒儿童智力测验（WISC）通过常模的建立，去评估和分析 6—16 岁儿童的智力发展水平。但是随着时间的推移，如果一直沿用 1949 年的常模，去评估 10 年甚至 20 年以后的儿童的智力发展水平，一方面有些题目已经过时或者被泄露，另一方面随着社会经济的发展，之后的儿童的智力发展状况在改变，就会导致测试结果存在误差，使评估失去应有的价值，所以必须修订，这也就是为什么 WISC 在 1949 年到 2003 年这 50 多年中修订了 3 次的原因，其他量表也一样。

有些量表是随着时代的发展而衍生出来的，如"网络成瘾量表"。随着互联网的发展与普及，很多青少年迷恋网络，从而影响了其正常的社会交往与认知功能。通过这个量表的测试，可以把正常使用网络的青少年与"过度使用网络"而成瘾的青少年区别开来，以便对后者进行有效的辅导和教育，同时也预防更多网络成瘾者的出现。

（三）没有修订过的量表不能跨文化使用

很多心理测验量表都是针对一定的文化背景（学历、区域、民族等）下的测试对象编制出来的。如 WISC 测验基本是以美国儿童（多数是有一定教育背景的白人群体）为对象建立常模的。如果要在美国以外的其他国家使用，就必须要与当地的文化相适应，否则由于文化背景和地域的差异，测验的结果会出现问题。比如某国的智力测验的"常识分测验"中有一项是"图片辨认"，如图 7.5：

图 7.5　圣诞老人

图 7.6　孙悟空

西方受基督文化影响比较大，所以 6 岁的孩子多数能知道这是"圣诞老人"，但是在非基督文化背景下,儿童可能会把他说成是"老爷爷",答案就是错误的。因此在中国要修订类似的"常识测验",把"圣诞老人"换成"孙悟空"(图7.6)就更加符合中国的实际情况。

(四)量表使用要尊重其本来的功能

在编制测验时,编制者规定了量表的基本目的和功能,没有经过修订和作者同意,是不能随便改变测验的用途与功能的。比如世界上有名的罗夏墨迹测试,是临床精神科医生用来评估精神病人的人格特征的参照性测验,而非诊断测验(没有常模)。如果没有经过严格的训练,通过10张罗夏墨迹图,依据"爱好者"建立的"常模"去诊断一个人的心理健康水平和人格特点,其结果往往是不可靠的。因此在使用测验时一定要根据测验手册来规范使用行为,不能延伸和夸大其功能。

(五)量表的"一表一则"

所谓"一表一则"即每一个量表都有其解释标准、使用对象和功能特点,尤其是计分、解释和常模。没有一种解释或标准可以适用于所有的量表,或者说没有一种量表的解释和常模可以适用于所有的人。这样做的目的就是要限定使用范围和对象,提高量表的使用效度。如同私人定制的衣服,才是最合身与最有特色的,如果一般生活中设计一款衣服能够适合所有的人穿,这样的衣服是没有个性的。

四、量表的编制技术

(一)明确编制的目的

在学校的心理健康教育中,要了解学生的心理健康发展状况,或者开展有针对性的心理辅导活动,都需要通过调查工具来完成。如学生的学习动机、学习风格、人际交往能力、情绪调节等,在没有现成的量表,或者无法找到合适的量表,而且通过一般的问卷调查分析无法获得想要的数据或结果时,编制量表就显得非常必要了。所以学校心理工作者编制量表一方面是由于缺乏量表,一方面是自己对了解这方面的研究与现状的需求特别迫切,问题也特别明晰,因此编制量表就显得很有必要。

(二)确定测试的对象

编制量表要考虑的因素包括测试者(抽样对象)的年龄、文化程度等,所以在很多经典的心理测试量表中,常模的制定都考虑了性别、年龄这些基本的统计学指标,有些还考虑了区域与文化程度,如16PF。根据当前学校心理健康教育的实际以及个体心理发展的规律,量表的编制对象从年龄段来看,要分为:小学低年级、小学中高年级、初中、高中、大学等阶段,如果是一些特殊问卷还要突出某个年级,如与"考试焦虑"相关的问卷,初三、高三学生就必须考虑,"就业压力"应该考虑大四的学生,而"网络成瘾"可能每个年段都要涉及。另外无论什么量表,在制定常模时必须要考虑性别与年龄(年级)差异。

(三) 界定量表的概念与内涵

编制一个量表,对所测试内容的内涵进行界定就显得尤为重要。比如"人格测验"、"智力测验"、"生涯规划测验"等,首先要对什么是"人格"、"智力"和"生涯规划"作界定和说明。对测试内容的界定有两种做法:其一,查阅文献,根据经典或权威的理论来阐述,避免歧义,比如"人格"、"心理健康"等;其二,如果某个概念的界定太多太泛,编制者可根据自己的实践和需求作"自圆其说"的界定,比如"幸福感",相关的界定太多,不妨可以从"主观幸福体验"和"客观需求是否满足"这两个维度去评估。

(四) 设定量表的维度(结构)与模型

对于量表的结构确定一般有两种逻辑假设:其一,事先按照某种理论假设确定量表的维度或结构,经过题目编制、样本数据测试以及数据收集处理和分析后去检验这个模型,这种操作路径就是验证性因子分析(confirmitory factor analysis,简称 CFA);如果事先找不到某种理论模型或假设,而是将认为与这种测试内涵有关的题目都收集起来,再去测试收集数据并进行模型拟合与分析,最后确定量表结构的过程就是探索性因子分析(exploratory factor analysis,简称 EFA)。

1. 验证性因子分析

验证性因子分析也叫"实证性因素分析",与"探索性因子分析"相对。它强调验证理论分析结果的可靠性。

验证性因子分析的步骤大致可分为六步[①]:①定义因子模型:包括选择因子个数和定义因子载荷。因子载荷可以事先定为 0 或者其他自由变化的常数,或者在一定的约束条件下变化的数(比如与另一载荷相等)。②收集观测值:根据研究目的收集观测值。③获得相关系数矩阵:根据原始资料数据获得变量协方差阵。④拟合模型:这里需要选择一种方法(如极大似然估计、渐进分布自由估计等)来估计自由变化的因子载荷。⑤评价模型:当因子模型能够拟合数据时,因子载荷的选择要使模型暗含的相关矩阵与实际观测矩阵之间的差异最小。⑥修正模型:如果模型拟合效果不佳,应根据理论分析修正或重新限定约束关系,对模型进行修正,以得到最优模型。

---

① 验证性因子分析步骤[EB/OL]. https://www.jianshu.com/p/844f600f03c2

常用的 CFA 的统计参数有：卡方拟合指数（x^2）、比较拟合指数（CFI）、拟合优度指数（GFI）和估计误差均方根（RMSEA）。根据本特勒（Bentler，1990）的建议标准，$x^2/df \leqslant 5.0$、$CFI \geqslant 0.90$、$GFI \geqslant 0.85$、$RMSEA \leqslant 0.05$，则表明该模型的拟合程度是可接受的（具体案例见图 7.7 和表 7.12）。

表 7.4　CFA 各拟合指标的说明

表格名称	表格功能	相关指标说明
CFA 分析基本汇总	每个因子都要对应其测量的项目数量加以汇总。	因子对应测量的项目数。
因子载荷系数	聚合（汇聚）效度使用，标准化的因子载荷值>0.7 时，说明聚合效度理想。	标准与非标准化的因子载荷系数值。
拟合模型 AVR，CR 指标解释	聚合（汇聚）效度使用指标；区分效度使用指标。	AVR，CR 的数值大小。
模型拟合指标	用于模型的拟合程度、共同方法偏差的估计等。	卡方/自由度（小于 5）；RMSEA（小于 0.05），RMR，CFI，NFI 等数据。
因子分析和 MI 指标	查看因子与测量项目之间相关的高低；用于辅助判断、分析所用测量项目的留存。	MI 指标值。
因子的协方差	查看各因子间的相关性高低，辅助判断模型拟合的程度。	因子协方差值。

验证性因子分析的强项正是在于它允许研究者明确描述一个理论模型中的细节。那么一个研究者想描述什么呢？因为测量误差的存在，研究者需要使用多个测度项。当使用多个测度项之后，我们就有测度项的"质量"问题，即效度检验。而效度检验就是要看一个测度项是否与其所设计的因子有显著的载荷，并与其不相干的因子没有显著的载荷。当然，编制者可能进一步检验一个测度项工具中是否存在共同方法偏差，一些测度项之间是否存在"子因子"。这些测试都要求研究者明确描述测度项、因子、残差之间的关系。对这种关系的描述又叫测度模型（measurement model）。对测度模型的检验就是验证性测度模型。在当前能够做验证性因子分析的软件有 AMOS、LISER 等，研究者或学习者可根据自己的需要进行选择。

通过验证性因子分析法编制量表的典型代表是卡特尔 16 种人格测试（16PF）。即无论人格概念多么复杂，该量表认为人格的维度就包括 16 个方面，从这些维度的指标高低就可以看出个体的人格特征，如图 7.7 所示。

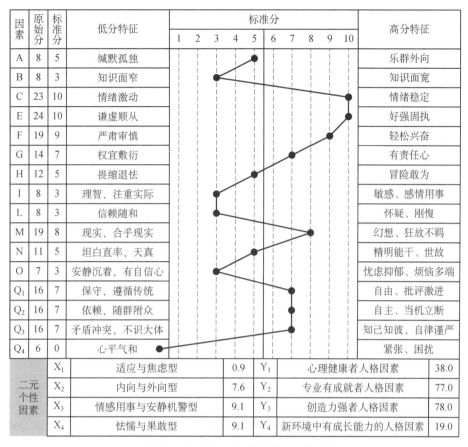

图 7.7 16PF 人格测试维度剖面图(举例)

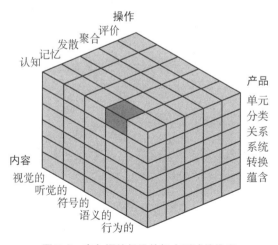

图 7.8 吉尔福特假设的智力测试的维度

当然在心理测试中,维度并不是愈多愈好,而是要恰到好处。比如,在智力的测量历史中,心理学家吉尔福特就曾提出了智力的100多种维度,后来有心理学家批评说"这简直是将智力'碎尸万段'"。如图7.8,吉尔福特不但将智力分为"内容"、"操作"和"产品"3个大的维度,而且每个大维度里面又分为5—6个子维度,这些子维度可以进行排列组合,就有"5×5×6"共150个因素,几乎无法测到。所以,就算是验证性因子分析,也不能进行"无限"理想的假设。

2. 探索性因子分析

探索性因子分析也叫探索性因素分析,是一项用来找出多元观测变量的本质结构并进行降维处理的技术。因而EFA能够将具有错综复杂关系的变量综合为少数几个核心因子。探索性因子分析在从一组变量中抽取公共因子时,没有或不用先前的经验,有多少个公共因子影响观测变量,公共因子之间、特殊因子之间的关系等,都需要通过对观测数据的分析来探知。这种因子分析假定:(1)各观测变量均直接受全部公共因子的影响;(2)各观测变量都只受一个特殊因子的影响;(3)特殊因子之间互不相关;(4)所有公共因子与所有特殊因子都不相关;(5)所有公共因子之间均不相关或均相关。[①]

一个典型的EFA流程主要有七个步骤:①收集观测变量:通常采用抽样的方法,按照实际情况收集观测变量数据。②构造相关矩阵:根据相关矩阵可以确定是否适合进行因子分析。③确定因子个数:可根据实际情况事先假定因子个数,也可以根据特征按大于1的准则或碎石准则(可参考SPSS中生成的"碎石图")来确定因子个数。④提取因子:可以根据需要选择合适的因子提取方法,如主成分方法、加权最小平方法、极大似然法等。⑤因子旋转:由于初始因子综合性太强,难以找出实际意义,因此一般都需要对因子进行旋转(常用的旋转方法有正交旋转、斜交旋转等),以便对因子结构进行合理解释。⑥解释因子结构:可以根据实际情况及负载大小对因子进行具体解释。⑦计算因子得分:可以利用公共因子来作进一步的研究,如聚类分析、评价等(在使用探索性因子分析方法进行量表编制时,按照统计学标准,一般样本数应为题目数的5—10倍)。

探索性因子分析法存在一些局限性。第一,它假定所有的因子(旋转后)都会影响测度项。在实际研究中,往往会假定因子之间没有因果关系,所以一个因子可能不会影响另一个因子的测度项。第二,探索性因子分析法假定测度项的残差之间是相互独

[①] 林崇德:《心理学大辞典(下卷)》,上海教育出版社2003年版,第1220页。

立的。实际上,测度项的残差之间可以因为共同方法偏差、子因子等因素而相关。第三,探索性因子分析法强制所有的因子独立。这虽然是为求解因子个数时不得不采用的权宜之计,却与大部分的研究模型不符。最明显的是,自变量与因变量之间是应该相关的,而不是独立的。这些局限性就要求有一种更加灵活的建模方法,使研究者不但可以更细致地描述测度项与因子之间的关系,而且可以对这个关系直接进行测试。而在探索性因子分析法中,一个被测试的模型(比如正交的因子)往往不是研究者理论中确切的模型。

使用探索性因子分析法编制量表,典型的代表就是韦克斯勒儿童智力测验(WISC)。韦克斯勒(David Wechsler)认为"智力是一个假设的结构,它是一个人有目的地行动,合理地思维,并有效地处理周围事物的整体能力"。他在1949年编制了WISC第一版,一直到2003年第四版才修订完成,第四版量表将量表当初的"言语"与"操作"两个维度,发展到四个维度,如表7.5所示。

表 7.5 WISC 第四版(2003 年)的四个维度(因子)及其分测验

因子Ⅰ:言语理解	因子Ⅱ:知觉组织	因子Ⅲ:克服分心	因子Ⅳ:加工速度
常识 类同 词汇 理解	填图 排列 积木 拼图	算术 背数	译码 符号搜索

目前使用 EFA 编制量表,在数据统计与分析中常用的软件是 IMB 公司的 SPSS。在量表编制中究竟是使用 EFA 还是 CFA,没有绝对的界限,二者各有优点与不足,如何选择取决于研究者的能力、文献资料、理论假设和研究时间等。

(五) 确定各个维度(结构)的权重——以德尔菲(Delphi)法为例

就算是确定了量表的维度,但并不是每一个维度的重要性都是一样的,要根据各自重要性的程度高低才能确定分测验的数量与题目。如表 7.5 中显示的 WISC 第四版(2003 年)的四个维度,言语理解与知觉组织的权重较大,各有四个分测验,而克服分心和加工速度权重相对较小,各有两个测验。那么如何确定量表维度的权重呢,常见的方法是德尔菲法。

美国兰德公司在 20 世纪 50 年代与道格拉斯公司合作研究出有效、可靠地收集专家意见的方法,以"德尔菲"命名,此后该方法广泛地应用于商业、军事、教育、心理、卫生保健等领域。德尔菲法在医学中的应用,最早开始于对护理工作的研究,并且在使用过程中显示了它的优越性和适用性,受到了越来越多研究者的青睐。德尔菲法本质上是一种反馈匿名函询法。其大致的流程是:在对所要预测的问题征得专家的意见之后,进行整理、归纳、统计,再匿名反馈给各专家,再次征求意见,再集中,再反馈,直至得到一致的意见。[①]

下面举例来说,如有研究者准备编制某个学生的心理量表,前期通过文献查阅分析得出了4个维度(A、B、C、D),但无法确定每个维度的权重,所以请教了这方面的若干名专家(一般不少于3人,当然越多越好)。假设有5名专家(a、b、c、d、e),让这5名专家根据他们的理解和专业性对这4个维度进行确权(即4个维度的总分是100%,然后为每个维度确定百分比)。这样每个维度就有5名专家给出的确权的百分比,将其平均,就是这个维度的权重,具体如表7.6所示。

表7.6 根据德尔菲法为量表维度进行确权(赋值)计算举例

专家 维度	a	b	c	d	e	专家平均
A	x1%	x2%	x3%	x4%	x5%	A1
B	y1%	……	……	……	……	B1
C	z1%	……	……	……	……	C1
D	w1%	……	……	……	……	D1
总权重	100%	100%	100%	100%	100%	100%

在表7.6中,以专家a为例,他给A、B、C、D 4个维度的赋值为 x1%+y1%+z1%+w1%=100%,而以维度A为例,5个专家给它的平均权重为 A1=(x1%+x2%+x3%+x4%+x5%)/5,将最终确定的4个维度的平均权重相加为(A1+B1+C1+D1)=100%。当每个维度权重确定后就可以编制分测验与题目了。

(六) 根据维度权重编制题目

这是整个量表编制中非常关键的一环。根据量表的分类,自陈测试一般都是文字测试,对题目的要求要简短、直接和无歧义;对于认知测试(如智力测试),测试的题目要有文字、图片,甚至要有积木和声音,随着计算机技术的发展,还可能有视频或动画等;对于投射测试,测试的题目有图片、文字表述、视频或字词造句等。无论是何种测

[①] 冯俊华:《企业管理概论》,化学工业出版社2006年版,第45页。

试,题目一定要对应量表的维度,每个维度题目的多少,要根据每个维度在整个量表中的权重(重要性程度、贡献度)来决定。

当然在编制题目前,要考虑量表的标题(一般是中性的,不要让被试一眼看出要测的内容,如 MMPI,WISC,SCL-90 等从标题看不出测试的内容)和指导语(简明扼要地说明测试的要求,让受测试者认真、真实、自然地作答,同时不要有太多的暗示与诱导)。

1. 自陈测试的题目

一般分为题目表述和选项。每道题目只问一个问题或提供一种情境,不要让作答的人感到有困扰或犹豫不决或不知所云。如"你每天都有洗澡和刷牙的习惯吗? A 是的　B 不是的　C 不确定",该题目包含了"洗澡"和"刷牙"两个问题,有人可能每天刷牙但不一定洗澡,所以这样的题目不合适,另外选项"C 不确定"也是多余的,因为无论是每天洗澡还是刷牙,要么是"A 是的"要么是"B 不是的",不存在"C 不确定"的情况。常见的二选一量表有 EPQ(艾森克人格测验),总共有 85 道题目,每道题目都只有"是"或"否"两个备选项。

当然,也有些自陈测试是根据题目表述的情境等级来设计选项的,有"三选一"(如 16PF 测试)、"四选一"(如 SDS 抑郁自评测试)和"五选一"(如 SCL-90 心理卫生自评测试)等情况。

2. 认知测试的题目

认知测试一般需要运算和推理,有文字或图片等格式,会根据题目的情况,设定不同的选项,如瑞文标准推理测验[Raven's Standard Progressive Matrices,简称 SPM,由英国心理学家瑞文(J. C. Raven)于 1938 年编制],在世界各国沿用至今,用于评估一个人的观察力及思维能力。该测试的题目属于渐近性矩阵图,整个测验一共有 5 个单元,每个单元有 12 张图片(题目和选项),由 60 幅图组成,每个单元都是由渐进矩阵构图组成的,让受试者根据图形变换规律从 6 或 8 个选项里面选出一个他们认为正确的选项(如图 7.9 所示)。

3. 投射测试的题目

关于投射测试题目一般没有固定的格式,从材料来说有图片、文字等,让受测试者根据图片、文字及时表达自己的想法和感受,以此来推断受测试者的人格特点或心理状态。常见的投射测验有三种格式:

一是"看图说话",让受测试者根据一幅图片讲一个故事或者说出看到了什么,常

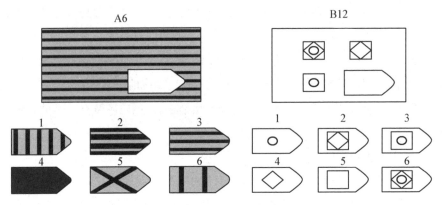

图 7.9 瑞文测试题目与选项例举

见的有罗夏墨迹测试和 TAT(主题统觉测试)。

二是句子完成测试,即让来访者将一个不完整的句子补充完整,根据补充完整的句子来分析来访者的状态。如"我认为当前的学习是_____",让来访者在空白处填写词语以完成句子。

三是根据一定的情境(文字或视频)表述,给出选项让来访者作选择。如在分析家庭教育类型时,给孩子一道情境题:"如果有一天你父母不在家,你由于好奇把自己家的钟表拆了进行探究,就在这时你父母来了,发现了,你觉得他们会:A 把你打一顿;B 把你批评一下;C 问你原因后让你继续做;D 不闻不问。"A、B、C、D 对应的家庭教育类型可能是:粗暴型、严厉型、民主型和放任型。

表 7.7 不同类型心理测验题目与选项例举

量表类型		题目要求	举例	典型量表
自陈测验	二选一	一般会用"是"或"否"	您喜欢读悬疑小说吗?	EPQ(艾森克人格测验)
	三选一	一般是"A"、"B"或"C 介于 A 和 B 之间"	您旅游喜欢去哪里? A 有水的地方;B 有山的地方;C.介于 A 和 B 之间	16PF(卡特尔 16 种人格测验)
	四选一	一般是按等级由低到高设计选项(或者反过来)	您工作辛苦吗? A 一点不;B 有点;C 比较;D 非常	SDS 和 SAS(抑郁和焦虑自评测试)
	五选一	按照等级排列选项,有一个中间选项	您睡眠质量好吗? A 很不好;B 不大好;C 一般;D 比较好;E 很好	SCL-90;气质类型测试(60 题)

续 表

量表类型		题目要求	举例	典型量表
认知测验	计算	简单的心算	12×5＝？	斯坦福-比奈测试;瑞文测试;WISC(韦克斯勒测验)
	图形	用图形作推理	一个图形里有几个三角形	
	文字	理解句子的内涵	解释什么是"损害"	
投射测验	图形	看图想到什么？	这个图形像什么？	TAT;罗夏墨迹测试
	文字	用几个词讲完一个故事	家是什么？	句子完成测试
	绘画	画一幅图或随便涂鸦	画一棵树,根据布局进行分析	房树人测试

(七) 选择样本进行试测

当题目编制完成后,选定测试对象(性别、年龄、文化程度等要和正式使用的对象是一致的),同时还要考虑人数,初测时可以少一点,但不要集中在某个群体,如某个学校、某个年级或某个班级。如编制"初中学生学习适应测试",测试对象应该不同学校、不同班级和不同年级均有涉及,而不是简单地选择某个学校某个年级的某一个班;人数根据统计学的要求,一般初测的单因素样本不少于 30 人,如性别有男女 2 个因素,就是 30×2(性别)＝60,如果初中有 3 个年级,则测试人数就是 30×2(性别)×3(年级)＝180,如果考虑学校性质(公办和民办 2 种),则测试人数应该是 30×2(性别)×3(年级)×2(学校)＝360。当然某学校某个年级受测试的学生最好来自不同的班级,抽样的离散度越大,代表性越好,测试的信度也会越高。

(八) 题目计分与统计指标的确立

测试做好后,要计算每一个被试的得分。每道题的计分方式在编制测验时就要考虑清楚。以自陈测验为例,如果每道题都有 4 个选项,而且选项内容都是相同的里克特等级选项,如"1. 不符合;2. 不太符合;3. 比较符合;4. 非常符合",则根据测验性质和计分方式就有如表 7.8 所示几种组合。

但是,无论是哪种计分方式,最后统一维度的计分都要保持同步和一致,避免由于不同的表述方式而导致计分相互抵消,影响测试信度。如在社会适应性测试中,有"生活适应"维度,是正向测试,即得分越高生活适应性越好,那么无论是正向计分还是反向计分的题目,最后每一项的计分也是指向分数越高越好,而不是有的题目得分越高越好,有的题目得分越高越差。同时,在计算适应性总分时如果出现相互抵消,这是错

表 7.8 不同测验的不同计分方式

计分方式＼测验性质	正向测试(得分越高越好)	负向测验(得分越高越差)
正向(计分与选项顺序一致)	"1.不符合;2.不太符合;3.比较符合;4.非常符合"的计分分别是 1、2、3、4 分。	
反向(计分与选项顺序相反)	"1.不符合;2.不太符合;3.比较符合;4.非常符合"的计分分别是 4、3、2、1 分。	

误的,要特别注意。

在量表的维度权重、题目、计分方式确定后,就要开始根据计分规则(计算维度总分还是维度平均分每个量表会有不同)进行维度分测验的得分计算。一般来说,计算得到的都是原始分数,需要根据一定的标准换算成被试的平均分与标准差来制定参考常模,用于后续量表正式使用时的比较,具体的换算方法在第二章中已有阐述,这里不再赘述。

当然,在传统的测试与大数据结合后,通过量表维度计分规则,可以设定一定的程序从而推演出更直接的统计指标(指数),如学习压力指数、幸福指数、职业倦怠指数、亲子关系指数(指数的等第可以是 1—5、1—10 或 1—100,要根据具体需要来确定),等级有一定解释或图示会更加直观。

五、量表编制举例：以工作记忆测试为例

(一) 工作记忆测试的意义

在学校心理健康教育工作中,需要对学生的心理健康水平、认知风格、学习策略等进行评价。比如当一个学生的注意力不集中、学习效果不理想时,就可以对他的记忆与信息加工策略进行评估,如对工作记忆(working memory)的测量。

人的大脑是对信息进行输入、加工、储存和输出的中心。人脑对信息的加工与处理并不是机械的,有其加工的策略与机制。一般来说,信息进入大脑是从感觉登记(瞬时记忆)开始的,经短时记忆后储存在长时记忆中。由于短时记忆一般只有 2 秒钟左右,在 20 世纪 70 年代,心理学家对短时记忆的研究集中于记忆的容量与个体差异,对其加工机制与策略的研究不深。直到 1974 年巴德利(Baddeley)提出工作记忆的概念,认知心理学对短时记忆的研究进入到一个新的领域。过去 30 多年对工作记忆的研究

主要集中在工作记忆的模型验证、成分确定等方面。

(二) 对工作记忆的理论界定

工作记忆是认知心理学提出的有关人脑中存储信息的活动方式。人脑作为一种信息加工系统,把接收到的外界信息,经过模式识别加工处理后放入长时记忆。此后,人在进行认知活动时,由于需要,长时记忆中的某些信息会被调遣出来,这些信息便处于活动状态。但它们只是暂时使用,用过后再返回长时记忆中。信息处于这种活动的状态,就叫工作记忆。① 工作记忆是一种对信息进行暂时加工和储存且容量有限的记忆系统,在许多复杂的认知活动中起重要作用。

(三) 明确工作记忆的结构维度或测量模型

如果证明了工作记忆的存在,就能够测量并确定它的维度或模型。工作记忆模型是巴德利和希契(1974年)在短时记忆的基础上提出的一种记忆系统,用以说明短时的信息存储和加工,但它不是一个单一的系统,而是由三个独立的成分组成的复杂系统,包括语音回路(Phonological loop)、视空间模板(Visuo-spatial Sketchpad)和中央执行系统(the central executive)。语音回路专门负责听觉和语言信息的存储与控制,视空间模板负责视觉和空间信息,而中央执行系统是工作记忆的核心,是一个容量有限的注意控制系统,负责各子系统的管理和策略的选择与计划。工作记忆模型如图7.10所示。②

图 7.10　巴德利和希契的工作记忆模型

这一理论模型一经提出,便引起广泛的关注,并引发了大量有价值的行为学和神经科学的实验研究,它们都证实了这三个系统的存在,特别是在语音回路和视空间模板的研究方面已取得丰硕的成果,在许多问题上达成了共识。相比较而言,中央执行系统因其自身的复杂性,对它的研究还相对较少,在很多问题上还存在争议。对于三

---

① 卢乐山、林崇德、王德胜主编:《中国学前教育百科全书:心理发展卷》,沈阳出版社1995年版,第98页。
② Baddeley. *Human Memory: Theory and Practice*. Allyn & Bacon, 1990: 52.

个子成分的研究,不论是数量上,还是对结果的解释上,都存在着很明显的不均衡性。① 最简单的语音回路研究最多,对于视空间模板的研究虽然存在困难,但一些研究者在探索支持视觉表象的因素,这类相关研究为视觉空间存储研究提供了不少有价值的成果。对中央执行系统的研究较少,这可能是由于中央执行系统研究难度更大。

另外,关于工作记忆的三系统模型也受到了很多挑战,2000年巴德利又对其模型进行了修正,提出了工作记忆的四成分模型,增加了情景缓冲器子系统(Episodic buffer,又译认知缓冲)这一概念,使子系统增加到四个(如图7.11)。②

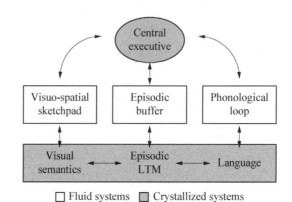

图7.11 新的工作记忆模型通过两个子系统和新提出的认知缓冲与长时记忆(LTM)相联结(Baddeley,2000a)

(四) 工作记忆量表测试题目的编制

当维度或模型确立好后,就要根据工作记忆的四个维度进行题目编制和测试。③

1. 收集材料和编制题目

编制题目时可以运用WM研究中的典型材料,如图片、空间图形、字母、数字、简单运算、简单句子、语词等。同时要考虑材料的知识和文化背景。

具体各测验的编程材料另外设计。

2. 设计实验程序、计分与数据处理

通过认知实验中经常采用的E-PRIME软件与VB软件设计实验程序,采取人机对话的方式进行测试,以团体测试为主。每个实验有12个测验,每个测验做对得

---

① M. S. Gazzaniga主编,沈政等译:《认知神经科学》,北京大学出版社2000年版,第431—441页。
② Baddeley: *Is working memory still working?* American Psychologist,2001(56):863.
③ 杨彦平:《工作记忆测量及Baddeley4成分模型验证》,西南大学博士后研究报告,2011,第5页。

1—4分(根据难度),并记录正确的反应时。使用SPSS15.0和AMOS7.0对数据进行处理。

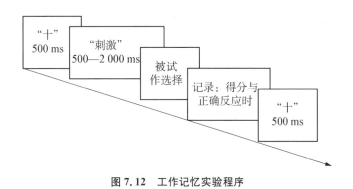

图7.12 工作记忆实验程序

3. 确定统计变量

自变量:性别、年龄、任务难度。

因变量:反应时、正确率、测验得分。

4. 各维度题目的编制

(1) 中央执行系统

STROOP任务:给被试随机呈现左、右、上、下、左上、左下、右上、右下等方向词1秒,然后让被试按相反的方向按"→←↑↓↖↘↙↗"等,如呈现"左下"1秒后,让被试从"↖↘↙↗"里选一个,正确选项应该是"↗",其余类推。计分方法是在5秒之内前4个方向做对得2分,后4个做对得3分,做错得0分。

焦点选择:给被试呈现4条交叉排列的线段3秒左右,每条线段的一端用数字表示,另一端用字母表示,然后让被试随机找出某数字表示的线段的另外一端的字母是什么。计分方法是每道题在8秒钟之内做对得3分,做错得0分。

词性与错别字判断实验:每次呈现一个2字的词语750毫秒,然后要求判断词性(名词或动词)或有无错别字(1—2个),任务随机转换。计分方法是每道题在5秒钟之内做对得2分,做错得0分。

(2) 语音回路

英语字母的加法实验(N±BACK):如"F+3"是让被试说出英语字母表中"F"后面的第3个字母是什么(正确答案是"I"),"P−3"是让被试说出英语字母表中"P"前面的第3个字母是什么(正确答案是"M")。计分方法是"N+"任务根据回忆字母的长度,5秒之内做对每道题记1—2分,有12项任务。

简单心算:每次给被试呈现2个1位数的四则运算2—3道题目2秒,计算并记住每道题目的答案。计分方法是8秒之内做对2道简单运算得2分,3道的根据难度做对得3—4分,做错得0分,共有12项任务。

句子排列:给被试呈现3个词(这些词按照1—3编号,可以组合成一个有意义的句子)2秒,然后让被试选择可以组成句子的词的编排顺序(例如:1我;2读书;3喜欢。答案选项有A1-2-3;B1-3-2,C3-2-1。正确的答案应该是B),记录反应时和准确率。计分方法是8秒之内做对每道题得2分,做错得0分,共有12项任务。

(3) 视空间模板

空间旋转:给被试呈现一个标准字母500毫秒,让被试选出字母顺时针旋转90度或180度后的图片。计分方法是5秒之内,做对旋转90度的每道题记2分,做对旋转180度的每道记3分,做错得0分,旋转90度和180度各有6项任务。

模糊记数:在5×5的格子上随机呈现1—2种颜色的点4—10个1秒左右,让被试记住每种颜色点的数量,并记录反应时间。计分方法是根据题目难度,5秒之内做对每道题得2—4分,做错得0分,共有12项任务。

图形组合:看到由2—3个不同颜色的几何图形组合成的一个图形,然后让被试选择该图形是由哪几个图形组合成的。计分方法是:5秒之内做对每道题得2—3分,做错得0分,共有12项任务。

(4) 情景缓冲器

图片排列:给被试看3张图片(这些图片按照一定的顺序可以成为一个有意义的情景,看之前提醒主题)3秒左右,然后再呈现答案选项,让被试选出正确的图片排列顺序。计分方法是8秒之内做对每道题得3分,做错得0分,共有12项任务。

数字及字母排列:给被试呈现一串由数字和字母组成的组合1—3秒,然后将字母和数字重新按规则排列:数字排列在字母前面,数字按从小到大的顺序排列,字母按照字母顺序排列。如看到"C2Y8"正确的排列应是"28CY"。计分方法是8秒之内做对每道题得1—6分(根据任务难度),做错得0分,共有12项任务。

(五) 进行初测试与信度、效度检验

在整个测试编制完成后,选择部分学校的被试进行初测。所有的测试在各学校的多媒体教室计算机上团体完成。在测试前要对主试进行专门的培训。因为所有的题目都是选择题,为了避免练习效应,被试在正式测试前,首先有10道题目是鼠标简单反应时训练(简单反应时在后续的测试中会作为基线反应时减去),同时每个分测验都有详细的指导语和1—2题练习题,让被试熟悉测试。

初测选择了6所学校的五到十二年级(九年级除外)的896名学生,最后取得其中有效样本823名(男387名,女436名,每个年级人数31—264人不等)。初测的α信度系数为.853,4个分测验之间的相关在0.3—0.5左右(如表7.9所示),初测结果比较理想。

表7.9 初测各分测验之间的相关系数(N=896)

	中央执行系统	语音回路	视空间模板		中央执行系统	语音回路	视空间模板
语音回路	.462(**)			情景缓冲器	.389(**)	.482(**)	.542(**)
视空间模板	.434(**)	.538(**)					

**表示相关在0.01水平显著,以下同。

初测结束后对各分测验中因素符合比较低或者与分测验相关性不高(相关系数低于0.4)的题目进行删除,即每个分测验的题目由原先的12题变成8—12题不等。

(六) 题目修改后再测

在对工作记忆4个假设成分的14个分测验进行实验后,又选择了第二次较大样本共计1 834名有效被试的数据,用SPSS软件进行分析,发现本次实验各测验的信度与效度都比较好。总测试的α信度系数为.925。另外通过表7.10可以看出,4个成分的总分的相关系数在0.3—0.6之间,即显著相关,又相对独立,所以结构效度也比较理想。

表7.10 工作记忆各成分总分的相关系数(N=1 834)

	中央执行	语音回路	视空间模板		中央执行	语音回路	视空间模板
语音回路	.597(**)			情景缓冲器	.336(**)	.384(**)	.410(**)
视空间模板	.517(**)	.562(**)					

在10 335名青少年学生的正式测试中,发现测验的结构效度较好,具体相关分析见表7.11。

表 7.11　工作记忆各分测验及总分的相关系数（N=10 335）

	中央执行	语音回路	视空间模板	情景缓冲器
语音回路	.627**			
视空间模板	.590**	.673**		
情景缓冲器	.564**	.653**	.667**	
工作记忆总分	.833**	.873**	.855**	.836**

4 个分测验之间的相关系数在.5—.6 左右,4 个分测验与工作记忆总分之间的相关在.8 左右,说明测试的结构效度较好。

（七）工作记忆 4 模型的结构方程模型验证

1. 模型的拟合

一般模型拟合与验证分析可以通过 IBM 公司的 AMOS 软件进行分析（AMOS 软件可以和 SPSS、EXCEL 共享数据库,即后两者的数据可以导入到前者中进行分析）,图 7.13 和图 7.14 就是 AMOS 的操作界面与举例（微软电脑操作系统）。

在第二次测试后将 1 834 名被试的测试数据用 AMOS7.0 软件进行分析,发现巴

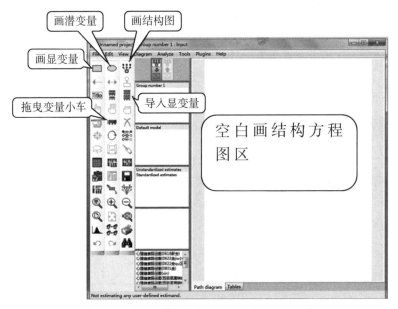

图 7.13　AMOS 软件的操作界面与相关按钮解释

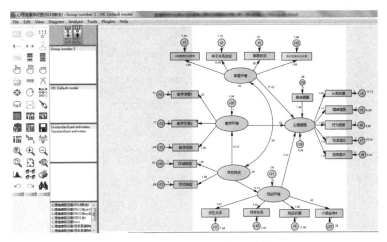

图 7.14　AMOS 软件的操作案例

德利工作记忆的 4 个成分模型是存在的,但各亚成分之间存在交叉和较高的相关性,如图 7.15 和表 7.12 所示。

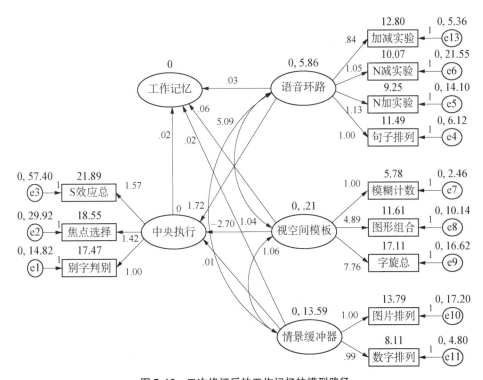

图 7.15　二次修订后的工作记忆的模型路径

表7.12 工作记忆模型的拟合性指标

指数	RMR	χ^2	df	χ^2/df	GFI	AGFI	NFI	CFI	RFI	IFI	RMSEA
初测	.784	289.2	72	4.01	.955	.934	.883	.909	.852	.909	.061
二测	.812	197.8	72	2.74	.972	.954	.967	.979	.957	.982	.034

2. 模型的验证结果

用AMOS7.0软件对工作模型的2次施测数据进行验证性因子分析,拟合情况明显是第二次优于初次,两次测试的拟合指标见表7.12。通常理想的NFI、IFI、RFI、CFI均应大于0.90,RMSEA应小于0.1。[1] 由于每一项指标都有局限性,因此需要参考多个指标的一致性及构想概念和理论的合理性来判断模型的拟合程度。多数学者认为NFI、NNFI有较好的稳定性,RMSEA也是常用的值,[2]χ^2/df值比较容易受样本量大小的影响,它更适用于嵌套模型的比较。[3]

根据表7.12的各项指标,通过增加样本量和删除载荷低的题目等对工作记忆模型所作的修订是比较理想的,初步验证了巴德利工作记忆4因素模型的存在。

3. 工作记忆的个体差异与常模

通过分析本次实验2次测试所收集的有效数据可以发现,青少年的工作记忆水平在年级以及性别之间是存在差异的。从表7.13可以看出,男女学生在工作记忆各成分上是存在显著差异的,女同学的工作记忆优于男同学。

表7.13 男女在工作记忆各成分以及总体上的得分差异(M±S)

性别(人数)	中央执行	语音回路	视空间模板	情景缓冲器	总分
男(914)	54.9±16.7	41.5±12.9	33.4±8.8	21.3±8.6	151.1±37.8
女(918)	60.7±14.6	45.7±10.7	35.6±7.6	22.5±8.8	164.8±31.5
P	**	**	**	**	**

备注:**代表二者在0.01水平差异显著。

---

[1] 侯杰泰,温忠麟,成子娟:《结构方程模型及其应用》,教育科学出版社2004年版,第186—191页。
[2] Robert F, Dedrick, Paul E, etal. *Testing the structure of the child behavior checklist \ 4 - 18 using confirmatory factor analysis*. Educational and Psychological Measurement,1997,57(2):306 - 313.
[3] 宫梅玲:《高校图书馆在解决大学生心理困扰中的作用》,《泰安师专学报》,2000年第22卷第5期,第114—116页。

由于个体工作记忆的加工时间很短,所以正确选择的反应时也能显示出个体的工作记忆水平和能力。本研究发现,个体的工作记忆的加工速度随着年龄的增加在提高(即正确选择的反应时减少)。

第八章　学校心理辅导和咨询中的心理评估

第一节　学校心理咨询与评估流程

一、学校心理咨询的基本流程

(一) 建立良好的咨访关系

良好咨访关系的建立是有效咨询的前提和基础。在学校心理咨询中,尤其是在个别辅导中,学校心理辅导老师要与来辅导的学生之间建立基本的信任感,在咨询过程中给学生以安全感或稳定感。所以咨访师生之间建立相互信赖、充分理解、彼此坦诚相待的关系,是一个有效咨询的开始和关键。

首先,心理辅导老师要给学生良好的第一印象。如让学生感觉有一定的亲和力与热情,能够耐心关注与体恤学生的感受,赢得学生的信任感。

其次,心理辅导老师要体会来咨询学生的心态或处境。要与学生充分地沟通,给予鼓励与支持,让学生愿意与辅导老师接近、交谈,倾诉他们的想法与困惑,并使他们觉得有希望解决自己的问题,对辅导有信心和有兴趣。

最后,在首次咨询辅导中,心理辅导老师对学生的耐心倾听与引导很重要。耐心细致地倾听学生叙述自己的苦衷与想法,本身就是对学生的鼓励和抚慰。

(二) 收集学生的基本资料(做好保密工作)

收集资料的目的是为了了解前来咨询的学生的问题情况,以便决定从何入手分析他们的问题,为确定咨询的方案作准备。一般收集以下信息资料:

1. 学生的基本情况

如姓名、性别、民族、年龄、籍贯、所在班级等。

2. 前来求助的主要问题与诉求

包括心理与行为问题的表现和产生的时间、地点、对象及对学习和生活的影响、希望得到何种帮助等方面。

3. 求询者的家庭境况

如父母的职业、学历背景、家庭结构、社会经济地位、教育方式、宗教信仰、个性特征、健康状况等。尤其要了解家庭氛围与亲子关系。

4. 学生在校表现

如在校的学习情况、人际关系(师生关系,尤其是同学关系)及参加集体活动时(如社团、志愿者、班队活动等)的表现等。

5. 成长经历

要了解求助学生从出生到现在的基本情况(生活居所的改变等),尤其是特殊事件(如转学、受人欺负等)、生活经历等。

6. 身体发育及健康状况

如是否顺产,是否得过大的疾病或做过手术,是否容易疲劳,容易生病,是否经常请假,吃饭与睡眠是否规律正常等。

(三) 问题分析与评估

1. 确定求助者是否适宜作心理咨询或辅导

学校心理咨询的主要对象是心理正常和有轻微心理障碍的学生,当他们遇到发展、适应、学习、人际交往等方面的问题时,学校心理教师(咨询师)为他们提供咨询与帮助。对于有严重心理障碍和精神异常的学生是不适宜作心理咨询的,应当转介或与监护人沟通建议到医院精神科或精神卫生中心作进一步的治疗。

2. 分析求助者的问题

确定来访者问题的类型、形成的原因及深层心理机制。首先要区分其心理活动是正常的还是异常的。通常的做法是:作相应的心理评估,或者多名学校心理咨询师根据学生的表现一起研判(保密原则),从学业表现、人际沟通、情绪调节、自我认识、社会适应等维度作分析。如果评估后是一般的发展性心理问题或轻度的心理障碍,可以通过学校的心理咨询来解决。如果求助学生的情况无法判断,或者超出了咨询师的能力范围,又或者是存在疑似精神障碍,就需要作进一步的分析或转介。

(四) 咨询与辅导

1. 确立咨询目标

对于学生心理咨询来说,应该以发展性心理咨询为主:首先,帮助学生正确认识自我,建立自信、积极的成长动机;其次,协助学生从认知、行为和情绪角度进行调整和改变,以适应当前的学习生活状态;最后,帮助与鼓励学生采取建设性、积极的行为方式,或者习得与重建新的行为模式,处理当前面临的学业、人际、情绪与自我认识方面的问题。必要时向学生提供自我心理训练技术和方法,协助学生发现与应用家庭、学校、社会等有关方面的资源或支持,从而能够积极地面对和解决成长中的困境与问题。

2. 选择咨询或辅导的方式方法

*专业支持。*前来咨询的学生大都受某种心理困扰,不仅自己无力解决,周围的人际环境也往往对他们不利,这时他们最需要别人的理解、支持、接纳与帮助,以恢复自信。学校心理教师通过自己的专业素养,为学生提供有利的外在环境和良好的人际关系,运用真诚的赞扬、回应、鼓励、支持等方式让学生放松情绪,吐露心声,正视自己的问题,寻求改变的方式。

*反思与改变。*学校心理教师往往通过中立或"第三者"的视角给学生一个重新认识和了解自我的途径,让学生能够从外在自我、内在自我、潜能自我等角度发现自己。教师经过良好咨访关系的建立帮助学生建立自信,帮助学生进一步了解自己心理问题发生的内部与外部原因,减少或降低其心理负担,明确解决问题的基本方向与方法,促进其发生阶段性改变与自我成长。学生心理发展有很强的可塑性,来咨询的学生可能出现了某些认知、行为或情绪上的障碍,但通过心理教师的帮助及周围人际关系的改善,他们自己就会慢慢地从心理困扰中恢复过来。学校心理咨询与辅导的作用旨在帮助学生排除发展中可能存在的障碍,让他们获得新的成长机会,从过去的经历或问题中获得成长的经验,学会反思与认识自己,获得应对问题与困难的方法与信念。

3. 咨询与辅导

在与前来咨询的学生建立咨访关系和澄清问题后,学校心理教师就要与学生一起协商制订咨询或辅导方案。一般来说,方案中要有明确的咨询时间、目标、步骤、形式(技术)、次数等。咨询方案的确立要与学生协商完成,或者制订的辅导方案至少要得到学生的认可、理解和同意。在学校心理咨询过程中可以给学生一定的指导性建议,也可以是认识上的疏导与沟通,但更重要的是通过一定的咨询方法与技术让学生重新认识与接纳自己,找到自我成长的信心、动力与资源。在辅导过程中,如果学生的问题与行为出现某种反复,都很正常,学校心理教师要给予学生更多的鼓励,帮助他们树立发展与改变的信心。

(五) 结束咨询

1. 咨询过程的回顾与总结

在学校心理辅导过程中,心理教师可以在每次辅导过程中了解学生的性格特点、应对问题的方式及形成心理困扰的原因,并适时地给学生以解释、说明,让其了解自己的行为方式,学习新的行为方式和应对问题的方式。通过综合性的回顾与总结,让受辅导的学生能够强化记忆与新的行为方式,继续成长。

2. 帮助学生反思与梳理

学校心理辅导的根本目的是让学生能把在辅导中学习到的新知识、新经验、新方法应用到其日常的学习、生活之中,树立自信并运用新的应对方式,从而促进其主动发展、健康成长。在咨询结束阶段,心理教师应有意识地引导学生把在辅导中获得的新认识与新思考扩展到生活与学习的其他方面,帮助学生真正掌握咨询中学到与获得的新思考、新感悟与新方法,以便其在辅导结束后依然可以坚持使用,以应对周围环境,自行处理所遇到的新困难、新问题。

3. 协商与适时结束咨询

一个成功的辅导在结束时,学生一般都会有某种依赖和不舍,但咨询最终是让学生自己成长与发展,而不是替代性地解决问题。当咨询一段时间后,若学校心理教师看到学生对自己独立解决问题充满信心,并且行为方式得到明显改善,就可以考虑结束咨询,这样一方面可以节省咨询资源,另一方面避免学生对咨询产生不必要的依赖。学校心理教师可采取渐次结束的办法,即渐次减少会谈的次数与时间,逐步结束咨询;还可明确确定停止咨询的日期,隔一段时间后,再与其进行短期会谈,追踪其在咨询结束后的适应情况,如果适应良好,就可以真正结束咨询。

二、心理咨询与辅导中的心理测验使用

无论是团体咨询还是个别咨询,为了发现和澄清咨询的问题,或者了解与掌握辅导的成效,都需要进行必要的心理测试。适时、规范、准确与专业地使用心理测试,可以对咨询与辅导的进程、成效的把握做到心中有数。

(一) 使用量表的目的和量表的使用目的

使用量表的目的是了解学生存在的问题还是看学生的咨询效果,在使用量表之前心理辅导教师或咨询师心里要比较明确和清楚；另外，任何一个量表都有其使用的目的，不是每一个量表都可以在咨询的任何阶段使用的，是诊断、筛查还是自我评估，是他评还是需要经过专业培训后才能使用，每一个量表都有其严格的规定，这都需要使用者对量表手册与指导有详细的了解。即使是一个专业的量表，如果使用不当，也会出现误差。

（二）选择与熟悉量表

在明确了量表的使用目的和使用量表的目的之后，就要选择合适的量表进行评估。如在对多动症儿童的辅导与训练中，就要使用与儿童多动症评估有关的工具；如果是与考试焦虑有关的学生辅导，与压力及焦虑有关的量表是必选的。选择量表一方面要准确、专业，另一方面要对量表的使用要求与规范比较清楚，尤其是对量表的常模或标准解释要非常了解，严格按照量表的操作要求进行测试。

（三）找到测试的时机

在咨询与辅导开始时，一般不建议使用心理测试。在与来访者建立了信任、安全的咨访关系之后，在来访者愿意配合，并告诉其测试的目的和要求的情况下，做心理测试才是合适的。如果来访者有阻抗或者不愿意和不配合，就暂停或不要做，否则测试的结果会不准确或存在误差。对于年龄小的学生（如 3—6 岁的幼儿园小朋友），在做他评量表（如 K-ABC，DDST 等）时，监护人可以陪同（但不能干扰）。

（四）测试环境与指导语

在学生或来访者做测试时，无论是团体测试还是个别测试，都需要在被试比较放松的状态下进行。在测试过程中，要保持测试环境的安静，保证独立完成（如果是团体测试，主试要巡查，不要让被试进行交流或者议论），如果测试过程中被试有不清楚的地方，主试不要作与测试有关的解释，让其按照自己的理解作答即可，也不要给其任何的提醒或压力。如果被试生病、情绪低落或者无法放松时，可以暂时不做测试。同时要保证整个测试的过程是安静、舒适和有序的。

（五）结果解释与参考

每一个心理测试量表都对使用对象、测试目的以及标准解释等作了详细的规定。对于每个学生的测试结果，都要严格按照量表规定的解释进行计算，不能放大测试结果或量表的使用范围，尤其是对一些存在心理"症状"的结果（如焦虑、抑郁、学习障碍、弱智），要更加慎重，不能通过一次测试或者一个测验就给被试下诊断性评估。

(六) 测试结果的使用

根据心理咨询与心理测试的伦理规范,学生做了心理测试之后,测试结果只用于本次测试的目的,没有特殊情况不要将测试结果告诉无关的人或者用于其他目的(如选拔、分班、分流学生等)。所有测试结果都要严格保密,如果是在线网络心理测试,也要保证数据库的安全。

三、个别与团体咨询效果的评估

对咨询效果的评估至少有两个目的:一方面是了解咨询的方向与方法是否正确与有效,以便及时采取调整策略;另一方面,当达到咨询目的时,可以适时地结束咨询。

(一) 个别咨询效果评估

1. 访谈法

在咨询进入尾声时,可以花费专门的时间与来咨询的学生就咨询的成效进行沟通与讨论,可以中立性的提问让学生实事求是地回答。主要的问题有"你觉得咨询对你的学习有哪些帮助""每次咨询结束后你的感受如何""你认为咨询的过程哪些比较满意,哪些还需要改进?"等,学生回答时,辅导老师只需记录和作简单的回应,不要打断和暗示。访谈结束后可以通过学生回答的内容和整体状况对辅导的成效作综合的评估。

2. 问卷法

如果来访者不是很善于言谈和反馈,可以设计简单的问卷(以封闭式选择题为主,以开放性问答题为辅),让参与心理辅导的学生填写(如果当场填写学生有压力,可以让学生带回去填写,通过邮箱或邮递的方式反馈给辅导老师)。个别咨询成效问卷评估主要的问题有:参与咨询时,你对老师的态度满意吗?你觉得自己的问题在辅导过程中有得到解决吗?你觉得咨询对你的学习生活有帮助吗?该问卷以正向等级的选择题为主,学生每道题选择的等级越高,说明咨询效果越好。

3. 测验法

为了能够客观、专业地说明接受辅导学生的改变,同时为了便于收集数据和研究资料,可以通过量表测试的方式作比较研究。如对于有高考焦虑的学生的个别辅导,在辅导前如果学生的 SAS 的焦虑得分比较高(如 T 分有 70),经过 2 个月共 8 次的辅导之后,学生的 SAS 的 T 分降到了 50 分(正常水平),就能够充分说明对学生开展个别心理辅导是有效的。

（二）团体心理辅导的效果评估

1. 学校中的团体心理辅导

团体心理辅导是指以团体的形式进行心理辅导，它是以团体为对象，运用适当的辅导策略与方法，通过团体成员间的互动，促使个体在交往中通过观察、学习、体验来认识自我、探讨自我、接纳自我，调整和改善与他人的关系，确立新的态度、改善行为方式，激发个体潜能，增强适应能力的过程。在学校心理健康教育工作中，团体心理辅导是重要的手段，学校心理教师可以通过大小团体辅导，让学生进行自我探索、提升团队凝聚力，缓解学习压力，增进人际信任。和个别咨询一样，团体辅导也要经过准备、实施、小结与结束几个阶段。

2. 团体心理辅导效果评估的维度参考

心理教师在团体心理辅导结束后，可以从整个活动的设计、组织、目标达成、学员参与度等方面进行反思、总结。为了团体辅导成效的达成度可以从以下维度进行设计。

（1）活动组织有序

一场团体心理辅导活动，无论教师怎么预设，总是有新的问题与情境出现。心理辅导教师希望目标达成，学生全程参与。在活动结束后，教师可以从学生的投入度、活动的积极性等方面进行观察与总结，看学生有没有直接从活动或游戏中获得对辅导目标的认识和反思，可以从每次活动的目标是否按计划达成等角度评估问题的设计。如果一场团体辅导只是表面上热热闹闹，学生的参与度很高，但没有积极的讨论、感悟与反思，那只能是团体游戏而不是团体辅导。

（2）认识调整改进

看学生每次在参加完团体辅导后，是否明白活动课的目标或者主旨，是否通过活动的实施、交流、讨论与分享，纠正了原来不合理的认知，这是体现心理辅导成效的重要维度。团体心理辅导若能让学生达到认识层面的调整，活动的基本目的就达到了。

（3）体验感悟深刻

团体心理辅导是通过团体动力促进学生认知、情感与行为的改变。所以在团体心理辅导中，情境的创设、学生的体验和感悟是活动的纽带与关键。教师通过巧妙与富有逻辑性的活动设计，让学生们在活动过程中积极投入，产生共鸣，进入活动情境，增强切身的体会与思考。如果心理教师在团体辅导中能够调动学生的积极性，通过"穿针引线"的方式，让学生把真实情感、内心反思表达出来，再进行提炼与引导，让学生的体验与认知达成统一，这样的团体辅导成效才能达到最大。

（4）升华拓展应用

团体心理辅导的最终目的是让学生把在活动中获得的所感所悟所得应用到他们的日常学习、生活中，改进原有的思维方式或行为模式，获得积极的成长与发展。心理辅导教师要通过一系列的团体辅导课程设计，不断地让学生由表及里、由浅入深、从活动层面到认识和情感层面进行升华，引发学生对自己人生观、价值观的思考，并在较长时间内影响学生的行为，使学生终身受益。

3. 团体心理辅导成效的评估方法

（1）行为计量法

行为计量法要求团体成员自己、成员之间或请与成员有重要关系的他人观察和记录某些行为出现的次数（如握手、提问等），以评价成员的行为是否发生改变。行为计量法可以用来记录外显行为、情绪、思维等。记录时可以使用表格或图示的方法。行为计量法的优点在于：具体和可操作性；记录过程是成员自我监督的过程，有助于非适应性行为的改变。

（2）量表评估法

比如在关于焦虑与压力的团体辅导中，可以通过心理测试量表将团体辅导之前和之后的评估结果进行比较，看二者是否存在显著性的差异，从而观察团体辅导的成效。在团体成效评估中运用心理测验量表可以反映出团体成员的行为和情绪变化。学校心理辅导教师可以通过自己的实践，使用心理测验法进行成效评价，将团体心理辅导实践、研究与总结结合起来。

（3）问卷调查法

当团体辅导进入结束阶段，可以通过让参与成员填写一定的、有针对性的、封闭性的问卷调查，收集成员对团体辅导过程、方法、人际关系、团体动力、自我改变、目标达成、指导者的方式等的等级评估。在正向调查中，分数（平均数）越高，说明团体辅导的效果越好，如问团体中的每一个成员："你觉得本次团体辅导对你的自信提升有帮助吗？"（在"0：没有帮助"到"10：非常有帮助"之间打分）该项调查中平均分越高说明团体辅导越有成效。

（4）质性评估法

可以通过团体成员的日记和自我报告、心理教师的辅导日记、对团体成员的观察记录等方法来评估团体辅导的进展与成效。比如在团体辅导即将结束前，可以让参与团体辅导的成员写两封信——给自己和辅导老师,将自己在团体中的收获与感悟写出来,写好后交给辅导老师(在安全保密的情况下)。辅导老师在收到团体成员的信之后,以关键词词频的方式作相应的统计,如"中性"、"正向"和"负向"的词频统计,"正向"词频越高,说明团体辅导效果越好。

第二节 学校特殊学生的心理评估

一、学习困难儿童及其评估

(一)学习困难的界定

"学习困难症"(learning disabilities,简称"LD")指由于身体、心理及智力等方面的因素造成的学习障碍。历史上对LD曾有过多种定义。LD自1963年作为一个新名词问世,至2020年为止已经有57年的历史。如今,可查阅到的与学习困难有关的术语及其定义已有90多种。根据欧美的医学统计,每六个人中就有一个会受到不同程度的学习困难的影响。

美国国家卫生研究院(NIH)定义学习困难症是"由神经系统造成的,特征是在辨认字的正确性及流畅度上有困难,也包括在拼写、语言的拼音组成上存在困难"。而学校所说的"学习困难症"一般是指由于有读写困难、多动症及阿斯伯格综合征等症状所引发的学习能力低下、注意力不集中、肢体协调不佳,以及缺乏社交能力等的具体表现。

长期以来,我国教育工作者在"差生"、"双差生"、"后进生"、"学业不良"等名义下进行LD的相关研究,因此LD并没有形成统一的概念界定。20世纪80年代以来,出现了"学习困难"、"学习无能"、"学习障碍"等词语,其中"学习困难"出现的频率最高,这几个概念一直在交叉使用。

(二)学习困难儿童的特征

总体来说,目前国内对LD已形成以下基本认识:

1. LD儿童的总体智商(IQ)基本在正常范围内,但有的也偏低或偏高;
2. 在听、说、读、写、计算、思考等学习能力的某一方面或某几个方面表现出显著困难;
3. 大多数LD儿童伴有社会交往和自我行为调节方面的障碍;
4. LD是由个体内在的大脑中枢神经系统功能不全所致;
5. 需要排除由于智能低下(弱智)、视觉障碍、听觉障碍、情绪障碍等或由于经济、文化水平的影响未能接受正规教育所产生的学习方面的障碍。

除了学业不良外,LD 儿童还伴随有以下的行为表现:

1. 注意力不集中,做事磨蹭,有头无尾,缺乏时间观念和紧迫感。慵懒拖沓,学习迁移能力差,易形成习惯性惰性及自慰心理。社会适应技能缺乏,凡事都要依赖别人。缺乏良好彻底的学习习惯与学习方法。

2. 动作迟缓,手脚等身体协调能力差,书写笨拙、幼稚,缺少笔画。

3. 缺乏学习兴趣和好奇心,对人对事不感兴趣;学习兴趣肤浅、范围狭窄、兴趣不能稳定持久,易于"见异思迁",带有情绪性影响。

4. 缺乏学习动机或学习动机多停留在短暂、肤浅的水平上,具有摇摆不定的特点,缺乏强大而稳固的动机支持;学习动机水平低,目标不明确,动机只表达在口头上,很少落实在行动上。

5. 学习态度不端正,目的不明确,呈现出一种漫无目的的学习倾向,缺乏学习热情和自觉性,自制性和坚持性差。

6. 活动过度,问题行为、违纪行为较多,自我控制力差,不易与同学建立良好的人际关系,容易发生人际冲突,寻求反面心理补偿,逆反心理及情绪对抗较强。

7. 自我评价低,易受挫、易自卑及封闭,忧郁、焦虑、压抑表现明显。

(三) 学习困难的诊断标准

1. 智力标准

标准化智力测验(如 WISC)的智商下限为 70—75。若智商低于 70 者,则不属于学习困难。

2. 学业不良标准

采用绝对学业不良与相对学业不良相结合的方法确定学习困难儿童,学科统测是根据大纲命题的绝对评价,而以低于平均分 25 个百分等级为划分学习困难儿童的标准是相对评价。

3. 学习过程异常

学习过程是学生知觉信息、加工信息、利用信息解决问题的认知过程,学习困难儿童在这一过程中往往会在某些方面表现出偏离常态的行为。

4. 学习困难儿童的评估[①]

由于学习障碍儿童在语言、运算、推理等方面存在问题,在评估时应该做初步的筛

---

① 商淑云等,《学习困难儿童性格特征的初步评估》,《中国临床康复》,2002 年第 15 期,第 2264—2265 页。

查,最后再由专业人员作诊断分析和训练。下面就是学习困难(学习障碍)评定的他评量表(由了解学生的教师进行评价,该教师必须教授该学生,而且教授该学生至少1年时间)。

学习障碍评定量表(由了解学生的教师评定)

评定方法:下面列出了一些儿童在学习中可能出现的问题,各项问题在该儿童身上出现的情况会不一样,这里分为四种情况进行打分:

"0"代表完全没有这个问题;

"1"代表这个问题偶尔出现,比较轻微,能够自行改正;

"2"代表这个问题间常出现,比较明显,需反复纠正;

"3"代表这个问题经常出现,比较严重,并且难以纠正。

请评定者仔细看完每一个问题,查询该儿童的实际情况,逐条进行核对,选择认为符合被评价者的数字圈出来,并尽量举出例证,每一个问题只圈选一个数字(或打分),不要遗漏,如不清楚这个问题是否存在,请在该问题后面附上说明。

请对以下70个项目按照上述的四种情况在"0—3"之间打分。

1. 某些拼音字母、文字的读音错误;

2. 字、词的意思理解错误;

3. 拼音、声调的拼读不准;

4. 认错形状相似的字或字母(如:6与9,b与d,p与q,拆与折等分不清);

5. 朗读时漏字、加字或换字;

6. 朗读时一个字、一个字地唱读;

7. 朗读不流畅、断句不合理,结结巴巴;

8. 阅读时读错地方,跳行或重复读同一行;

9. 背诵课文、字母表困难;

10. 颠倒文字、数字的顺序;

11. 分不清字的偏旁部首及其含义,学查字典困难;

12. 看书时眼睛容易疲劳,感到头晕眼花;

13. 看书时用手指着看,或头跟着视线摆动;

14. 看书时不能默读,要动嘴唇或要念出声;

15. 阅读吃力、速度慢;

16. 组句成文困难;

17. 对刚看过的文章的内容、事实、经过弄不清楚；

18. 对读过的语句意思、段落大意、文章中心思想不理解；

19. 握笔的姿势不正确；

20. 书写缓慢、费劲,字写不好；

21. 写字时出现咬舌、舔唇、努嘴等连带动作；

22. 字的偏旁写反、写错、写漏,添加笔画；

23. 写错字的笔画顺序；

24. 写读音相似的错别字(同音字)；

25. 听写困难,错别字多；

26. 抄写吃力,错字漏字；

27. 造句困难,用词不当,词义混淆；

28. 写出的语句简短、不完整、不通顺；

29. 作文简短单调,条理不清,修辞不当；

30. 写作表达困难,心里有话写不出来；

31. 做作业时不安静,嘴里念念有词；

32. 弄错某些人的称呼或物体的名称；

33. 对别人讲的话复述不完整；

34. 对吩咐他按先后顺序做的事弄不明白,不能按要求完成；

35. 听课有困难,跟不上讲课的速度；

36. 口齿不清,发音不准；

37. 唱歌不好,走调；

38. 说话不流利,口吃或结结巴巴；

39. 说话词不达意；

40. 学习计数的时候有困难,计数错误；

41. 不理解数学术语、符号的意思,不会应用；

42. 数字、数学符号的写法错误；

43. 不明白数量单位的名称、含义和换算；

44. 容易忘记学过的数学知识、计算规则、公式；

45. 加、减、乘、除基本运算错误；

46. 不理解四则基本运算,不会验算；

47. 笔算时数位的对位、进位、退位错误；

48. 运算的先后顺序、步骤错误；

49. 记不住题目中要计算的事物数量；

50. 在运算过程中丢掉数字、符号；

51. 多余、重复地进行计算、计数；

52. 学习背诵乘法、珠算等口诀表的时候有困难；

53. 不理解应用题,不会列计算式；

54. 口算、心算错误；

55. 借助数手指或口头念数等办法来帮助计算；

56. 计算速度慢；

57. 学习认识钟表上的时间、几何图形时有困难；

58. 临摹图画有困难；

59. 不会察言观色,对别人的情绪表情不敏感；

60. 分不清方位(如上下、左右、内外、东西南北等)；

61. 手工劳动做不好,动手能力差；

62. 笨手笨脚,容易摔跤,碰伤或失手打坏东西；

63. 体育运动差,打球、跳绳、跑步等动作笨拙；

64. 喜欢用左手；

65. 上课、做作业时注意力不集中；

66. 作业、练习完成困难；

67. 自己的东西杂乱无章,常找不到要用的东西；

68. 经常丢东西或忘记要带的东西；

69. 不喜欢看书,对学习缺乏兴趣；

70. 上学时老是头昏、头痛、身体不舒服,但找不到原因。

标准解释：

(1) 得分在70分以下,说明该学生没有学习障碍；

(2) 得分在71—105分,说明该学生疑似有学习障碍,需要引起注意；

(3) 得分在106—140分,说明该学生有轻度的学习障碍,需要进行单独辅导和训练；

(4) 得分在141分以上,说明该学生学习障碍比较严重,需要进一步诊断,进行有针对性的辅导和训练。

二、智力落后儿童评估

智力落后(mental retardation,简称 MR)也叫精神发育迟滞或精神发育不全,是儿童常见的一种心理发育障碍。智力落后主要表现为社会适应能力、学习能力和生活自理能力低下;其言语、注意、记忆、理解、洞察、抽象思维、想象等心理活动能力都明显落后于同龄儿童。智力低下是诊断的主要依据。

智力落后儿童在我国也叫"弱智儿童",是智力发育期间(18 岁之前)由各种有害因素导致精神发育不全或智力迟缓,智力活动明显低于同龄人的一般水平,并显示出适应行为障碍的儿童。在美国,根据美国智力缺陷协会 1983 年的诊断标准,智力落后指智商低于平均数的两个标准差以下,适应行为(包括生活和对社会应尽的责任)不足,年龄在 18 岁以下者。[①]

对智力落后儿童的评估通常使用的测验有韦克斯勒测验(WISC)、斯坦福-比奈测验(S‐B)、考夫曼儿童智力测验(K‐ABC)、丹佛发展筛选测验(DDST)以及画人测验等。前 3 种在第五章中有过介绍,本章主要介绍后 2 种。

(一) 画人测验(Human Figure Drawing Test)

画人测验又称为绘人测验,是一种简便易行的智能评估工具(有时也用来评估人格)。测试过程中只要求受试者画一个人,是适合于 4—12 岁儿童的智力测量工具。

1. 发展历史

1885 年,英国库克(E・Cooke)首先描述了儿童绘人的年龄特点,并论述了画图可以反映儿童的神经精神发育情况。1926 年,美国古迪纳夫(Goodenough)女士首先提出绘人测验可作为一种智能测验,并对该法进行了标准化规定。她著有《绘人智能测验方法》一书,该经典著作提出了详细的评分法。

1963 年,美国哈里斯(Harris)对绘人智能测验方法进行了大量的研究,他首次提出绘人测验与智商测验分数(IQ Scores)之间有明显的相关性。

1968 年,美国科皮茨(Koppitz)研究了 1 856 名 5—12 岁儿童的绘人资料,首次提出了绘人测验的 30 项发育诊断指标。在他们研究的一组儿童中,其绘人智商与韦氏及斯坦福-比奈量表所得智商的相关系数为 0.55—0.80,因此认为二者相关性较强。

[①] 韦小满,《智力落后儿童的适应行为研究概述》,《心理发展与教育》,1995 年第 11 期,第 60—64 页。

日本的小林重雄和城户氏也做了大量的研究工作,他们提出的50评分法标准比较明确,有较大的应用价值,在我国已经有不少机构在使用。

早在1934年,我国的肖孝嵘就修订了画人测验。1979年,原上海第二医科大学(现上海交通大学医学院)将画人测验引进我国;首都儿科研究所根据全国儿童智能研究协作组拟定的智能测验方案,于1981年起对北京市6个区的6062名4—12岁儿童进行了画人测验,总结出简便易行的测验和评分方法,1985年在《学前教育》杂志进行介绍和推广。当前,随着互联网、人工智能等技术的发展,关于儿童智能测评的手段与方法越来越丰富,画人测验已成为一种传统的补充测试。

2. 流程要求

画人测验只要求画一个人像,简单易行,能引起儿童的兴趣,不易产生疲劳,因而能使儿童较好地表现出实际的智能水平。但这一方法也有一定的局限性,仅适合于有一定绘画技能的学生,对不会画画的儿童不宜采用这种方法。

画人测验可采用个别测验和团体测验两种形式,其适用年龄为4—12岁,施测时,主试可对儿童说:"我要求你画一个全身的人。可以画任何一种人,但必须是全身的。"测验一般不限定时间,多数情况下儿童在10—12分钟内可以完成。

3. 评估标准

画人测验按人的身体部位将测验项目归为17项50个指标,根据评分参照表(50条)对儿童的画进行逐项评分。1—17项满分相加为50分,把儿童各项实际得分相加,即得出儿童的实际总分,对照智商表可迅速查出相应的智商。以下就是画人测验的50条评分依据和标准,符合1条得1分,满分50分。[1]

1. 头的轮廓清楚,什么形状都可得分。无轮廓者不给分。

2. 有眼即可。点、圈、线均算,只画一个眼给半分。

3. 只要能画出下肢,形状不论,但一定要看出有两条腿。若画穿长裙的女孩,只要腰与足之间有相当距离代表下肢部位,也可记1分。

4. 只要能画出口来,形状无关。部位不正无关,但不能在面的上半部。

5. 有躯干即可,形状不论,卧位亦可。

6. 上肢形状不限,只要能表示是胳膊,没有手指亦可。

7. 头发不限发丝形状,只要有就行,一根也可。

---

[1] 雨帆编著:《心理测试》,文汇出版社2008年版,第97—99页。

8. 有鼻即可,形状不限。只画鼻孔无分。

9. 眉毛或睫毛有一种即可。

10. 上、下肢的连接大致正确。从躯干出来即给分。

11. 须有双耳,形状不论,但不能与上肢混同。侧位即可,正位只画一耳算半分。

12. 衣一件,有衣、裤、帽之一即可,表明有衣着。仅仅画纽扣、衣兜、皮带等亦可。

13. 躯干的长度要大于宽度,长宽相等者不给分。要有轮廓,有纵、横的最长部位比较。

14. 有颈部,形状不限,能将头与躯干分开。

15. 有手指,能与臂或手区别即可,数及形状无关。

16. 上、下肢连接方法正确,上肢从肩处或相当于肩处连接,下肢由躯干下边出来。

17. 在头的轮廓之上画有头发。完全涂抹也可以。

18. 颈的轮廓清楚,能将头与躯干连接起来,只画一根线的不算。

19. 眼的长度大于眼裂之开阔度。双眼一致。

20. 下肢比例:下肢长于躯干,但不到躯干的2倍,下肢的宽度应小于长度。

21. 衣着有两件以上,是不透明的,能将身体遮盖起来。分不清是身体还是衣服的不能给分。鞋帽、书包、伞等都可算。

22. 齐全地画出衣裤,不透明。

23. 双眼均画瞳孔,眼轮廓内有明显的点或小圈。

24. 耳位置和比例:耳的长大于宽,侧位时有耳孔。耳的大小适当,要小于头横径的1/2。

25. 画出肩的轮廓,角、弧形均可。

26. 眼的方向。瞳孔的位置应两眼一致。

27. 上肢比例:上肢要长于躯干,垂直时不能超过膝部。上肢长大于宽。如膝盖位置不清楚时,以腿的中点算;上肢左右长度不同时,以长的一侧计算。

28. 画有手掌,能将手指和胳膊区别开。

29. 两手必须各有手指,形状无关。

30. 画有正确的头形,有轮廓。

31. 正确地画出躯干形状,不是简单的椭圆或方。

32. 上下肢有轮廓,尤其与躯干连接处不变细。
33. 足跟有明显的轮廓,画出鞋的后跟也可。正位时鞋画得正确就可得分。
34. 衣服四件以上,如帽子、鞋、上衣、裤、领带等。各种形式均可。
35. 足的比例:下肢和足有轮廓,足的长度比厚度大。
36. 指的细节:形状正确,其中如有一个指头不画清轮廓也不给分。全部手指有轮廓,长大于宽。
37. 有鼻孔,侧位有个凹窝即可。
38. 拇指与其他指分开,短于他指,位置正确。
39. 必须以某种形式表示出有肘关节,角、弧形均可。画单侧也可。
40. 下颌及前额是指眉毛以上及鼻子以下部位。要各相当于面部的1/3,侧位有轮廓也可以。
41. 清楚地表示出下颌,侧位时亦要明确,正位时在口下有明显的下颌部位。
42. 画线:线条清楚、干净。应该连接的地方都连接。不画无用的交叉、重复或留有空隙。
43. 鼻和口皆有轮廓。口有上唇及下唇。鼻不可只用直线、圆或方形。
44. 脸左右对称,眼、耳、口、鼻等均有轮廓,比例协调。若为侧位,头、眼比例要正确。
45. 头的比例:头长是躯干的1/2以下,身长的1/10以上。
46. 服装齐全,穿着合理,符合身份。
47. 显示有膝关节,如跑步的姿势等。正位时须表示出膝盖。
48. 画线:42已给分,但如线条清晰美观,有素描的风度,画面整洁,可再给一分。
49. 侧位A:头、躯干以及下肢都要正确侧位。
50. 侧位B:比49更进一步。

画人测验智商运算与等级评定参考:

表8.1 画人测验原始分数与智龄换算表

原始分	智龄	原始分	智龄
1	2.6	2	3
3	3.2	4	3.5
5	3.7	6	3.9

续 表

原始分	智龄	原始分	智龄
7	4	8	4
9	4.2	10	4.5
11	4.7	12	4.9
13	5	14	5.2
15	5.5	16	5.7
17	5.9	18	6
19	6.2	20	6.5
21	6.7	22	6.9
23	7	24	7.2
25	7.6	26	7.9
27	8	28	8.3
29	8.7	30	8.8
31	9	32	9.3
33	9.7	34	9.8
35	10	36	10.6
37	11	38	11.6
39	12	40	12.5
41	13	42	13.5
43	14	44	14.5
45	15	46	15.5
47	16	48	16.5
49	17	50	17.5

画人测验依然用比率智商来计算：

$$IQ = (智力年龄 / 实际年龄) \times 100$$

然后根据智商分数参考以下解释进行评定。

表8.2 画人测验智商等级解释参考

IQ 范围	IQ 等级解释参考
<25,低能	智力水平处于重度低下,理解力差,不能确切地把握部分与整体的关系,精神活动贫乏
25—48,智力低下	智力水平处于中度低下,智力发育迟滞,缺乏抽象的概念,理解困难,仅能反映事物的表面和个别的现象,能从事简易的劳作
49—68,智力轻度低下	智力水平处于轻度低下,言语发育尚可,抽象概念差,理解困难,思维活动停留于具体的、个别的事物上,日常生活可自理
69—78,智力边缘	智力水平处于边缘状态,智力明显低于常人,理解能力和抽象思维能力低于正常
79—94,中等偏下	智力水平低下,智力低于常人,在局部和整体的观念上有缺陷
95—114,中等水平	平均智力水平,智力正常
115—124,智力优秀	智力水平优秀,思维能力和理解能力高于常人,具有一定的创造性思维,尤其在形象思维能力上较优秀
>124,智力超常	智力超常,具有良好的形象思维能力和创造能力,在客观事物和主观体验上均显示出优良的品质

4. 对画人测试的使用建议

画人测验除了在儿童智能测评中使用外,随着表达性心理咨询技术的普及和应用,在一些投射测试(如"房树人"测试)中也开始使用,对于16岁以上的成年人更多是在人格层面使用画人测验。所以在使用的过程中,同一画人作品,分析视角和取向不同,最后的结果可能也不同。

另外,画人测验如果作为儿童智力评估的工具,只是作为一种评价的参考,不能作为诊断的依据。即使通过画人测验得到了某种评估结果,也不能代表其他没有测试到的智能区也有同样的结果,因为画人测试只是评估儿童的视空间协调能力,不能考察儿童的语言、运算以及逻辑推理能力等。所以在使用儿童画人测验时,一定要谨慎。

(二) 丹佛发展筛选测验(Denver Developmental Screening Tests, DDST)

1. 维度与功能

丹佛发展筛选测验是由美国医生 W. K. 弗兰肯伯和心理学家 J. B. 道兹制定的,发表于1967年。该测验是作为智力筛选的工具,而非诊断工具。适用年龄范围是0—6岁。测验内容为个人——社交能区、精细动作——适应性能区、语言能区、大运动能区这4大行为领域,共有105个项目,是目前使用得最为广泛的智力筛选量表。①

该测试量表是从格塞尔、韦克斯勒、贝利、斯坦福-比奈等12种智力测试方法中选出105个项目组成的。这105个项目可测试从出生至6岁的婴幼儿,并按应人能、应物能、言语能和动作能4种智能分别安排在测试中。根据幼儿达到这些测试项目的水平,可以有效地估计其发展情况。所以,美国的幼托和医疗机构都把它作为常规的应用工具,它也被许多国家广泛采用。

1981年,弗兰肯伯又把DDST修改成阶梯式的DDST-R,将测试项目精简到12项,使测试时间由原来的15分钟减少到5—6分钟,因此受到更为普遍的欢迎。中国自1979年开始使用丹佛发展筛选测验,经临床实践证明,它确实能快速有效地评估幼儿发展的情况。②

丹佛发展筛选测验表由105个项目组成,分为4个能区(维度):

(1) 个人——社交能区:这些项目表明婴幼儿对周围人们的应答能力和管理自己生活的能力。

(2) 精细动作——适应性能区:这些项目表明婴幼儿看的能力和用手取物和画图的能力。

(3) 语言能区:组成本能区的项目表明婴幼儿听、理解和运用语言的能力。

(4) 大运动能区:本能区项目表明小儿坐、步行和跳跃的能力。

2. 常模区间与测试条目

丹佛测试是他评测试,可以是由儿童的监护人(如父母)来进行评判(必须和儿童生活半年以上,每天有6小时观察儿童、与之交流的时间),也可以由专业人员通过与受测试儿童的父母进行交流和观察儿童的表现进行评估。

在105个评估项目中,有的允许询问婴幼儿家长相关的情况来判断通过与否,有的是检查者通过观察婴幼儿对项目的操作情况来判断。筛查的结果分为正常、可疑、异常及无法解释4种。对于后3种情况的婴幼儿应在一定时间内去复查。若复查结果仍一样,应作进一步检查。本筛查方法的优点在于能筛查出一些可能有问题,但在临床上无症状的婴幼儿,也可以对感到有问题的婴幼儿经检查加以证实或否定,还可对高危婴幼儿(如围产期曾发生过问题的)进行发育监测以便及时发现问题,同时还可

---

① 卢乐山,林崇德主编:《中国学前教育百科全书》(心理发展卷),沈阳出版社1994年版,第141页,有修改。
② 陈会昌,庞丽娟,申继亮,等,主编:《中国学前教育百科全书》(心理发展卷),沈阳出版社1994年,第375页。

能辨别儿童在哪一个能区发育迟缓并对该能区进行早期帮助与干预。

每个项目的判断标准：

（1）异常：①2个或更多能区有2个或更多项目发育迟缓；②1个能区有2个或更多项目发育迟缓，加上另1个或多个能区有1个项目发育迟缓，并且该能区切年龄线的项目均为失败。

（2）可疑：①1个能区有2项或更多项目发育迟缓；②1个或多个能区有1个项目迟缓，并且该能区切年龄线的项目均为失败。

（3）正常：无上述情况者。

注：凡在年龄线左侧的项目失败者称为迟缓，但接触年龄线的项目失败不算迟缓。

如果有一个儿童是23个月大，就在23个月刻度处，画一条垂直的年龄线，4个能区中与年龄刻度垂直线相交的项目都要进行评估，根据儿童的表现按照每个项目的百分位区间进行判断，看是否"通过"、"迟缓"或"失败"，下面以"大运动能区"的"会向前踢球"项目为例（如图8.1所示）：

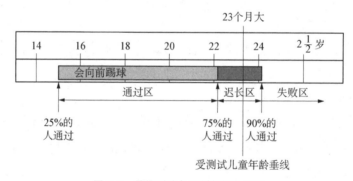

图8.1　丹佛测验条目判断标准图例

如果这位23个月大的儿童"会向前踢球"项目是在22个月或之前完成的，就是"通过"，如果是在22—24个月才完成的是"迟长"，如果24个月以后出现或没有出现都是"失败"。每个与年龄线相交的4个能区的项目都按照图8.1的示例进行评估，就可以知道一个0—6岁儿童的智力发展水平。

丹佛测试不仅仅是儿童智力发展的评估量表，也是一个儿童智力培养的参考工具。教师和家长可以根据不同年龄段儿童的评估项目进行观察与培养。另外通过丹佛测试也可以看出，儿童在0—24个月时智力水平发展很快，每个月都有差异，而24个月以后，智力发展水平每半年出现差异。所以对儿童的智力评估、训练、培养与干预,应该是越早越好。

(三) 注意力缺陷过动症(ADHD)的界定与评估

1. ADHD的研究历史与界定

注意力缺陷过动症(Attention Deficit Hyperactivity Disorder,简称ADHD)首次在20世纪初被讨论。1902年,对孩童疾病有兴趣的乔治·史提尔(George Still)医生在伦敦发表了相关文章。他发现一些孩子似乎停不下来,情绪容易起伏,常常惹麻烦。史提尔医生认为这些儿童"对于动作控制有不正常之处"。他写了一篇以此为主题的文章并发表在英国医学期刊上,这便是最早关于ADHD儿童的研究。美国心理学会公布的精神疾病诊断准则手册(The Diagnostic and Statistical Manual,简称DSM)在1980年对过动症作了第一次描述,并将它称为"儿童期的过动反应异常"。之后相关学者经过多次修改,"注意力缺陷过动症"这个名词终于产生,同时它的症状特点以及诊断的规范也越来越明朗。根据目前最新DSM-5对ADHD的诊断标准,ADHD主要临床表现是:明显、持续的注意力不能集中,活动过度,冲动,影响学习效率和人际交往。

这类患儿的智力正常或基本正常,但学习、行为及情绪方面有缺陷,主要表现为注意力不集中,注意短暂,活动过多,情绪易冲动,学习成绩普遍较差,在家庭及学校均难与人相处,在日常生活中常常使家长和教师感到没有办法。

多动症的患病率国外报道在5%—10%之间,国内调查在10%以上,男孩多于女孩,早产儿及剖宫产儿患多动症的几率较高,在6%以上。

在DSM-Ⅳ里面,注意力缺陷和过动/冲动各有9种症状,符合6种以上的症状就可以确认诊断。同时,每一个症状都必须在一个以上的环境中发生,比如在学校与在家里。其他条件包括必须在7岁以前就观察到相关症状,且没有其他的心理因素导致。

2. ADHD的常见特征

(1) 注意力型特征

Ⅰ. 常常无法注意细节,在功课、工作或是其他活动中会粗心犯错;

Ⅱ. 做事或活动很难保持专注力;

Ⅲ. 别人跟他说话时,经常表现出没有在听的样子;

Ⅳ. 常常很难依照指示完成事情,无法完成功课、家务或工作(不是因为相反的行为或是无法了解指示);

Ⅴ. 经常对组织性的学习(作业)或规划活动感到困难;

Ⅵ. 经常逃避或厌恶需要花费心思的活动或工作;

Ⅶ．常常忘东忘西(如书本或学习需要的东西)；

Ⅷ．很容易被干扰；

Ⅸ．常常忘记每天规定要做的事情。

(2) 过动型特征

Ⅰ．坐着时经常觉得局促不安，玩手或玩脚，或是不断扭动身体；

Ⅱ．在需要坐着的状况下常常会站起来，或在课堂中离开椅子；

Ⅲ．在不适当的场合下，会到处乱跑或过度活跃(若是青少年或成人，则是觉得坐立不安)；

Ⅳ．很难安静地玩乐或学习；

Ⅴ．总是静不下来，永远都在进行一些事，或是动个不停；

Ⅵ．极度爱讲话。

(3) 冲动型特征

Ⅰ．别人问题未问完，就急着说出答案；

Ⅱ．无法等待顺序轮到他；

Ⅲ．常常在不适当的状况下打断事情/对话的进行。

(4) 症状标准

与同龄的大多数儿童相比，下列症状在ADHD儿童身上更常见，ADHD儿童至少具备下列行为中的8条。

Ⅰ．常常手或脚动个不停或在坐位上不停扭动(年长儿或少年仅限于主观感到坐立不安)；

Ⅱ．要其静坐时难以静坐；

Ⅲ．容易受外界刺激而分散注意力；

Ⅳ．在游戏或集体活动中不能耐心地排队等待轮换上场；

Ⅴ．常常别人问话未完就抢着回答；

Ⅵ．难以按别人的指示去做事(不是由于违抗行为或未能理解所致)，如不做完家务事；

Ⅶ．在作业或游戏中难以保持注意力集中；

Ⅷ．常常一件事未做完又换另一件事；

Ⅸ．难以安静地玩；

Ⅹ．经常话多；

Ⅺ. 常打断或扰乱别人的活动，如干扰其他儿童的游戏；

Ⅻ. 别人和他/她说话时常常似听非听；

ⅩⅢ. 常常将学习和活动要用的物品(如玩具、铅笔、书和作业本)丢失在学校或家中；

ⅩⅣ. 常常参加对身体有危险的活动而不考虑可能导致的后果(不是为了寻求刺激)。

ADHD分为9条注意缺陷症状和9条多动冲动症状(如表8.3所示)，根据症状最终可分为混合型ADHD、注意力缺陷型ADHD和多动冲动型ADHD。

表8.3 DSM-5关于ADHD的诊断标准与举例

评估维度	评估标准	评估举例	
		DSM-4	DSM-5
注意力不集中症状	经常在学习、生活或其他活动中难以在细节上集中注意力或犯粗心大意的错误	无举例	如忽视或注意不到细节、做作业粗枝大叶
	经常在学习、生活或娱乐活动中难以集中注意力	无举例	如在演讲、谈话或者长时间阅读时难以保持注意力集中
	经常在与他人交谈或交流时心不在焉，似听非听	无举例	如思绪似乎在其他地方，即使没有任何明显引起注意力分散的事情
	经常不能按照要求完成作业、家务或其他任务	无举例	如开始完成任务时便很快失去注意力，容易分心
	经常难以有条理地安排任务或活动	无举例	如难以管理顺序性任务，难以有序管理资料或物品，做事凌乱，没有时间观念，很难如期完成任务
	经常不愿或回避进行需要持续动脑筋的任务或学习	如学校、家庭作业	年龄小的学生如学校或家庭作业，年龄较大学生如准备报告、完成表格或审阅较长的文章
	经常丢失学习或活动必需品	如玩具、作业、书、文具等	如学习资料、文具、书本、钥匙、钱包、眼镜、手机等
	经常因为外界刺激而分心	无举例	对年龄较大的青少年，包括无关思维
	经常在日常生活中健忘	无举例	如做家务、跑腿等；对年龄较大学生如回电话、付账单等

续 表

评估维度	评估标准	评估举例	
		DSM-4	DSM-5
多动与冲动症状	经常坐立不安,手脚不停地拍打、扭动	无举例	无举例
	经常在应该坐着的时候离开座位	无举例	在教室、办公室、学习场所或其他要求留在原地的情形离开位置
	经常在不适宜的场所中跑来跑去、爬上爬下	年龄大的学生有坐卧不安的感受	年龄大的学生有坐卧不安的感受
	经常难以安静地参加游戏或课余活动	无举例	无举例
	经常一刻不停地活动,犹如被马达驱动一样	无举例	在长时间内难以保持安静,感到不舒服,如在餐厅、教室里,会让他人感到烦躁
	经常讲话过多,喋喋不休	无举例	无举例
	经常在问题尚未问完时就抢着回答	无举例	如完成别人的句子,抢着回答
	等候经常难以保持耐心	无举例	如排队等候时
	在日常生活中经常干扰别人	如插入谈话或游戏	如插入谈话、游戏或活动;可能未询问或未得到允许就用别人的东西;年龄大的学生可能侵入或直接接管别人正在做的事情

注意缺陷型ADHD:粗心大意、专注性差、沟通不畅、工作不细致、不善规划、逃避用脑、丢三落四、分心走神、经常忘事。

多动冲动型ADHD:动个不停、常坐不住、经常打闹、难以安静、被动忙碌、说个不停、抢先回答、极不耐烦、影响他人。

在9条症状中,对于17岁以下儿童符合6条即确认诊断;对于成人(17岁以上),符合5条即可确认诊断。

3. 多动症的量表评估

目前,对于多动症的评估,多数会使用长处和困难问卷(Strengths and Difficulties Questionnaire,简称SDQ),SDQ是评估青少年儿童情绪和行为问题的常用评估工具,自1997年发表以来在世界范围内得到广泛应用,至今已有超过4 000项实证研究使用了该工具。很多研究已经表明,长处和困难问卷具备良好的信效度(R. Goodman,1997;R. Goodman et al.,1998;R. Goodman, Renfrew, & Mullick, 2000)。

长处和困难问卷是美国心理学家古德曼于1997年根据精神病诊断和统计手册-4(DSM-4)和精神与行为分类第10版(ICD-10)诊断标准专门设计和编制的,是一个简明的行为筛查问卷。该问卷分家长、老师和学生自评(11—17岁的儿童)3个版本,用于评估儿童、青少年的行为和情绪问题,具有良好的信度和效度。在国内,上海市精神卫生中心杜亚松等对该量表进行了修订,并制定了上海常模。

长处和困难问卷(学生自评版:11—17岁)

请根据你过去6个月内的经验与实际情况,回答以下问题。请从题目右边的三个选项:"不符合"、"有点符合"、"完全符合"中,勾选出你觉得合适的答案。请不要遗漏任何一题,即使你对某些题目并不是十分确定。

序号	项目	不符合	有点符合	完全符合
1	我尝试对别人友善,我关心别人的感受	0	1	2
2	我不能安定,不能长时间保持安静	0	1	2
3	我经常头痛、肚子痛或身体不舒服	0	1	2
4	我常与他人分享东西(食物、玩具、笔)	0	1	2
5	我觉得非常愤怒,常发脾气	0	1	2
6	我经常独处,我通常独自玩耍	0	1	2
7	我通常依照吩咐做事	2	1	0
8	我经常担忧,心事重重	0	1	2
9	如果有人受伤、难过或不适,我都乐意帮忙	0	1	2
10	我经常坐立不安或感到不耐烦	0	1	2
11	我有一个或几个好朋友	2	1	0
12	我经常与别人争执,我能使别人依我的想法行事	0	1	2
13	我经常不快乐、心情沉重或流泪	0	1	2

续 表

序号	项 目	不符合	有点符合	完全符合
14	一般来说,其他与我年龄相近的人都喜欢我	2	1	0
15	我容易分心,我觉得难以集中精神	0	1	2
16	我在新的环境中会感到紧张,我很容易失去自信	0	1	2
17	我会友善地对待比我年少的孩子	0	1	2
18	我常被指责撒谎或不老实	0	1	2
19	其他小孩或青少年常捉弄或欺负我	0	1	2
20	我常自愿帮助别人(父母、老师、同学)	0	1	2
21	我做事前会先想清楚	2	1	0
22	我会从家里、学校或别处拿取不属于我的东西	0	1	2
23	我与大人相处比与同辈相处融洽	0	1	2
24	我心中有许多恐惧,我很容易受到惊吓	0	1	2
25	我总能把手头上的事情办妥,我的注意力良好	2	1	0

长处和困难问卷(学生版)评分标准

计分:

长处和困难问卷(学生版)共有25个条目,25个条目的每个条目按0、1、2三级评分:"不符合"计0分;"有点符合"计1分;"完全符合"计2分,其中7、11、14、21和25这5个条目为反向计分项目。

按照题目序号,将得分相加,算出各因子得分;困难总分为5个因子得分之和,它反映了儿童行为问题的总体情况;影响因子由问卷最后一个表格(影响因子)内的得分相加得出。根据得分,对照上表,评估行为问题对儿童的学习、生活、人际关系等功能的影响程度。

解释:

25个题目分为7个因子。情绪症状:3、8、13、16、24;品行问题:5、7、12、18、22;多动注意问题:2、10、15、21、25;同伴交往问题:6、11、14、19、23;社会行为:1、4、9、17、20;另有影响因子,和困难总分(1—25)。

表 8.4 SDQ 各因子评分标准

因子	正常	边缘水平	异常
情绪症状	0—5	6	7—10
品行问题	0—3	4	5—10
多动注意问题	0—5	6	7—10
同伴交往问题	0—3	4—5	6—10
社会行为	10—6	5	4—0
影响因子	0	1	2 或以上
困难总分	0—15	16—19	20—40

4. 多动症对人发展的影响

人群调查显示,在大多数文化中,存在注意缺陷多动障碍的儿童患病率约为5%,成年人患病率约为2.5%。多动症是个慢性发展过程,症状持续多年,甚至终身存在。约70%患儿的症状会持续到青春期,30%的患儿症状会持续终生。更甚的是,因为孩童时期的忽略,会导致成人在工作表现、日常生活和人际关系的互动上产生困扰,以至于陷入自信心不足、挫折、沮丧、不明的脾气暴躁,甚至产生抑郁症。另外,继发或共患破坏性行为障碍及情绪障碍的危险性也会提高,成年期物质依赖、反社会人格障碍和违法犯罪的风险亦可能增加。对被诊断为小儿多动症的患儿如果不尽早治疗,在成人

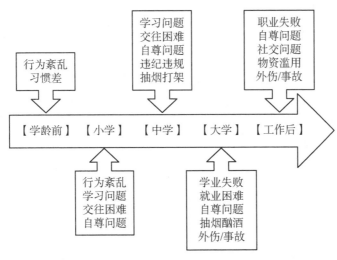

图 8.2 ADHD 对个体发展的影响

期可能出现人格障碍甚至违法犯罪等反社会行为,对患者学业、职业和社会生活等方面产生广泛而消极的影响。

ADHD是最常见的儿童期精神障碍,该病具有慢性病程,对儿童和成人的学习和社会工作影响很大。美国《精神疾病诊断与统计手册》第5版(DSM-5)非常重视成人ADHD的诊断。大多ADHD症状会持续到青春期(70%)乃至成年期(30%),对患者学业、职业和社会生活等方面产生广泛、终生的消极影响。因此,对ADHD的干预不能仅局限于儿童期,应超越儿童期并立足于长期、系统干预。①

(四) 对立违抗性障碍(ODD)儿童评估

1. ODD儿童的界定与表现特征

违抗性障碍又称对立违抗性障碍(oppositional defiant disorder,简称ODD),多见于10岁以下的儿童,主要表现为明显不服从、对抗、消极抵抗、易激惹或挑衅等令人厌烦的行为特征。这些特征决定了其对家庭、学校、社会所带来的麻烦远较其本人的感受为重。一般对立违抗性障碍没有更严重的违法或冒犯他人权利的社会性紊乱或攻击行为。②

对立违抗性障碍的基本特征是违抗、敌意、对立、挑衅、粗野、不合作和破坏行为,常在童年早期出现,青春期达到高峰。这些特征决定了其对家庭、学校、社会带来了极大的麻烦。利维在1955年最先描述了精神障碍儿童中对立情绪及对立行为的存在。由于不同的环境、人口、社会经济背景、性格特征、年龄、性别和评估方法的差异,对立违抗性障碍患病率的报道存在较大的差异,患病率一般在2%—16%。

2. ODD儿童的评估

ICD-10和DSM-5关于对立违抗性障碍的诊断标准基本一致,目前临床上一般使用DSM-4的诊断标准:

A. 消极抵抗的、敌对的和反抗的行为模式至少持续6个月,其诊断需要符合下列条目中的至少4条:

(1) 经常发脾气;

(2) 常与大人争吵;

(3) 常拒绝服从大人的要求或违反规则;

(4) 经常明显故意地烦扰他人;

---

① 帅澜、张劲松、邱美慧,等,《成人注意缺陷多动障碍诊断访谈中文修订版的效度和信度》,《中国心理卫生杂志》,2020年第34卷第4期,第322—326页。

② 劳伦·B.阿洛伊:《变态心理学》,上海社会科学院出版社2005年版,第723页。

（5）常因自己的错误或所做的坏事责备旁人；

（6）常"发火"或易被旁人烦扰；

（7）常发怒或怨恨他人；

（8）常怀恨在心或存心报复。

B. 行为障碍导致明显的社会、学业或职业的功能损害。

C. 其行为障碍并非由精神病性症状或情绪障碍引起。

D. 不符合品行障碍的标准，如果患者年龄在18岁及以上，也不符合反社会人格障碍的标准。①

表8.5 对立违抗性障碍的诊断标准参考

障碍名称	对立违抗性障碍
分类	童年和少年期的多动障碍、品行障碍
诊断标准	多见于10岁以下儿童，主要表现为明显不服从、违抗或挑衅行为，但没有更严重的违法或冒犯他人权利的社会性紊乱或攻击行为。必须符合品行障碍的描述性定义，即品行已超过一般儿童的行为变异范围，只有严重的调皮捣蛋或淘气不能诊断本症。有人认为这是一种较轻的反社会性品行障碍，而不是性质不同的另一类型。采用本诊断(特别对年长儿童)需特别慎重。 【症状标准】 (1) 至少有下列3项： ①经常说谎(不是为了逃避惩罚)；②经常暴怒，好发脾气；③常怨恨他人，怀恨在心，或心存报复；④常拒绝或不理睬成人的要求或规定，长期严重的不服从；⑤常因自己的过失或不当行为而责怪他人；⑥常与成人争吵，常与父母或老师对抗；⑦经常故意干扰别人。 (2) 肯定没有下列任何1项： ①多次在家中或在外面偷窃贵重物品或大量钱财；②勒索或抢劫他人钱财，或入室抢劫；③强迫与他人发生性关系，或有猥亵行为；④对他人进行躯体虐待(如捆绑、刀割、针刺、烧烫等)；⑤持凶器(如刀、棍棒、砖、碎瓶子等)故意伤害他人；⑥故意纵火。 【严重标准】上述症状已形成适应不良，并与发育水平明显不一致。 【病程标准】符合症状标准和严重标准至少已6个月。 【排除标准】排除反社会性品行障碍、反社会性人格障碍、躁狂发作、抑郁发作、广泛发育障碍，或注意缺陷与多动障碍等。

（五）品行障碍(CD)儿童评估

1. 品行障碍儿童的界定与主要特征

品行障碍(conduct disorders，简称CD)是指儿童反复持久出现的违反与其年龄相

---

① 沈渔邨：《精神病学》，人民卫生出版社2015年版，第156页。

应的社会道德规范及行为准则或规则,侵犯他人或公众利益的行为障碍。品行障碍主要包括反社会性品行障碍(dissocial conduct disorder)、对立违抗性障碍(oppositional defiant disorder)。反社会性品行障碍是一种较为常见的现象。这些异常行为严重违反了相应年龄的社会规范,与正常儿童的调皮和青少年的逆反行为相比更为严重。国内调查发现患病率为1.45%—7.35%,男性高于女性,男女之比为9∶1,患病高峰年龄为13岁。英国调查显示,10—11岁儿童的患病率约为4%。美国18岁以下人群中男性患病率为6%—16%,女性患病率为2%—9%,城市患病率高于农村。如果以临床会谈为确定诊断的方法,品行障碍的患病率为1.5%—3.4%,男女比例为3∶1—5∶1。[1]

2. 品行障碍儿童的评估

品行障碍是一种重复地、持久地侵犯他人基本权利或违反适龄社会准则的行为模式,在过去12个月里明显出现以下3条(或更多)行为标准,在过去6个月里至少出现以下1条行为标准:

  A. 攻击他人和动物

  ① 经常欺负、威胁或恐吓他人;

  ② 经常挑起打架;

  ③ 用过能致他人严重身体伤害的武器(比如:球棒、砖头、破瓶子、刀或者枪);

  ④ 曾经对他人进行身体伤害;

  ⑤ 曾经虐待动物;

  ⑥ 曾经偷窃或抢劫(比如:背后袭击抢劫、抢钱包、敲诈勒索、持凶器抢劫等);

  ⑦ 曾强迫他人发生性行为;

  B. 破坏财物

  ⑧ 故意放火,目的是造成财产损失;

  ⑨ 故意损坏他人财物(除防火外);

  C. 欺骗或偷窃

  ⑩ 擅自闯入他人房屋、建筑物或小车;

  ⑪ 经常骗取物品或好处而逃避义务(比如:"哄骗"他人);

  ⑫ 偷窃价值不菲的财物,但不造成人身伤害(比如:进商店偷窃,但不破门而

---

[1] 陆小英:《儿童青少年品行障碍研究综述》,《医学与哲学》,2001年第22卷第9期,第45—47页。

入；伪造等）；

D. 严重违反规定

⑬ 在13岁之前，就开始经常不顾父母的反对夜不归宿；

⑭ 住在父母家或父母委托人家的时候，至少两次离家出走在外过夜（或至少一次很久没有回家）；

⑮ 在13岁之前，就开始经常逃学。

由于少年品行障碍特别是少年犯罪，是一个复杂的涉及广泛内容的社会历史问题，并非单纯的医疗问题，预防品行障碍的发生和发展十分必要。去除不良家庭因素，远离容易导致或加重品行障碍的社会因素是关键。

表8.6 品行障碍的诊断标准参考

名称	品行障碍诊断标准及分类
	反社会性品行障碍
分类	童年和少年期的多动障碍、品行障碍、情绪障碍
诊断标准	【症状标准】 (1) 至少有下列3项： ①经常说谎（不是为了逃避惩罚）；②经常暴怒，好发脾气；③常怨恨他人，怀恨在心，或心存报复；④常拒绝或不理睬成人的要求或规定，长期严重的不服从；⑤常因自己的过失或不当行为而责怪他人；⑥常与成人争吵，常与父母或老师对抗；⑦经常故意干扰别人。 (2) 至少有下列2项： ①在小学时期就经常逃学（1学期达3次以上）；②擅自离家出走或逃跑至少2次（不包括为避免责打或性虐待而出走）；③不顾父母的禁令，常在外过夜（开始于13岁前）；④参与社会上的不良团伙，一起干坏事；⑤故意损坏他人财产或公共财物；⑥常常虐待动物；⑦常挑起或参与斗殴（不包括兄弟姐妹打架）；⑧反复欺负他人（包括采用打骂、折磨、骚扰及长期威胁等手段）。 (3) 至少有下列1项： ①多次在家中或在外面偷窃贵重物品或大量钱财；②勒索或抢劫他人钱财，或入室抢劫；③强迫他人发生性关系，或有猥亵行为；④对他人进行躯体虐待（如捆绑、刀割、针刺、烧烫等）；⑤持凶器（如刀、棍棒、砖、碎瓶子等）故意伤害他人；⑥故意纵火。 (4) 必须同时符合以上第(1)、(2)、(3)项标准。 【严重标准】日常生活和社会功能（如社交、学习或职业功能）明显受损。 【病程标准】符合症状标准和严重标准至少已6个月。 【排除标准】排除反社会性人格障碍、躁狂发作、抑郁发作、广泛发育障碍，或注意缺陷与多动障碍等。

第三节 心理危机预防与评估

一、心理危机的界定与表现

(一) 危机与心理危机

一般而言,危机(crisis)有两个含义,一是指突发事件,出乎人们意料的,如地震、水灾、空难、疾病爆发、恐怖袭击、战争等;二是指人所处的紧急状态。当个体遭遇重大问题或变化使个体感到难以解决、难以把握时,平衡就会被打破,正常的生活受到干扰,内心的紧张不断积累,继而出现无所适从甚至出现思维和行为的紊乱,进入一种失衡状态,这就是危机。危机意味着平衡稳定的破坏,从而引起混乱和不安。危机出现是因为个体意识到某一事件和情境超过了自己的应对能力,而不是个体经历的事件本身。[①]

心理危机(psychological crisis)是指个体在遇到突发事件或面临重大的挫折和困难而自己既不能回避又无法用自己的资源和应激方式来解决时所出现的心理反应。

(二) 心理危机的表现

当个体面对危机时会产生一系列的身心反应,一般危机反应会维持6—8周。危机反应主要表现在生理上、情绪上、认知上和行为上。

1. 生理方面

肠胃不适、腹泻、食欲下降、头痛、疲乏、失眠、做噩梦、容易惊吓、感觉呼吸困难或窒息、哽塞感、肌肉紧张等。

2. 情绪方面

出现害怕、焦虑、恐惧、怀疑、不信任、沮丧、忧郁、悲伤、易怒、绝望、无助、麻木、否认、孤独、紧张、不安、愤怒、烦躁、自责、过分敏感或警觉、无法放松、持续担忧、担心家人安全、害怕死去等情绪。

3. 认知和行为方面

出现注意力不集中、缺乏自信、无法做决定、健忘、效能降低、不能把思想从危机事件上转移等现象;行为方面出现社交退缩、逃避与疏离、不敢出门、容易自责或怪罪他人、不易信任他人等现象。

[①] 李权超,王应立:《军人心理应激反应与心理危机干预》,《临床心身疾病杂志》,2006年第12卷第2期,第136—138页。

(三) 心理危机的发展阶段[①]：

1. 冲击期

出现在危机事件发生后不久或当时，感到震惊、恐慌、不知所措。

2. 防御期

表现为想恢复心理上的平衡，想要控制焦虑和处理情绪紊乱，恢复受到损害的认识功能，但不知如何做，会出现否认、将事情合理化等倾向。

3. 解决期

积极采取各种方法接受现实，寻求各种资源努力设法解决问题。焦虑减轻，自信增加，社会功能恢复。

4. 成长期

经历危机后变得更成熟，获得应对危机的技巧，但也有人因消极应对而出现种种心理不健康的行为。

二、社会公共危机的事件与心理评估[②]

(一) 什么是社会公共危机事件

社会公共危机事件是指在人们的社会生活中突发的社会动荡、金融风暴、自然灾害和公共卫生事件等，这些事件的发生对个体的心理、生活等产生了直接的影响，并超出了普通人的心理承受范围。社会公共危机事件带有突发性、冲击性和破坏性等特点。

比如地震、恐怖袭击、社会骚乱、疫情爆发、人质劫持等就属于典型的社会公共危机事件。如果不及时处理和应对会对人的心理健康、生命安全和社会稳定等产生直接的影响。

(二) 社会公共危机事件对人的影响

一旦有社会公共危机事件发生，若处置不及时，会对人们的生活、心理产生较大的影响。

1. 生活安全感缺失

由于相对平静的生活方式被打破，当社会公共危机事件发生时，个体往往缺乏必

[①] 张日昇：《咨询心理学》，人民教育出版社2009年版，第402页。
[②] 杨彦平：《社会适应心理学》，上海社会科学院出版社2011年版，第185页，有修改。

要的生活和心理准备,就会导致安全感下降、心理恐惧感增加等情况。以 2003 年中国发生的非典为例,在疫情发生的高峰时期,人们的旅游和出行明显减少,出门乘车时要戴口罩。在非典疫情比较严重的北京、广州等大城市的人们表现出了对疫情明显的压抑感和恐惧感,安全感缺失严重。

2. 社会信任危机

如果在社会公共危机事件出现以后处理不及时或不力,就会影响到个体的日常工作与生活,积累的压力感和恐惧感会导致理性判断的缺失,对社会缺乏信任,剥离感增加,归宿感降低,继而引发社会危机和心理危机,也会引发公众对社会的信任危机。在 2008 年 5 月 12 日四川汶川大地震发生以后,国家领导人第一时间赶赴灾区,慰问受灾群众,军队和救援人员迅速开展救援,大批的心理志愿者及时对幸存者开展心理援助,这些有效及时的措施稳定了受灾者的情绪,使整个抗震救灾做得有条不紊,获得了全社会的高度评价,使人们对社会的信任感和归宿感增强。2020 年 1 月武汉爆发新型冠状病毒肺炎,国家及时驰援,加强对武汉地区医疗、物质与心理上的援助,保障了人民生命安全与社会稳定。

3. 引起心理恐慌和创伤后应激障碍(Post Taumatic Stress Disorder,简称 PTSD)

在每次重大的社会公共危机事件发生以后,经历这些事件的幸存者,他们的心理都会遭受很大的冲击和震撼,如果不进行及时的社会与心理援助,会导致创伤后应激障碍的出现。

21 世纪以来国内外发生的重大社会公共危机事件

* 2001 年 9 月 11 日,恐怖分子劫持 4 架民航客机,包括美国纽约世贸中心大楼在内的几个标志性建筑遭到恐怖袭击,导致近 3 000 人丧生。一段时间内人们乘坐飞机的安全感缺失。

* 2002 年 10 月 12 日,在印尼巴厘岛,恐怖组织向当地一间夜总会发起炸弹袭击,造成 202 人死亡,包括 124 名外国游客,之后前去该地区旅游的人大幅减少。

* 2003 年 1 月—5 月,中国北京、广州等地大规模爆发非典,致使数千人死亡,人们出行都会戴上口罩,防止被感染。

* 2004 年 3 月 11 日,西班牙马德里地铁发生爆炸,造成 191 人死亡和 1 857 人受伤,这一恐怖袭击事件至今令不少西班牙人心有余悸。

＊2004年9月1日，俄罗斯北奥塞梯共和国别斯兰市第一中学的学生、教师、家长作为人质被劫持，死亡300多人，1 000多人受伤，后来学校停课、迁移校址以心理抚慰幸存者。

＊2004年12月26日，在距离印度尼西亚苏门答腊岛160千米的印度洋发生了8.7级大地震，并引发了海啸，造成几十万人顷刻间失踪和死亡，当地旅游业受到重创。

＊2005年7月7日，伦敦遭到连环恐怖袭击，数条地铁、公交车被炸，造成了52人死亡，伤者逾百，一时间给当地居民出行带来严重恐慌。

＊2005年7月23日，在埃及红海度假胜地沙姆沙伊赫发生了连环爆炸案，造成数百人伤亡，其中包括一些外国游客，使当地旅游业遭受惨重损失。

＊2005年5月开始，中国共有11个省区、23个地市、30个县（市区）、55个乡镇、112个村发生30起高致病性禽流感疫情，一时间人们谈"禽"色变。

＊2008年1月，中国南方和北方大部分地区发生雪灾，时值春运，造成部分地区公路和铁路瘫痪，各地火车站有上千万人滞留，直到半个月后才逐步恢复正常。

＊2008年5月12日，中国四川汶川发生里氏8级特大地震，造成20多万同胞遇难和失踪，近百万人受伤。全国各地迅速开展抗震救灾，也及时展开对幸存者的心理援助。

＊2008年9月开始，由美国次贷危机引发的全球金融危机不仅影响了银行业、房地产、零售业，还逐步波及钢铁、汽车、IT等众多行业。从国外到国内，各大小公司裁员不断：高盛公司裁员10%，戴姆勒公司11年来首次在美国裁员，联想集团全球裁员1 400人……人们深刻感受到了世界经济一体化对生活的直接影响。

＊2009年，甲型H1N1流感首先在墨西哥出现，不到半年在世界范围内爆发，造成上千万人感染，数万人死亡，各地政府加紧生产疫苗进行应对。

＊2010年1月12日，海地首都太子港发生里氏7级大地震，地震造成了10万多人死亡，成千上万身心受创的灾民无家可归。由于交通和经济等原因，救援缓慢，给当地居民生活及生产恢复造成了极大影响。太子港瞬间变为巨大的难民营。

2014年2月开始，在西非爆发了大规模的埃博拉病毒疫情，截至2014年12月2日，世界卫生组织关于埃博拉疫情的报告称，几内亚、利比里亚、塞拉利昂、马里、美国以及已结束疫情的尼日利亚、塞内加尔与西班牙累计出现埃博拉确诊、疑似和可能感染病例17 290例,共导致6 128人死亡。

……

*2020年1月开始,新冠病毒肺炎肆虐全球,(至9月份已造成)三千多万人感染,数十万人死亡,成为21世纪以来全球最大的公共卫生事件。

以上这些事件除了对社会经济和政治产生影响外,还对人们的心理健康产生了影响。例如,2008年,美国一个公共卫生登记处对"9·11"恐怖袭击给人们带来的健康影响进行了追踪调查,结果发现约有7万人患上了创伤后应激障碍症。"9·11"袭击发生后,71 437人在世贸中心卫生登记处进行了登记,同意在未来20年接受健康追踪调查。据估计,约40万人严重暴露在"9·11"恐怖袭击造成的污染中。3.5万到7万人患上了创伤后应激障碍症,3 800人到12 600人患上了哮喘。

创伤后应激障碍(PTSD)指对创伤等严重应激因素的一种异常精神反应,又称延迟性心因性反应,是指由异乎寻常的威胁性或灾难心理创伤导致延迟出现和长期持续的精神障碍。

其危险因素包括:精神障碍的家族史与既往史,童年时代的心理创伤,性格内向及有神经质倾向,创伤性事件前后有其他负性生活事件,家境不好,躯体健康状态欠佳以及由个体人格特征、教育程度、智力水平、信念和生活态度等形成个体易患性的影响等。导致精神性创伤的反应强度的因素包括控制力、预见性和觉察威胁的程度,尝试对自身或其他人造成最小损伤的能力以及现实的困惑。如果患者被伤害或出现疼痛、发热或感冒,会加剧生物和心理的体验。

对PTSD的治疗往往有以下这些措施:

A 在没有消极共病体验情况下一般采取认知情绪治疗;

B 对非慢性PTSD可以进行系统脱敏疗法;

C 对于团体性的心理创伤或不幸遭遇可以进行团体疏泄治疗或团体心理疏导;

D 在没有专业指导的情况下个体在平时应该学会一些自我焦虑的管理方法;

E 对于儿童所遭遇的社会公共危机事件可以进行催眠或游戏治疗。

在当前,心理危机的干预成为治疗 PTSD 的重要方式。但是在对 PTSD 进行干预和矫治的过程中,对当事人的文化背景、生活方式以及个性特点的分析和关注同样是十分重要的。

由于文化、社会经济背景的差异,青少年面临的压力也是不同的。霍姆斯和拉厄根据社会再适应量表,修订出了"学生压力量表"。[①]

学生压力量表对每个事件都给出了一个数值,用于说明一个人面对生活上的种种改变时所需要的再适应总量,如表 8.7 所示。

表 8.7 学生压力量表

事件	压力指数	事件	压力指数
亲密家庭成员死亡	100	学校学习负担加重	37
亲密朋友死亡	73	出众的个人成就	36
父母离异	65	在大学的第一学期/季度	35
服刑	63	生活条件的改变	31
个人严重疾病或受伤	63	和教师激烈地争论	30
结婚	58	低于期望的分数	29
被解雇	50	睡眠习惯的改变	29
重要课程不及格	47	社会活动的改变	29
家庭成员健康的变故	45	饮食习惯的改变	28
怀孕	45	长期的汽车麻烦	26
性问题	44	家庭聚会次数的改变	26
和亲密朋友严重的争吵	40	缺课过多	25
改换专业	39	更换学校	24
和父母的冲突	39	一门或多门课跟不上	23
女朋友或男朋友的原因	38	轻微的交通违章	20

说明:以上事件的总分等于或高于 300 的人存在健康风险;分数在 150—299,2 年内有一半的几率发生严重的健康问题;分数低于 150 的人有 1/3 的几率心理健康会恶化。

[①] 理查德·格里格等著,王垒等译:《心理学与生活(第 16 版)》,人民邮电出版社 2003 年版,第 366 页。

(三) 与心理危机相关的评估

1. 创伤后应激障碍(PTSD)评估

在心理危机发生后,首先要了解危机对个体的心理健康的影响程度以及影响的阶段,可以使用 PTSD 检查表进行评估。

PTSD 检查表平时版(The PTSD Cheeklist-CivilianVersion,简称 PCL‐C)是美国创伤后应激障碍研究中心行为科学分部于 1994 年 11 月根据 DSM‐3 制定的,是一个由 17 项条目组成的 PTSD 症状调查表。中文译文版是由姜潮教授、美国纽约州立大学布法罗学院张杰教授和美国 PTSD 研究中心经过多次中英文双译于 2003 年 7 月完成的。PCL‐C 量表是专为评价普通人在平时生活(与战争相对而言)中遭遇创伤后的体验而设计的。它要求被试根据自己在过去的一个月被问题和抱怨打扰程度的情况进行打分,分为 5 个等级:"1.一点也不"、"2.有一点"、"3.中度的"、"4.相当程度的"、"5.极度的";又分为 4 个因素,分别为:警觉增高反应、回避反应、创伤经历反复重现反应、社会功能缺失反应。累计各项的总分(17—85),分数越高,代表 PTSD 发生的可能性越大。此表基于症状的数量和严重程度提供一个连续的评分,是一个多维度观察 PTSD 的工具,可以向临床治疗护理提供关于 PTSD 主要症状更为详尽的描述,还可在临床研究中作为评价心理干预效果的工具。在美国,PCL‐C 量表常作为 PTSD 症状诊断量表和干预或治疗 PTSD 的效果评价量表。

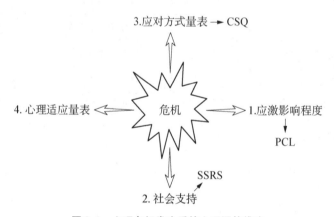

图 8.3　心理危机发生后的心理评估维度

创伤后应激障碍自评量表（PCL‐C）

姓名（　　）性别（　　）年龄（　　）检查日期（　　）

指导语：下表中的问题和症状是人们在经历一些紧张生活时的反应。请仔细阅这些题目，根据每一个问题最近1个月内困扰您的程度，在右框选项中勾选打分(1—5)。

	一点也不	有一点	中度的	相当程度	极度的
1. 过去的一段压力性事件反复引起令人不安的记忆、想法或形象？	1	2	3	4	5
2. 过去的一段压力性事件反复引起令人不安的梦境？	1	2	3	4	5
3. 过去的一段压力性事件仿佛突然间又发生了，又感觉到了(好像您再次体验)？	1	2	3	4	5
4. 当有些事情让您想起过去的一段压力性事件时，你会非常局促不安？	1	2	3	4	5
5. 当有些事清让您想起过去的一段压力性事件时，有身体反应(比如心悸、呼吸困难、出汗)？	1	2	3	4	5
6. 避免想起或谈论过去的那段压力性事件或避免产生与之相关的感觉？	1	2	3	4	5
7. 避免那些能使您想起那段压力性事件的活动和局面？	1	2	3	4	5
8. 记不起压力性经历的重要内容？	1	2	3	4	5
9. 对您过去喜欢的活动失去兴趣？	1	2	3	4	5
10. 感觉与其他人疏远或脱离？	1	2	3	4	5
11. 感觉到感情麻木或不能对与您亲近的人有爱的感觉？	1	2	3	4	5
12. 感觉好像您的将来由于某种原因被突然中断？	1	2	3	4	5
13. 入睡困难或易醒？	1	2	3	4	5
14. 易怒或怒气爆发？	1	2	3	4	5
15. 注意力很难集中？	1	2	3	4	5
16. 处于过度机警或警戒状态？	1	2	3	4	5
17. 感觉神经质或易受惊？	1	2	3	4	5

总分：＿＿＿＿＿＿
总分标准解释：
(1) 17—37 分：无明显 PTSD 症状；
(2) 38—49 分：有一定程度的 PTSD 症状；
(3) 50—85 分：有较明显的 PTSD 症状，可能被诊断为 PTSD。
(结果非诊断性，仅供参考。)

2. 社会支持评估

在心理危机发生以后,如果有人得了PTSD却没有得到及时的心理辅导或援助,那他的社会支持系统就显得非常重要。此时就需要对他的社会支持状况作相应的评估。

20世纪70年代,拉施克提出社会支持的概念,指人们感受到来自他人的关心和支持(Raschke,1977)。此外,还有一些心理学家也对社会支持的定义提出了自己的看法。

整体来说有4个方面的看法。

(1) 亲密关系观:人与人之间的亲密关系是社会支持的实质。这一观点是从社会互动关系的角度理解社会支持,认为社会支持是人与人之间的亲密关系。同时,社会支持不仅仅是一种单向的关怀或帮助,它在多数情况下是一种社会交换,是人与人之间的一种社会互动关系。

(2) "帮助的复合结构"观:这一观点认为社会支持是一种帮助的复合结构。帮助行为能够产生社会支持。

(3) 社会资源观:社会支持是一种资源,是个人处理紧张事件问题的潜在资源,是通过社会关系,个体与他人或群体间互换的社会资源。

(4) 社会支持系统观:社会支持需要深入考察,是一个系统的心理活动,它涉及行为、认知、情绪、精神等方面。

心理学界对社会支持的研究始于20世纪60年代,是在人们探求生活压力对身心健康影响的背景下产生的(Homes & Rach,1967)。但是直到20世纪70年代,社会支持才首次被作为专业概念由卡塞尔(1976)和柯布(1976)在精神病学文献中提出,之后很多学者将其作为一门科学进行了广泛而深入的探讨和研究。

关于社会支持评估,国内比较常用的是由中南大学湘雅医学院(原湖南医科大学)肖水源研制的社会支持评定量表(Social Support Rating Scale,简称SSRS),包括客观支持、主观支持、支持利用度3个维度,共有10个问题。

社会支持评定量表(SSRS)

指导语:尊敬的朋友,下面的问题是关于您在社会中所获得的支持情况的调查。请按各个问题的具体要求,根据您的实际情况作相应的选择即可。谢谢您的合作。

1. 您有多少关系密切且可以得到支持和帮助的朋友？（只选一项）

(1) 一个也没有；

(2) 1—2个；

(3) 3—5个；

(4) 6个或6个以上。

2. 近一年来您：（只选一项）

(1) 远离他人，且独居一室；

(2) 住处经常变动，多数时间和陌生人住在一起；

(3) 和同学、同事或朋友住在一起；

(4) 和家人住在一起。

3. 您与邻居：（只选一项）

(1) 相互之间从不关心，只是点头之交；

(2) 遇到困难可能稍微关心；

(3) 有些邻居很关心您；

(4) 大多数邻居都很关心您。

4. 您与同事：（只选一项）

(1) 相互之间从不关心，只是点头之交；

(2) 遇到困难可能稍微关心；

(3) 有些同事很关心您；

(4) 大多数同事都很关心您。

5. 从家庭成员处得到的支持和照顾（在合适的框内划"√"）

	无	极少	一般	全力支持
A. 夫妻(恋人)				
B. 父母				
C. 儿女				
D. 兄弟姐妹				
E. 其他成员（如嫂子）				

6. 过去，在您遇到紧急情况时，曾经得到的经济支持和解决实际问题的帮助

的来源有：

(1) 无任何来源；

(2) 下列来源：(可选多项)

A. 配偶；B. 其他家人；C. 亲戚；D. 朋友；E. 同事；F. 工作单位；G. 党团工会等官方或半官方组织；H. 宗教、社会团体等非官方组织；I. 其他(请列出)。

7. 过去,在您遇到紧急情况时,曾经得到安慰和关心的来源有：

(1) 无任何来源；

(2) 下列来源：(可选多项)

A. 配偶；B. 其他家人；C. 亲戚；D. 朋友；E. 同事；F. 工作单位；G. 党团工会等官方或半官方组织；H. 宗教、社会团体等非官方组织；I. 其他(请列出)。

8. 您遇到烦恼时的倾诉方式：(只选一项)

(1) 从不向任何人诉述；

(2) 只向关系极为密切的1—2个人诉述；

(3) 如果朋友主动询问您会说出来；

(4) 主动诉说自己的烦恼,以获得支持和理解。

9. 您遇到烦恼时的求助方式：(只选一项)

(1) 只靠自己,不接受别人帮助；

(2) 很少请求别人帮助；

(3) 有时请求别人帮助；

(4) 有困难时经常向家人、亲友、组织求援。

10. 对于团体(如党团组织、宗教组织、工会、学生会等)组织的活动：(只选一项)

(1) 从不参加；

(2) 偶尔参加；

(3) 经常参加；

(4) 主动参加并积极活动。

计分与解释：

(1) 第1—4;8—10条,每条只选择一项,选择1,2,3,4项分别记1,2,3,4分；第5条分A、B、C、D四项计总分,每项从"无"到"全力支持",分别记1—4分；第6,7条,如果回答"无任何来源"则计0分,回答"下列来源者",有几个来源就计几分;总分为各项条目计分之和,得分越高,说明社会支持程度越高。此量表总分为66分,总分小于或等于22分为低水平支持,23—44分则为中等水平支持,45分—66分为高水平支持。

(2) 量表总共有10个条目,包括客观支持3条(2,6,7),主观支持4条(1,3,4,5)和对社会支持的利用程度3条(8,9,10)这3个维度。

(3) 常模参照:$M \pm S = 34.56 \pm 3.73$。

3. 危机应对方式评估

应对方式问卷(CSQ)由肖计划编制,用于测查个体面对应激事件时采取的策略。该问卷共有62个项目,其中有4个反向计分的题目,除此之外,各个量表的分值均为:选择"是"得1分,选择"否"得0分。该问卷由6个分量表组成,分别是"问题解决"、"自责"、"求助"、"幻想"、"退避"和"合理化"。该问卷具有较好的信度和效度,各题目的因子载荷值均在0.35以上。[1]

应对(Coping)亦称应付,是指个体处于应激环境或遭受应激事件时,为了解应激事件或应激环境带来的行为问题,或为了平衡因应激事件或环境带来的情绪问题而采取种种对付办法和策略的活动。[2] 应付方式是在应对过程中继认知评价后所表现出来的具体的应对活动,是影响个体环境适应性和心理健康的重要因素。[3]

应付因子间的相关分析发现"解决问题"与"退避"两个应付因子的负相关程度最高。以此作为六个应付因子关系序列的两极,然后根据各因子与"解释问题"应付因子相关系数的大小排序,将六个因子排出下列序列关系:

退避→幻想→自责→求助→合理化→解决问题

维兰特(1975)等人研究应付时,认为应付行为可分为自恋型、不成熟型、神经症型和成熟型。如果以"解决问题"作为成熟的应付方式,"求助"与"合理化"以及"解决问题"呈正相关,也可归为成熟应付方式类,而与"解决问题"相反的另一极"退避"则可归为不成熟的应付方式,则该应付行为成熟等次序列的类型与维兰特等人观点有相似之

---

[1] 肖计划,许秀峰:《"应付方式问卷"效度与信度研究》,《中国心理卫生杂志》,1996年第10卷第4期,第164—168页。

[2] 梁宝勇:《应对研究的成果、问题与解决办法》,《心理学报》,2002年第34卷第6期,第643—650页。

[3] Ebata, A. T., Moos, R. H. *Coping and adjustment in distressed and healthy adolescents*. Journal Appl. Develop. Psychology, 1991, 17: 33-54.

处。该结果表示不同类型的应付方式可以反映人的心理发展成熟程度。

研究结果还发现,个体使用的应付方式一般都不仅一种,有些人甚至在同一应激事件中使用多种应付方式。但每个人的应付行为类型仍具有一定的倾向性,这种倾向性构成六种应付方式,在不同的个体身上会有不同的组合形式。这些不同形式的组合与解释为:

"解决问题—求助",成熟型:这类受试者在面对应激事件或环境时,常能采取"解决问题"和"求助"等成熟的应付方式,而较少采用"退避"、"自责"、"幻想"等不成熟的应付方式,在生活中表现出一种成熟稳定的人格特征和行为方式。

"退避—自责",不成熟型:这类受试者在生活中常以"退避"、"自责"、"幻想"等应付方式应对困难和挫折,而较少使用"解决问题"这类积极的应付方式,表现出一种神经症性的人格特点,其情绪和行为均缺乏稳定性。

"合理化",混合型:"合理化"应付因子既与"解决问题"、"求助"等成熟应付因子呈正相关,又与"退避"、"幻想"等不成熟的应付因子呈正相关,反映出这类受试者的应付行为集成熟与不成熟于一体,在应付行为上表现出一种矛盾的心态和两面性的人格特点。

因此在心理危机发生以后,是否需要采取心理援助与辅导或危机干预,要看个体的应付方式处在哪个阶段,如果处于"求助"阶段,及时地介入并开展心理干预是非常有必要的。而处于"退避"阶段要介入是比较难的,效果也比较差。

4. 社会适应评估

危机发生后个体的心理是否康复以及是否受到危机的影响,要看个体的社会适应,如工作或学习适应、人际适应、生活适应以及情绪调节等方面。

如果把社会适应良好与不良的学生作比较可以总结出以下特点[①]:

表8.8 社会适应良好与社会适应不良的学生各项行为、品质的比较

行为及品质	学生类别	
	社会适应良好	社会适应不良
1. 人际关系	和谐、积极、朋友多,善于帮助他人	差、圈子小,经常换伙伴
2. 情绪表现	乐观、积极、向上,善于表达	急躁、压抑、焦虑、紧张

---

① 杨彦平:《中学生社会适应量表的编制与应用研究》,华东师范大学博士论文,2007年。

续表

行为及品质	学生类别	
	社会适应良好	社会适应不良
3. 行为控制	冷静、理性、规范、守纪律	冲动、冲突、冒犯他人、易犯错
4. 生活目标	明确、具体、可信、有规划	模糊、多变、缺失、少思考
5. 智力状况	一般和良好,能够跟上学业发展要求	一般或滞后
6. 学业成就	中等和良好	滞后和差
7. 发展动力	积极、明确	消极、缺乏
8. 心理状态	平稳、积极、主动、健康、善于调节	缺乏活力和斗志,消极、被动
9. 自我发展	自然、人格问题的妥善解决	压抑,内心冲突,充满矛盾
10. 是非观念	有明确的判断标准和价值观	是非观念模糊或颠倒,缺乏价值标准
11. 抗挫折力	比较强,毅力坚定	差,意志力薄弱,碰到苦难畏缩
12. 生存状态	良好,与环境保持和谐,适应力强	差,消极适应环境,逃避环境压力

由表8.8可以看出,社会适应良好与不良学生的差别主要体现在内在的人格特点和行为表现方面,因此可以把社会适应看成是行为与人格的统一。要改变社会适应不良学生或培养学生的社会适应首先要关注他们的人格特点。

(四) 情绪状态评估

1. 抑郁自评量表(self rating depression scale,简称 SDS)

SDS量表由美籍华裔教授庄威廉(W. K. Zung)于1965年编制,是美国教育卫生福利部推荐使用的精神药理学研究量表之一。中文版由张明远、王春芳(原中华医学会精神卫生学会主任委员)在1986年修订。该量表使用简便,是使用颇广的抑郁自评量表,可用于衡量抑郁状态的轻重程度及其在心理咨询中的变化[①],使用对象是16岁以上的个体。

1972年,庄威廉增添了与之相应的检查者量表用本,由自评改为他评,称为抑郁状态问卷(Depression statues inventory,简称 DSI),能比较全面、准确、迅速地反映与被试抑郁状态有关的症状及其严重程度。

SDS为短程自评量表,操作方便,容易掌握,不受年龄、性别、经济状况等因素的影响,应用范围比较广,适用于各种职业、文化阶层及年龄的正常人和各类精神病

---

① 雨帆编著:《心理测试》,文汇出版社2008年版,第143页。

人,包括青少年病人、老年病人和神经症病人,也特别适合于综合医院及时发现抑郁症病人。学生在学习、生活过程中出现情绪问题,也可以用 SDS 做相应的评估。

SDS 测试的指导语:

本量表包含 20 个项目,分为 4 级评分,为保证调查结果的准确性,请您务必仔细阅读以下内容,根据最近一星期的情况如实回答。填表说明:所有题目均共用答案,请在 A、B、C、D 下打"√",每题限选一个答案。选项说明:A 没有或很少时间;B 小部分时间;C 相当多时间;D 绝大部分或全部时间。

姓名_____ 性别:□男 □女

自评题目:

1. 我觉得闷闷不乐,情绪低沉;	A	B	C	D
*2. 我觉得一天之中早晨最好;	A	B	C	D
3. 我一阵阵哭出来或想哭;	A	B	C	D
4. 我晚上睡眠不好;	A	B	C	D
*5. 我吃得跟平常一样多;	A	B	C	D
*6. 我与异性密切接触时和以往一样感到愉快;	A	B	C	D
7. 我发觉我的体重在下降;	A	B	C	D
8. 我有便秘的苦恼;	A	B	C	D
9. 我心跳比平时快;	A	B	C	D
10. 我无缘无故地感到疲乏;	A	B	C	D
*11. 我的头脑跟平常一样清楚;	A	B	C	D
*12. 我觉得经常做的事情并不困难;	A	B	C	D
13. 我觉得不安而平静不下来;	A	B	C	D
*14. 我对将来抱有希望;	A	B	C	D
15. 我比平常容易生气激动;	A	B	C	D
*16. 我觉得作出决定是容易的;	A	B	C	D
*17. 我觉得自己是个有用的人,有人需要我;	A	B	C	D
*18. 我的生活过得很有意思;	A	B	C	D
19. 我认为如果我死了别人会生活得更好些;	A	B	C	D
*20. 平常感兴趣的事我仍然感兴趣。	A	B	C	D

评分标准：

正向计分题 A、B、C、D 分别按 1、2、3、4 分计；反向计分题(标注 * 的题目，题号：2、5、6、11、12、14、16、17、18、20)分别按 4、3、2、1 分计。总分乘以 1.25 取整数，即为标准分。低于 50 分者为正常；50—60 分者为轻度抑郁；61—70 分者为中度抑郁；70 分以上者为重度抑郁。

2. 焦虑自评量表(Self-Rating Anxiety Scale,简称 SAS)

焦虑自评量表由美籍华裔教授庄威廉于 1971 年编制，该量表从结构形式到具体的评定方法，都与抑郁自评量表(SDS)十分相似，可用于评定焦虑者的主观感受。SAS 也是一种分析来访者主观症状的相当简便的临床工具，它能够较为准确地反映具有焦虑倾向的个体的主观感受。近年来，SAS 已作为咨询门诊或学校心理咨询中焦虑症状的一种自评工具，具有非常广泛的适用性，适用对象是 16 岁以上的个体。[1]

焦虑是一种比较普遍的精神体验，长期存在焦虑反应的人易发展为焦虑症。在学生面临重大考试、就业等压力事件时，也容易出现焦虑情绪，因此用 SAS 可以作相应的评估。

SAS 测试的指导语：

本量表共包含 20 个项目，分为 4 级评分，请您仔细阅读以下内容，根据最近一星期的情况如实回答。所有题目均共用答案，请在 A、B、C、D 下打"√"，每题限选一个答案。A 没有或很少时间；B 小部分时间；C 相当多时间；D 绝大部分或全部时间。

姓名_____   性别：□男 □女

SAS 自评题目：

1. 我觉得比平时容易紧张或着急；	A　B　C　D
2. 我无缘无故感到害怕；	A　B　C　D
3. 我容易心里烦乱或感到惊恐；	A　B　C　D
4. 我觉得我可能要发疯；	A　B　C　D
*5. 我觉得一切都很好；	A　B　C　D
6. 我手脚发抖打颤；	A　B　C　D
7. 我因为头疼、颈痛和背痛而苦恼；	A　B　C　D
8. 我觉得容易衰弱和疲乏；	A　B　C　D

---

[1] 雨帆编著：《心理测试》，文汇出版社 2008 年版，第 155 页。

*9. 我觉得心平气和,并且容易安静地坐着;	A	B	C	D
10. 我觉得心跳得很快;	A	B	C	D
11. 我因为一阵阵头晕而苦恼;	A	B	C	D
12. 我觉得要晕倒似的;	A	B	C	D
*13. 我吸气呼气都感到很容易;	A	B	C	D
14. 我感到手脚麻木和刺痛;	A	B	C	D
15. 我因为胃痛和消化不良而苦恼;	A	B	C	D
16. 我常常要小便;	A	B	C	D
*17. 我的手脚常常是干燥温暖的;	A	B	C	D
18. 我脸红发热;	A	B	C	D
*19. 我容易入睡并且一夜睡得很好;	A	B	C	D
20. 我做噩梦。	A	B	C	D

SAS 评分标准:

正向计分题 A、B、C、D 分别按 1、2、3、4 分计;反向计分题(标注 * 的题目题号：5、9、13、17、19)分别按 4、3、2、1 分计。总分乘以 1.25 取整数,即为标准分。低于 50 分者为正常;50—60 分者为轻度焦虑;61—70 分者为中度焦虑;70 分以上者为重度焦虑。

第四节 常见的神经心理测评工具

一、神经心理测评

(一) 神经心理学

神经心理学(neuropsychology)是心理学的一个分支学科,采用多种方法研究脑损伤病人的心理障碍与脑损伤定位和性质之间的关系,从而揭露心理活动的脑解剖学和生理学基础。神经心理学是研究脑与行为关系的学科,研究对象是心理现象和大脑生理结构的相互关系,主要是对大量脑损伤病例开展行为观察和分析。在国外,神经心理学研究已有较长的历史。1973 年苏联学者鲁利亚(A. R. Luria)《神经心理学原理》一书的发表奠定了近代神经心理学的基础。斯佩里(R. W. Sperry)因其割裂脑的研究获得了 1981 年诺贝尔生理学或医学奖。

(二) 神经心理评估与测验

神经心理评估是神经心理研究中常用的方法。神经心理评估又常采取神经心理测验方法。神经心理测验是测量病人在脑损伤时所产生的心理变化的特点。了解不同性质、不同部位的病损及不同病程时的心理变化以及仍保留的心理功能的情况,可为临床神经心理学家进行临床诊断、制定康复计划提供有益的依据。

神经心理测验是在现代心理测验的基础上发展起来的用于脑功能评估的一类心理测验方法,是神经心理学研究脑与行为关系的一种重要方法。神经心理测验评估的心理或行为的范围很广,包括感觉、知觉、运动、言语、注意、记忆和思维,涉及脑功能的各个方面。近几十年来,神经心理测验呈现出发展迅速、应用广泛的特点,最初限于医学领域的精神病学和神经病学,国外在传染性疾病的神经认知方面都开展了深入系统的研究,并进一步扩展到了司法、工业和教育领域。

神经心理学的测验方法很多,分单个测验和成套测验。单个测验是测一种功能的方法,简单易行,可揭示大脑的损害情况,如连线测验、班德-完形测验(Bender-Gestat test)、韦氏智力测验中的数字符号测验、测量视知觉障碍的积木图案测验、测量记忆障碍的图案记忆测验,还有测量运动障碍和语言障碍等的测验,都属于这一类。成套测验则包括各种形式,是能测量多种功能的一组测验,如霍尔斯泰德-瑞坦神经心理成套测验(简称 H. R. 神经心理成套测验)、鲁利亚-内布拉斯加神经心理成套测验等。

二、常用的神经心理测验

(一) 持续性操作测验(Continuous performance task,简称 CPT)

国外有十多个版本的 CPT 用于注意稳定性障碍的评定,包括康纳斯(Conners, 1995)持续性操作测验、戈登诊断系统(GDS, Gordon, 1983)、注意力变量测验(Test of variables of attention, TOVA; Greenberg & Kindschi, 1996)、整合视听持续性操作测验(Intermediate visual and auditory continuous performancetest, IVA; Sandford, Fine, & Goldman, 1995)。[①]

持续性操作测验是一系列的刺激或成对的刺激随机快速呈现,要求儿童对指定目标进行反应。根据感觉通道的不同,分为视觉持续性操作测验和听觉持续性操作测验,测验结果用漏报错误数和虚报错误数来表示,漏报错误数反映被试的持续性注意,虚报错报数反映被试的持续注意和冲动控制。

ADHD 儿童的漏报、虚报数明显高于对照组儿童。用哌甲酯治疗后,漏报和虚报

---

① (美)莱扎克:《神经心理测评》,世界图书出版公司北京公司 2006 年版,第 459 页。

错误数明显减少。从而证明 ADHD 有注意力缺陷、冲动和抑制功能失调的特点。漏报数与 DSM-5 评定量表中的注意障碍和康纳斯教师评定量表的"不注意—冲动"明显相关。

CPT 在 ADHD 临床和科研中可作为一个客观的评定工具。[①] 划消测验的划消材料为简单的符号、字母、图形和数字等。要求被试在短时间内准确知觉某个对象,并迅速将其划去以评估注意稳定性。注意稳定性的发展受年龄、性格、兴趣、知识水平等多种因素的影响,也是神经系统兴奋和抑制能力发展的结果。

(二) Stroop 测验

Stroop 测验指字义对命名的干扰现象。Stroop 于 1935 年发现,当使用的刺激字与写它所用的颜色相矛盾时,例如用绿颜色写成"红"字,要求被试不念这个"红"字,而说出写它用的颜色,即"绿"时,被试的反应时比说出字的反应时要长些,说明字色矛盾使认知过程受到干扰,即说出字的颜色受到字的意义的干扰。

Stroop 测验包括读出单词、颜色命名、说出书写颜色词之墨迹的颜色名称。在色词命名中,被试必须抑制读词的冲动而说出其颜色。色词测试不仅可用来测量选择性注意,而且可以对大脑执行功能进行评定,包括语言阅读的流畅性、信息加工速度,还能反映受试者选择性地抑制无关刺激的能力和冲动控制能力。几乎所有研究都发现 ADHD 儿童的 Stroop 测验成绩比正常儿童差。

(三) 威斯康星卡片分类测验(Wisconsin card sort test,简称 WCST)

威斯康星卡片分类测验是一种单项神经心理测定,首先由伯格(Berg,1948)用于检测正常人的抽象思维能力。[②] 威斯康星卡片分类测验评估的是根据以往经验进行分类、概括、工作记忆和认知转移的能力,其反映的认知功能包括:抽象概括、认知转移、注意、工作记忆、信息提取、分类维持、分类转换、刺激再识和加工、感觉输入和运动输出等。病理生理学意义为:能够较敏感地检测有无额叶局部脑损害,尤其是对额叶背外侧部病变较为敏感。适合人群为:正常成人、儿童(6 岁以上)、精神疾病患者、脑损伤者、非色盲者。

WCST 测验包括 4 张刺激卡片和 128 张反应卡片。每张卡片绘有红、绿、蓝、黄不同颜色和十字、圆形、五角星、三角形不同形状,以及 1—4 不等数量的图案。其分类原则顺序为:颜色、形状、数量。当被试连续 10 次分类正确,主试即转换下一个形式的

[①] 沃尔夫冈·林登著,王建平译:《临床心理学》,中国人民大学出版社 2013 年版,第 225 页。
[②] 郑日昌:《心理测量学》,人民教育出版社 1999 年版,第 326 页。

分类,以此类推。当完成 3 种形状的分类后,再重复一遍。完成正确分类 6 次(或者未完成 6 次,但全部用完所限次数),即可结束测试。WCST 测验的评估指标:①分类次数;②概括力水平百分比;③持续性错误数;④持续性反应数;⑤非持续性错误数;⑥全部错误数;⑦完成作业时间。

图 8.4 MFFT 测试举例

(四)相同图形选择测验(Matching Familiar Figures Test,简称 MFFT)

MFFT 给被试出示一个标准图形和 6—8 个可供选择的图形,要求被试从这 6—8 个图形中选出一个与标准图形完全一样的图形,不限反应时间。全测验共包括 12 套这样的图形,记录被试对每套图形从开始思考到做出第一个反应所需的时间,以及所犯的错误量,这两者之间的关系为负相关,即思考时间较短、反应速度较快的被试,所犯的错误率也相对较高,反之亦然。MFFT 测试可用来评估儿童的认知风格是属于审慎型(思考型)还是冲动型。

研究发现冲动型儿童对认知问题回答的特征为快速作答及错误率高,说明他们的认知方式没有对解决问题的各种可能途径进行全面的思考和评价;而思考型儿童在解决问题的过程中,使用了全面检验假设的策略,因而使其解决问题的出错率较低。ADHD 儿童对认知问题的解决类似于冲动型儿童,通常快速作答,但错误率高。

(五) 霍尔斯泰德—瑞坦神经心理成套测验

霍尔斯泰德(W. C. Halstead)从1935年开始在他提出的"生物智力"的理论基础上编制了该测验,最初有27个分测验,通过与瑞坦(R. M. Reitan)合作,发现有一些分测验对区分正常人和脑损伤者不合理而将其淘汰,最终形成了10个分测验,即霍尔斯泰德-瑞坦神经心理成套测验(Halstead-Reitan Neuropsychological Battery,简称HRB)。该测验分为幼儿、儿童和成人3个版本。分测验中部分为言语测验,部分为非言语测验。由于测验内容包括了从简单的感觉运动到复杂的抽象思维,评分客观又有定量标准,现已成为一个被广泛接受和使用的神经心理测验。我国龚耀先等人先后完成了成人、幼儿和儿童3个版本的修订工作,并建立了常模(龚耀先等,1986,1988;解亚宁等,1993)。

修订后的霍尔斯泰德-瑞坦神经心理成套测验主要测查以下10个方面的内容:范畴测验、触觉操作测验、音乐节律测验、手指敲击测验、霍尔斯泰德-维普曼(Halstead-Wepman)失语甄别测验、语声知觉测验、一侧性优势测验、握力测验、连线测验、感知觉障碍测验。每个分测验都有不同的年龄常模,本套测验采用划界分作为常模,即区分有无病理的临界分,然后根据划入异常的测验数计算损伤指数,损伤指数为划入异常的测验数与测验总数之比。损伤指数在0.00—0.14提示正常,在0.15—0.29为边缘状态,在0.30—0.43表示轻度脑损伤,在0.44—0.57为中度脑损伤,在0.58以上提示重度脑损伤。

(六) 鲁利亚-内布拉斯加神经心理成套测验

鲁利亚-内布拉斯加神经心理成套测验(Luria-Nebraska Neuropsychological Batery,简称LNNB)是由内布拉斯加大学的戈尔登(C. J. Golden)及其同事根据苏联神经心理学家鲁利亚编制的一套神经心理测验修订而成的。鲁利亚把大脑看作一个机能系统,每个行为都包含一定数量的脑区。机能系统中的每个区域都被看作是一条链子上必需的一环。如果任何一环受到了损伤,整个系统就会垮掉。LNNB分1980年和1985年两个版本。第一个版本包括269个项目,共有11个分测验。第二个版本比第一个版本多了一个中间记忆(intermediate memory)分测验。我国徐云和龚耀先等人对LNNB第一版进行了修订,并建立了地方性常模。[①]

构成LNNB第一版的11个分测验分别是运动测验、节律测验、触觉测验、视觉测

[①] 龚耀先:《HR成人成套神经心理学测验在我国的修订》,《心理学报》,1986第4期,第433—442页。

验、言语感知和接受测验、表达性言语、书写测验、阅读测验、算术测验、记忆测验、智力过程测验等。除此之外，LNNB 还有 3 个附加量表，即疾病特有病征量表（定性量表）、大脑左半球定侧量表和右半球定侧量表，这些量表的项目均来自前述的 11 个分测验。LNNB 的每个项目采取三级评分的方式，"0"表示正常，"1"表示边缘状态，"2"表示异常，将各分测验得分累加即为 LNNB 的原始分，得分越多，表明损伤可能越重。如果将原始分根据 T 量表换算成 T 分，则可进行各量表的比较，以作进一步的临床分析。[①]

（七）快速神经学甄别测验

由于大多数的神经心理成套测验实施起来操作复杂、时间较长，所以，国外许多研究者编制了一些简便有效的神经心理甄别测验，快速神经学甄别测验（Quick Neuropsychological Screening Test，简称 QNST）即是其中一例。我国龚耀先等人于 1994 年对该测验进行了编译，主要用于测量与学习有关的神经学综合功能。由于涉及内容较少，测量用时也较短，一般 20 分钟左右可以完成。有研究者将修订后的 QNST 用于对学习困难或学习障碍儿童的甄别，结果均表明该测验具有较好的鉴别力。

QNST 由 15 个项目组成，分别是手的技巧、图形认识和再生、手心形状辨认、眼跟踪、声音形式、指鼻测验、手指成圆、手和颊同时刺激、手掌迅速翻转运动、伸臂和伸腿、跟尖步、单足独立、跳跃、辨别左右、行为异常。分数高低取决于儿童的年龄和症状的严重程度。一个严重症状往往以症状群的形式出现。如果测验总分达到 50 以上，说明儿童在普通班学习可能有困难。总分高一定是个别项目的分数在高的范围。如果总分达到 25—50，通常表明儿童有一个或多个症状，可能是发育上的或神经学上的。如果总分在 25 以下，说明儿童不存在特殊的学习无能，反映在测验上，表现为没有一个个别项目是高分。也就是说，那些获得这类分数的儿童不会有什么大脑功能障碍。[②]

三、使用神经心理测评的注意事项

一般的神经心理学评定的理论假设往往认为[③]：大脑的器质性病变必然会导致其大脑功能性的改变；通过对病人脑功能的检查，就可以推测其是否有脑器质性病变以

[①] 王小英，张明：《心理测量与心理诊断》，东北师范大学出版社 2002 年版，第 212—214 页。
[②] 陈国鹏：《心理测验与常用量表》，上海科学普及出版社 2005 年版，第 169 页。
[③] 郑希付主编：《心理咨询原理与方法》，人民教育出版社 2008 年版，第 122 页。

及病变的部位和程度。但有研究指出,大脑的器质性病变并不一定导致大脑的功能性改变。由于大脑具有较强的代偿功能,使得大脑中一些不具有特异性功能的区域受损后完全可以由其他相应的区域来代偿,而使其功能并不表现出明显的差异。同样,大脑的功能性改变也不一定是由脑器质性病变引起的。所以,神经心理学评定更适合于反映脑功能的变化,而不是直接反映大脑有无器质性病变。在使用神经心理测验时还需要注意以下几个方面。

(一) 主试与测验资质

只有接受过正规神经心理测验的培训,并获得有关部门颁发的神经心理测验操作资格证书者,才能从事神经心理测验。有时神经心理测验还涉及国家的法律,因此应慎重对待。

(二) 熟悉测验目的

根据测查的目的选用测验。例如:受试者的病情需要对其脑功能进行全面评估,应选用成套神经心理测验;患者表现出某些脑功能缺损,可因人而异地选用单项神经心理测验,以验证脑损伤的程度及功能部位。

(三) 恰当与综合使用测验

根据受试者的具体情况选用恰当的测验,有时还应联用其他的心理测验,比如智力测验、记忆测验、人格测验,以全面评估受试者的当前状况,以得出确切的结果。

(四) 谨慎解释测验结果

由于大脑是一个复杂的系统,脑的功能涉及多个不同区域的共同参与,并且大脑具有很强的可塑性,因此对神经心理测验结果作分析及解释时,必须对所有测验结果、资料及临床表现作全面综合的考虑,才能作出可靠准确的评估,在临床上才具有更大的意义。

后记

后记不是为了保证一本书的结构完整而凑字数的,我认为它是对写作一本书的心路历程的记录与分享。在书稿写作过程中最艰难的时刻,就想想要写后记的那一刻来激励自己;当写作中出现顿悟与"灵感乍现"的时刻,就觉得要在后记中记录下来;当写作过程中触景生情觉得要感谢一些人时,就会想到在后记中用文字做记述。而今,当本书所有的章节及前言都写好时,真正要写后记了,却发现居然无从落笔。难道是要感谢的人太多?还是要记述的东西太杂?抑或是写完书稿之后的懈怠与潜意识中用后记凑数思想的作祟?

如果从时间序列来看,本书也算是"十年磨一剑",从 2010 年开始酝酿,到 2020 年完成,框架不断地修改,资料不断地丰富,思路不停地被各种事务打断,就是迟迟无法落笔,写作提纲在电脑、U 盘里"冬眠"与"复醒"了好几个轮回。到了 2020 年初,伴随着疫情防控,"禁足"在家,才静心下来梳理写作提纲和完善初稿。

写作是一个历练与蜕变的过程,原有的写作框架随着写作的推进也在不断地完善和修改。起初只是想将心理测评的基本原理、学校常用的心理测试量表以及问卷编制技术整理出来与读者分享,但如果仅仅是这样,那无论是书的体系还是对学校心理健康教育的实践参考,立意都不会高,而且与相关的书籍差异也不是很大,写作的意义又何在呢?书稿的框架在立、破交替中不断修改。

如何将心理测评与网络技术结合?在统计测量过程中数据库怎么建立?如何使用相应的软件进行数据分析?学校心理健康档案如何网络化建构?一个个性化的问卷如何设计?以及学校要构建自己的心理测试平台有没有可能性,又该如何建立?这才是当前学校心理健康教育和心理测评需要面对和考虑的。只有从理念到设计再到实践,才能让学校心理辅导教师和专业工作者将一种创意与期待变成"看得见"的产品与行动,应用才有载体和可能性。这样的写作期许与考量成为本书写作必选要打的"硬仗",必须精心设计、潜心梳理、用心串联、细心落笔,最后将脑海中的"创意"变成"图纸"时,这种快乐会治愈书稿无法推进的焦虑,所谓"解铃还须系铃人"。

写作的动力来自自己对心理测评专业的热爱与执着,也来自导师、同行、学生的指导与期待。在2011年参加上海市第三批"名师后备"培训班时,陈振华和王钢两位导师要求学员能够有自己的研究成果或专著,我当时就想写本类似的书,但由于种种原因,这本书一直停留在资料准备和提纲完善的阶段,即便是五年的"名师后备"学习期满也没有完成,想想当时也是对不住导师的期待。现在交稿,虽然晚了五年,但也算是有了一个交待,但愿没有让他们失望。

对于心理测量的热爱与涉猎,要感谢我的博士生导师金瑜教授的指导与鼓励,能够在这个领域里坚持,也是她的教导与期待,真的是师恩难忘,在这里向她表示最真诚的感谢。所以本书她能够作序,我感到非常荣幸。也感谢华东师范大学出版社彭呈军、韩蓉两位编辑的细心编排与勘误,使得本书得以比初稿严谨规范许多。

在写作过程中,我才知道一个人的每一份付出和努力都不是白费的。我的硕士论文做的是团体心理辅导(导师是崔丽娟教授),博士后做的是工作记忆(导师是张庆林教授、沃建中教授),这些专业训练和积淀,在本书的写作过程中都给了我很好的技术、案例和素材的支持,所以也真诚感谢三位导师的指导和引领。

能够从事市级层面的学校心理健康教育研究与实践工作,也非常感谢上海学生心理健康教育发展中心副主任沈之菲教授的"赏识"、信任和鼓励,她既是我的学姐,也是我的领导和同事,我深度参与了她领衔的上海学生心理发展状况调研、课堂心理氛围建设、创新素养评价、生涯教育等研究项目,让我的专业素养和生涯发展得到了很好的提升,所以本书的出版,也离不开她一直以来的鼓励、支持和信任,在此对她深表谢意。

作为一名心理健康教育的研究者、实践者,也非常感谢上海市教育科学研究院领导为我们普通研究工作者营造的宽松的研究环境与搭建的平台。也感谢我的领导、同事们的支持与鼓励,如陆璟副院长、汤林春所长、吴增强教授、李正云教授、王婷婷博士等都给予了我很多建议和研究分享。

我在讲授国家心理咨询师(2017年之前)和学校心理咨询师的"心理测量"课程时,得到了众多同行与学员的支持与反馈,如冯耘、左惠、席凌菲等,他们也为本书的出版提供了很好的素材、建设性的建议与鼓励,非常感谢他们。

行文至此,觉得还有很多值得感谢的同行与同事,这里就不一一列举。如果本书的出版能够为学生的心理健康成长起到一点推动作用,能够为学校心理健康教育工作提供一点参考价值,我想写作目的也就达到了。

后记写好了,可2020年的疫情还没有结束,但是只要我们有信念、有方法,一定会战胜疫情。

2020年9月